济南轨道交通泉水保护创新与实践

李 虎 ◎ 主编

中国建筑工业出版社

图书在版编目（CIP）数据

济南轨道交通泉水保护创新与实践 / 李虎主编.
北京 ：中国建筑工业出版社, 2025. 8. -- ISBN 978-7
-112-31289-4

Ⅰ. U239.5；P641.8

中国国家版本馆 CIP 数据核字第 202549YF61 号

责任编辑：刘颖超　李静伟
责任校对：李美娜

济南轨道交通泉水保护创新与实践

李　虎　主编

*

中国建筑工业出版社出版、发行（北京海淀三里河路 9 号）

各地新华书店、建筑书店经销

国排高科（北京）人工智能科技有限公司制版

建工社（河北）印刷有限公司印刷

*

开本：787 毫米×1092 毫米　1/16　印张：12¼　字数：304 千字

2025 年 8 月第一版　　2025 年 8 月第一次印刷

定价：**99.00** 元

ISBN 978-7-112-31289-4

（45314）

编 委 会

主 编

李 虎

副主编

刘凤洲　路林海　王　亮　王永军　曾纯品

委 员

李　罡	门燕青	张　伟	李常锁	种记鑫
刘家海	韩　刚	徐　勇	商金华	刘　颂
石锦江	郭建民	郭继杰	马学祥	王燕燕
黄永亮	王　鑫	张　康	王宗月	尹心雨
胡　韬	刘　浩	苏逢彬	宿庆伟	高铭鑫
刘鑫锦	宋　飖	尚　浩	张　凯	郑灿政
王　凯	胡　月	胡　爽	呆昊	张益杰
张振杰	张建伟	代方园	丁奕钧	董亚楠
孙会超	高　扬	王晓晖	刘　毅	张　辉
杜晓峰	杨月彪			

泉涌千年，城以水兴。济南，这座被泉水滋养的古城，自古便以"天下泉城"的美誉闻名遐迩。趵突腾空的壮美、黑虎啸月的雄浑、珍珠漫洒的灵秀，不仅构成了独特的城市景观，更深深镌刻着这座城市的文化基因。然而，正是这份得天独厚的自然馈赠，让济南在现代化进程中面临着一个世界级难题——如何在地下轨道交通建设与泉水生态系统保护之间寻求平衡。本书正是基于这一命题，系统梳理济南轨道交通建设历程中的技术创新与实践经验，为岩溶地貌城市的地下空间开发提供可借鉴的"济南方案"。

济南轨道交通的建设史，堪称一部人与自然的对话史。自1988年首次提出轨道交通构想，到2019年首条地铁线路正式运营，这座城市用了整整30年时间破解"地铁与泉水能否共存"的命题。2002年院士团队的审慎论证，2009年《泉水影响研究报告》的突破性结论，2013年轨道交通集团的创新实践，每个关键节点都凝聚着地质学家、工程师与城市规划者的智慧结晶，成功实现轨道交通网络与泉脉系统的共融共生。2023年，按照市委、市政府关于泉脉保护工作的指示要求，济南轨道交通集团与山东省地矿局八〇一队共建成立了济南泉脉保护技术研究中心，后引进山东大学作为共建单位，进一步全面深化泉水保护研究工作，提出"绕、避、升、抬、勘、灌、测、疏、警、诊、养、评"的泉水保护"十二字"策略，为轨道交通全生命周期泉水保护、建设人与自然和谐的美丽泉城奠定坚实基础。

全书共9章，内容环环相扣，既包含对济南泉水形成机制的深度剖析，也涵盖轨道交通规划设计的核心要义；既有岩溶地层探查的关键技术突破，也有工程实践中的创新工法总结；既构建了四维可视化信息平台，也建立了全生命周期的监测预警体系。这种"基础研究—技术创新—工程应用"三位一体的架构，完整呈现了复杂地质条件下轨道交通建设的系统性解决方案。

本书的编写得到泰山产业领军人才工程"城市轨道交通智慧建造与智能巡检装备研发及产业化""盾构多源信息融合与自主掘进控制装备研发及产业化"等项目的支持，书中引用了相关单位及专家、学者的大量文献，在此一并表示感谢。鉴于水文地质系统的复杂性与工程技术的前沿性，书中不足之处，恳请各界专家不吝指正。期待这份来自泉城的实践，能成为城市现代化建设与生态保护和谐共生的时代注脚。

CONTENTS 目　录

| 第 8 章 | 四维地质环境可视化信息系统平台 / 145

Chapter 1

第 1 章

泉城济南介绍

泉城济南，山东省省会，国家历史文化名城，总面积 10244.45km²，2024 年末常住人口 951.5 万人。作为黄河流域重要中心城市和全国性综合交通枢纽，济南以"山、泉、湖、河、城"交融的独特风貌闻名。

济南历史底蕴深厚，是龙山文化的发祥地。春秋战国时期属齐国，称"历下邑"；汉代设济南郡，得名于古济水之南；唐宋时期为齐州，宋代升为济南府；明清成为山东省会。济南素有"泉城"之称，众多清洌甘美的泉水，从城中涌出，汇为河流、湖泊；呈现出"家家泉水，户户垂柳""四面荷花三面柳，一城山色半城湖"的绮丽风光。

1.1 地理位置

济南位于山东省的中部，地理位置介于北纬 36.02°～37.54°，东经 116.21°～117.93°，南依泰山，北跨黄河，背山面水，四周与德州、滨州、淄博、泰安、聊城等市相邻。济南市地理位置示意图，如图 1.1-1 所示。

1.2 地形地貌特征

1.2.1 地形特征

济南市地处鲁中南低山丘陵与鲁西北冲积平原的交接带上，地势南高北低、东高西低，南部为绵延起伏的山区，泰山山脉走向近东西，山势陡峻，深沟峡谷，绝对标高为 500～600m；中部为低山丘陵区，山势坡度较缓，沟谷宽阔，绝对标高为 250～500m；北部为山前倾斜平原及黄河冲积平原，绝对标高为 25～50m。山前倾斜平原上，由于有燕山期侵入的辉长岩体分布，形成了一些面积不大的孤山，如华山、鹊山、卧牛山等，成为济南胜景之一，有"齐烟九点"之称。济南市自然地理图，如图 1.2-1 所示。

1.2.2 地貌特征

济南自东南至西北地形由高渐低，地貌成因类型依次为：低山区、残丘丘陵区、冲洪积平原区、冲积平原区、岩溶地貌。南部为绵延起伏的中低山区，山势陡峻，标高 600～800m。往北过渡到标高 300m 以下的剥蚀残丘和丘陵山体，由于岩石抗风化能力不同，形成阶梯式地形。在低山、残丘丘陵区，广泛分布碳酸盐岩，形成一系列岩溶地貌，顺层缓坡可见溶沟、溶槽地形，陡坡不同高程分布有溶洞和落水洞。中北部为山前冲积—洪积倾斜平原，地势为南东高北西低，坡度一般为 5°～10°，绝对标高一般为 25～50m。冲积扇沉积厚度由南向北逐渐增大，与北部黄河冲积平原相接。玉符河发育Ⅰ、Ⅱ两级嵌入阶地，Ⅰ级阶地高出河床 2～3m，Ⅱ级阶地高出河床 5～10m。由于黄河泥沙淤积，河床高出地面 5～9m，成为悬河。黄河发育有高河漫滩和低河漫滩，低河漫滩位于人工堤坝内，标高 30m 左右；高河漫滩位于人工堤坝外，标高 25m 左右。在小清河与黄河堤坝之间局部分布有沼泽地带。

山东省标准地图

政区版

山　东　省　地　图

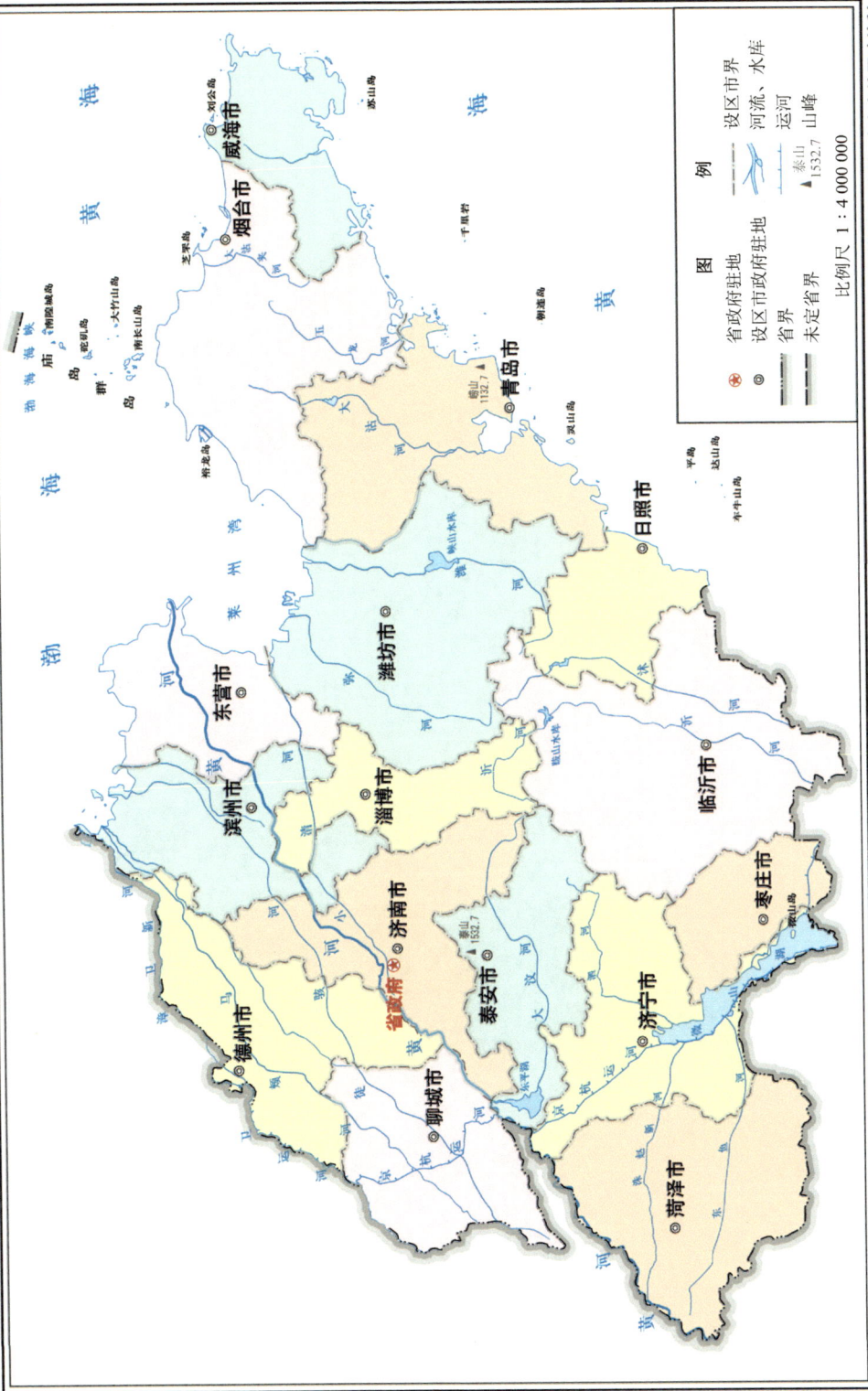

审图号：鲁SG（2024）035号

图 1.1-1　济南市地理位置图

济 南 市 地 图

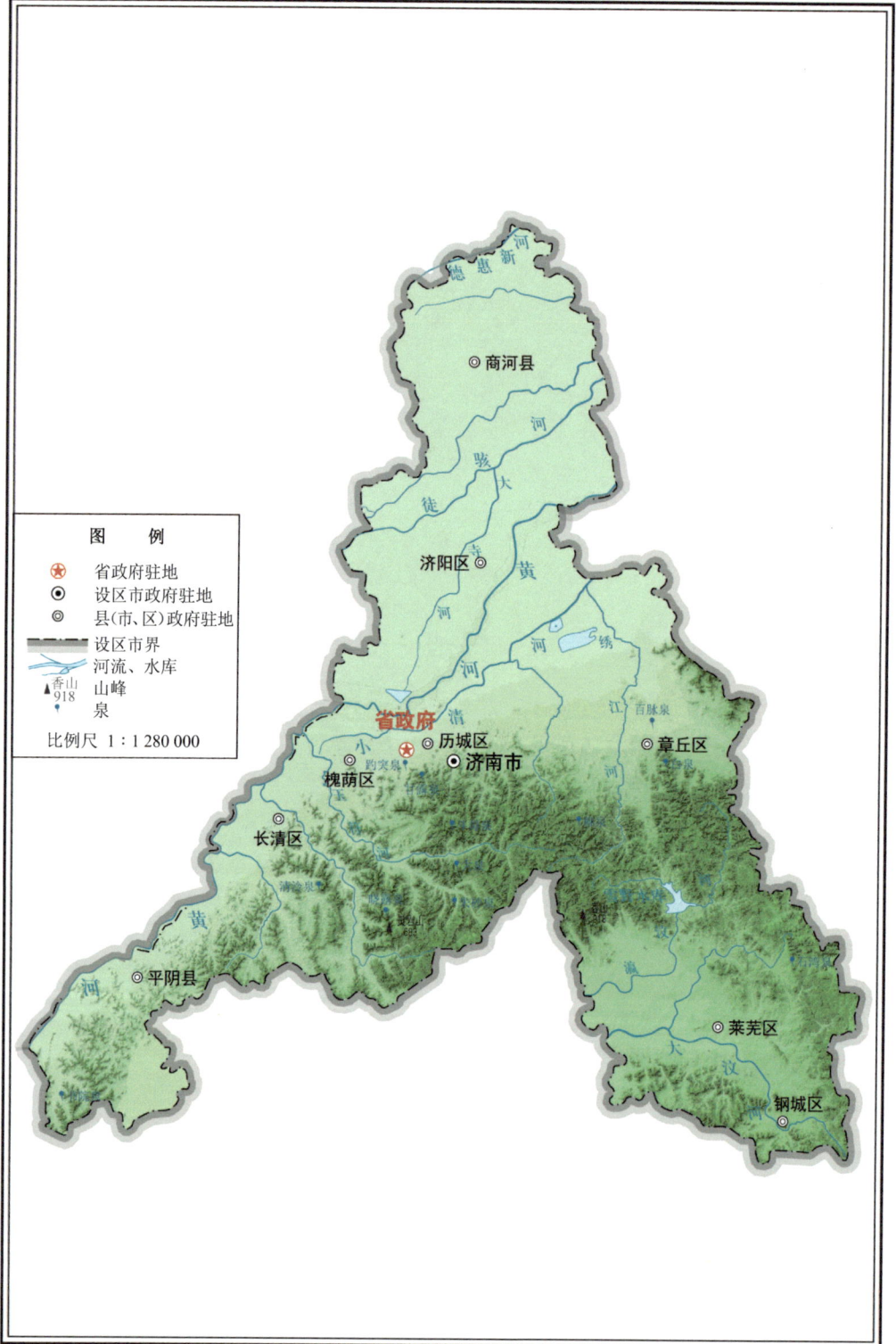

图例

- ✹ 省政府驻地
- ◉ 设区市政府驻地
- ◎ 县(市、区)政府驻地
- ▬ 设区市界
- 河流、水库
- ▲香山918 山峰
- ↓ 泉

比例尺 1 : 1 280 000

商河县

济阳区

黄河

省政府

历城区

济南市

小 趵突泉

槐荫区

长清区

章丘区

百脉泉

莱芜区

平阴县

钢城区

审图号：鲁SG（2024）035号　　　　　　　　　　　　　山东省自然资源厅监制　山东省地图院编制

图 1.2-1　济南市自然地理图

1.3　自然条件与资源

1.3.1　自然条件

（1）地质。济南地处鲁中南低山丘陵与鲁西北冲积平原交接带，南依泰山，北跨黄河，地层南老北新，南部以古生界石灰岩为主，北部以新生界松散堆积物为主。大地构造处于华北板块的华北凹陷区的济阳凹陷和鲁西隆起区之鲁中隆起的衔接地带。北部为济阳凹陷、淄博—茌平凹陷，南部为鲁中隆起，属向北倾斜的单斜构造。

（2）地形。地势南高北低，呈现由南向北依次为低山丘陵、山前冲积—洪积倾斜平原和黄河冲积平原的地貌形态。

（3）水文。济南市河流分属黄河、淮河、海河三大水系。湖泊有芽庄湖、大明湖、白云湖等。山区北麓有众多泉群出露，仅市区就有趵突泉、黑虎泉、五龙潭、珍珠泉四大泉群。

1.3.2　自然资源

（1）土地资源。全市有棕壤、褐土、潮土、砂姜黑土、水稻土、风砂土 6 种土类，其中以棕壤、褐土两大土类为主。

（2）矿产资源。主要有煤、石油、天然气、铁、地热和建筑材料等。

（3）当地水资源 15.9 亿 m^3，可利用量 14.7 亿 m^3。

（4）生物资源。有植物 149 科，1175 种和变种。陆栖野生动物 211 种。

1.4　七十二名泉

济南素有"泉城"之称，分布着趵突泉泉域、白泉泉域、百脉泉泉域、洪范池泉域、长清-孝里水文地质单元、瀛汶河水文地质单元、牟汶河水文地质单元、源泉水文地质单元、沂源水文地质单元，12 大泉群、1209 处天然泉水错落有致地分布于全域，其中名泉总数达到 950 处，包括著名的"七十二泉"，如表 1.4-1 所示。

七十二名泉　　　　　　　　　　　　　　　　　　　　　　表 1.4-1

序号	泉名	所属泉群	所属行政区
1	趵突泉	趵突泉泉群	历下区
2	金线泉	趵突泉泉群	历下区
3	皇华泉	趵突泉泉群	历下区
4	柳絮泉	趵突泉泉群	历下区
5	卧牛泉	趵突泉泉群	历下区
6	漱玉泉	趵突泉泉群	历下区
7	马跑泉	趵突泉泉群	历下区
8	无忧泉	趵突泉泉群	历下区
9	石湾泉	趵突泉泉群	历下区

序号	泉名	所属泉群	所属行政区
10	湛露泉	趵突泉泉群	历下区
11	满井泉	趵突泉泉群	历下区
12	登州泉	趵突泉泉群	市中区
13	杜康泉（北煮糠泉）	趵突泉泉群	市中区
14	望水泉	趵突泉泉群	市中区
15	珍珠泉	珍珠泉泉群	历下区
16	散水泉	珍珠泉泉群	历下区
17	溪亭泉	珍珠泉泉群	历下区
18	濋泉	珍珠泉泉群	历下区
19	黑虎泉	黑虎泉泉群	历下区
20	琵琶泉	黑虎泉泉群	历下区
21	玛瑙泉	黑虎泉泉群	历下区
22	白石泉	黑虎泉泉群	历下区
23	九女泉	黑虎泉泉群	历下区
24	五龙潭	五龙潭泉群	天桥区
25	古温泉	五龙潭泉群	天桥区
26	贤清泉	五龙潭泉群	天桥区
27	天镜泉	五龙潭泉群	天桥区
28	月牙泉	五龙潭泉群	天桥区
29	西蜜脂泉	五龙潭泉群	天桥区
30	官家池	五龙潭泉群	天桥区
31	回马泉	五龙潭泉群	天桥区
32	虹溪泉	五龙潭泉群	天桥区
33	玉泉	五龙潭泉群	天桥区
34	濂泉	五龙潭泉群	天桥区
35	百脉泉	百脉泉泉群	章丘区
36	东麻湾	百脉泉泉群	章丘区
37	墨泉	百脉泉泉群	章丘区
38	梅花泉	百脉泉泉群	章丘区
39	濯缨泉（王府池子）	珍珠泉泉群	历下区
40	玉环泉	珍珠泉泉群	历下区
41	芙蓉泉	珍珠泉泉群	历下区
42	舜井	珍珠泉泉群	历下区

序号	泉名	所属泉群	所属行政区
43	腾蛟泉	珍珠泉泉群	历下区
44	双忠泉	珍珠泉泉群	历下区
45	华泉	白泉泉群	历城区
46	浆水泉	涌泉泉群	历下区
47	砚池	—	历下区
48	甘露泉	涌泉泉群	历下区
49	林汲泉	涌泉泉群	历下区
50	斗母泉	涌泉泉群	市中区
51	无影潭	—	天桥区
52	白泉	白泉泉群	历城区
53	涌泉	涌泉泉群	南部山区
54	苦苣泉	涌泉泉群	南部山区
55	避暑泉	涌泉泉群	南部山区
56	突泉	涌泉泉群	南部山区
57	泥淤泉	涌泉泉群	南部山区
58	大泉	涌泉泉群	南部山区
59	圣水泉	涌泉泉群	南部山区
60	缎华泉	涌泉泉群	南部山区
61	玉河泉	玉河泉泉群	历城区
62	西麻湾	百脉泉泉群	章丘区
63	净明泉	百脉泉泉群	章丘区
64	袈裟泉	袈裟泉泉群	长清区
65	卓锡泉	袈裟泉泉群	长清区
66	清泠泉	袈裟泉泉群	长清区
67	檀抱泉	袈裟泉泉群	长清区
68	晓露泉	袈裟泉泉群	长清区
69	洪范池	洪范池泉群	平阴县
70	书院泉（东流泉）	洪范池泉群	平阴县
71	扈泉	洪范池泉群	平阴县
72	日月泉	洪范池泉群	平阴县

　　最负盛名的趵突泉泉域在济南市中心区域 4.3km² 范围内集中分布着 196 处泉眼，包括趵突泉泉群、黑虎泉泉群、五龙潭泉群、珍珠泉泉群四大泉群，众多清冽甘美的泉水，从地下喷涌而出，汇成河流，流入大明湖。盛水时节，在泉涌密集区，呈现出"家家泉水，户户垂杨""清泉石上流"的绮丽风光。

　　趵突泉是济南七十二名泉之冠，最早见于商代甲骨文记载，古称"泺水"。清乾隆皇帝南巡时因其水质甘洌，御封为"天下第一泉"。1931年四周用石砌岸。几经变化，形成长方形泉池，长 30m，宽 18m，深 2.2m。北临泺源堂，西傍观澜亭，东架来鹤桥，南有长廊围合。泉水从地下石灰岩溶洞中涌出，泉水有三个出水口，每天涌出 7 万 m^3 泉水，水温常年保持在 18℃左右，最大涌水量达 162000m^3/d。泉水三股并发，浪花飞溅，"趵突腾空"为济南八景之一（图 1.4-1）。

黑虎泉为黑虎泉泉群主泉，泉源为天然洞穴，高 2m，深 3m，宽 1.7m，泉水主要来自洞穴的东南方向，涌水量最大每日 4.1 万 m^3，仅次于趵突泉。洞穴由青石垒砌，隐露在岩壁下。泉池由石块砌成，略呈长方形，宽约 17m，深约 3m。泉池南壁并列 3 个石雕虎头。泉水流过暗沟，经 3 个石虎口喷出。因泉水激石声如虎啸，且洞内岩石形似卧虎，故名"黑虎泉"（图 1.4-2）。

图 1.4-1　趵突泉

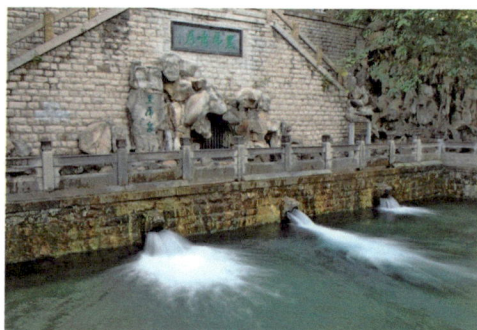

图 1.4-2　黑虎泉

白泉位于济南市东部，出露泉群主要为济南市区东北部的白泉泉群，在济南市历城区鲍山街道办事处纸坊村附近，为济南市十二大泉群中一著名泉群，由白泉、冷泉、当道泉、草泉、麻泉、团泉、惠泉、漫泉、漂泉、灰泉、葫芦头泉、柳叶泉、李家泉、张家泉、唐家泉等20余处泉水组成。白泉因主泉眼喷涌时声如隐雷，白沙沉积形成独特的白色沙滩，曾被称为"白泉河"或"白野河"。白泉在金代《名泉碑》、明朝《七十二名泉诗》、清朝《七十二泉记》中均有收录，2004年亦被评定为"新七十二名泉"，成为济南市区另一独立的泉水风景线（图 1.4-3）。

图 1.4-3　白泉

Chapter 2

第 2 章

泉城工程地质

济南位于鲁西隆起区的西北边缘。大地构造位置：华北板块（Ⅰ）、鲁西隆起（Ⅱ）、鲁中隆起（Ⅲ）、泰山-济南断隆（Ⅳ）、泰山凸起$Ⅱ_{al}^{6}$（Ⅴ）的北部。

鲁中隆起地质构造总体上是一个以新太古代泰山岩群为基底，以古生代地层为主体的北倾单斜构造。单斜构造单元中发育多组断裂构造，将其分割成相对独立的单斜断块。区域地壳在中生代燕山期晚期活动强烈，形成了以北北西向为主、以北北东和近东西向为辅的3组断裂；同时，大范围的中基性岩浆岩侵入，形成多个杂岩体。

2.1 地层与地质构造基本特征

2.1.1 地层岩性

济南地区的地层岩性较为复杂，不同地质年代的地层岩性各有特点，为华北型地层，属华北——柴达木地层大区华北地层区鲁西分区，其中济南市区、章丘区及长清以北广大地区被新生代地层覆盖，区域南部基岩出露有新太古代泰山岩群、早古生代长清群、九龙群及马家沟群，晚古生代月门沟群、石盒子群及石千峰群，中生代淄博群、莱阳群及青山群。新太古代地层仅零星分布于历城与章丘交界处的南部山区，早古生代碳酸盐岩地层出露于中南部广大山区，形成风景优美的蟠龙山、卧虎山、金象山、千佛山、英雄山、马鞍山等群山及莲花洞、白云洞、朝阳洞、老虎洞等碳酸盐岩溶洞；晚古生代碎屑岩夹煤系地层主要分布于历城及章丘中北部、济阳南部及槐荫区西北部地区，大部分被第四系覆盖，仅章丘的曹范、埠村、普集等地少量出露，是济南煤矿资源的产出地层和主要产地；中生代碎屑岩及火山凝灰岩地层小范围分布于章丘东部的高官寨、刁镇、绣惠等地，大部分被第四系覆盖，仅绣惠、普集东山上有出露。总体来说，其由老到新依次出露有太古界泰山岩群；古生界寒武系、奥陶系、石炭系及二叠系；新生界第三系及第四系。区域地层简表，见表2.1-1。

区域地层简表　　　　　　　　　　　　　　　　　　　　表2.1-1

年代地质			岩石地层			地层厚度/m	地质特征
界	系	统	群	组	代号		
中生界	白垩系	下统	青山群	八亩地组	K_1b	1779	玄武岩、玄武安山岩、安山岩夹集块角砾岩及凝灰岩
			莱阳群	城山后组	$K_1\hat{c}$	40～403	灰黄色长石砂岩、浅灰红色粉砂岩夹灰绿色安山质沉凝灰岩
	侏罗系	上统	淄博群	三台组	J_3K_1s	600	砖红或杂色长石砂岩，下部夹两层紫色砾岩
		中统		坊子组	J_2f	300	灰白色砂岩夹炭质页岩、紫色页岩，底部为复成分砾岩，不夹煤层
	三叠系	下统	石千峰群	刘家沟组	T_1l	368	砖红色细粒长石石英砂岩
				孙家沟组	T_1s	204	紫红色粉砂质泥岩，局部夹含燧石条带泥岩及凝灰质细砂岩，底部发育砂砾岩
早古生界	二叠系	乐平统	石盒子群	孝妇河组	P_3x	＞104	灰黄—黄绿色砂岩、泥岩及紫红色泥岩
		阳新统		奎山组	P_2k	6～68	灰白色中—粗粒长石石英砂岩
				万山组	P_2w	98～155	黄绿色砂岩与杂色泥岩，上、下夹铝土质泥岩
				黑山组	P_2h	103	黄绿、灰绿色砂岩夹粉砂岩及泥岩

年代地质			岩石地层			地层厚度/m	地质特征
界	系	统	群	组	代号		
早古生界	二叠系	船山统	月门沟群	山西组	$P_{1-2}\hat{s}$	72	黑灰—深灰色泥岩、粉砂岩为主夹3~4层煤
				太原组	C_2P_1t	128	黑—灰黑色泥岩、粉砂岩夹5层灰岩及5层煤，顶底均以灰岩为标志层
	石炭系	上石炭统		本溪组	C_2b	>30	紫色、杂色铁铝质泥岩、铝土岩及粉细砂岩组合，底部为灰色铝土质泥岩、杂色泥岩
晚古生界	奥陶系	上统	马家沟群	八陡组	$O_{2-3}b$	145~189	深灰色、灰黄色中厚层微晶灰岩及藻屑粉晶灰岩为主夹少量灰质白云岩及白云质灰岩
		中统		阁庄组	O_2g	24~142	黄灰色中薄层粉晶白云岩及细晶白云岩
				五阳山组	O_2w	118~369	灰色中厚层泥晶灰岩、云斑灰岩夹中薄层白云岩为主，中下部灰岩中含燧石结核
				土峪段	O_2t	40~74	土黄色、紫灰色中薄层微晶白云岩为主夹中层喀斯特化角砾岩
				北庵庄段	O_2b	200~355	灰—深灰色中薄层微晶灰岩、厚层豹皮状灰岩为主，中上部夹少量白云岩及泥质白云岩
				东黄山段	O_2d	9~40	黄灰、黄绿色薄层泥质条带白云岩及泥质灰岩，顶部膏溶现象发育，底部为复成分细砾岩
		下统	九龙群	三山子组	C_4O_1s	37~231	褐灰—灰白色中厚层状白云岩，上部含有较多燧石结核及条带
	寒武系	芙蓉统		炒米店组	$\mathrm{C}_4O_1\hat{c}$	169~276	灰色薄层泥质条带灰岩、生物碎屑、砂屑灰岩及中厚层竹叶状夹鲕状灰岩，局部发育柱状叠层石
				崮山组	$\mathrm{C}_{3-4}g$	50~115	竹叶状灰岩—薄层灰岩—页岩反复叠置而成
		第三统		张夏组	$\mathrm{C}_3\hat{z}$	118~217	厚层鲕状灰岩、叠层石藻礁灰岩、藻凝块灰岩及黄绿色页岩、薄层灰岩等
		第二统	长清群	馒头组	$\mathrm{C}_{2-3}m$	164~309	灰紫—紫红色粉砂质页岩、长石石英砂岩及黄绿色页岩夹云泥岩、泥灰岩、鲕状灰岩
				朱砂洞组	$\mathrm{C}_2\hat{z}$	10~30	灰白色厚层含燧石结核和条带白云岩夹薄层泥岩、灰质白云岩、藻纹层白云岩
新太古界			泰山岩群	柳杭组	Ar_3l	>4000	主要岩性为黑云斜长片麻岩、斜长角闪岩、角闪斜长片麻岩及黑云变粒岩等
				山草峪组	$Ar_3\hat{s}$		
				雁翎关组	Ar_3y		

2.1.2　地质构造

济南地区地处鲁西背斜北翼，总体为一平缓的单斜构造（图 2.1-1）。地形南高北低，地层朝北、西北方向倾斜，倾角 5°~12°。太古界泰山群古老变质岩系构成本区的沉积基底，盖层依次为寒武系、三山子组、石炭-二叠系及第四系（图 2.1-2）。单斜构造的北北西向断裂构造较为发育，自西向东主要有：牛角店断裂、马山断裂、东坞断裂、文祖断裂、禹王山断裂。北西向断裂将单斜构造切割成大小各异的断块，自西向东分别为：东阿—平阴断块（东平湖至牛角店断裂及黄山岩脉之间）、长孝断块（牛角店断裂及黄山岩脉至马山断裂之间)、趵突泉断块(马山断裂至东坞断裂之间)、白泉断块(东坞断裂至文祖断裂之间)、明泉断块(文祖断裂至禹王山断裂之间)。

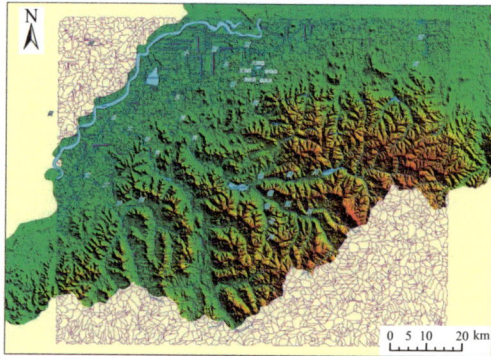

图 2.1-1　济南泉域地形图

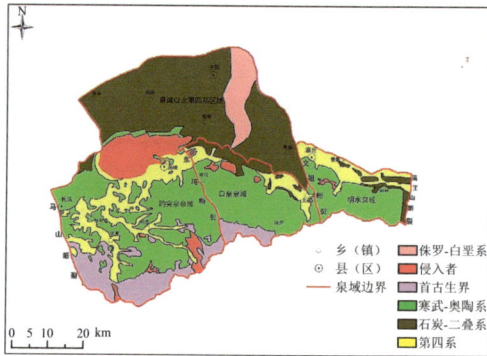

图 2.1-2　研究区地质略图

2.1.3　岩浆岩

济南地区岩浆活动较强烈,主要发生在中生代印支—燕山运动晚期。形成了以规模较大的济南辉长岩体为主体,以东部鸡山、唐冶、西顿丘等小岩体为辅的"济南岩体"。济南岩体分布于济南市区及近郊一带,绝大部分已被第四系覆盖。济南岩体西至玉符河、东至王舍人庄、济南钢铁厂一带,北部已过黄河,南部与奥陶纪灰岩接触,其接触带西北起白韩家道口、位里庄向东经小金庄、担山屯、大杨庄、西红庙、袁柳庄、省体育中心、跳伞塔、黑虎泉路、体工大队、燕子山北麓、窑头、丁家庄、牛旺庄到王舍人庄之后,转向北经裴家营,再折向西经苏家庄、宿家张马、大小坡、北滩头至傅家庄。黄河以南岩体近似椭圆形,长轴北东—南西向,长约30km,短轴近南北向,长9km,周长约103km,分布面积约268km²。岩体岩性主要为辉长岩,边缘为闪长岩。岩浆由北向南呈仰角侵入,南部呈缓倾斜状超覆于奥陶纪地层之上,由北向南变薄。岩体的北部与灰岩接触呈向北平缓倾斜,且向深度延伸。当岩浆由北向南沿各断裂侵入到一定部位,转成主要顺奥陶纪马家沟群三层角砾状泥灰岩或石炭纪本溪组与奥陶纪假整合面做侧向侵入,接触部位犬牙交错。

鸡山岩体为一单独岩块,岩体侵入边缘,在山张庄西南的废矿坑围岩中见东西向褶曲。另外，岩石中暗色矿物定向排列的流线为东西向，说明这一岩体侵入与东西向构造有关。唐冶岩体大部分隐伏于第四系之下，只在唐冶村西南有小面积出露，钻孔揭露该岩盘厚度小于 200m，穿插于奥陶纪地层之中。顿丘岩体在围子山东侧，武将山南侧有小面积出露，大部分隐伏在第四纪地层之下。据以往钻孔揭露，在岩体西南角 100.4m 揭穿火成岩，在岩体东北角 89.83m 揭穿火成岩，在岩体西北角 510m 深度揭穿火成岩，下伏为奥陶纪灰岩。

济南南部山区岩浆岩也较发育，有新太古代阜平期蒙山超单元花岗岩、闪长岩、古元古代吕梁期傲徕山超单元二长花岗岩、中生代燕山晚期沂南超单元闪长岩。新太古代、古元古代侵入岩主要为中酸性岩，中生代侵入岩主要为中基性岩。

2.2　岩土层类型及工程地质特征

济南属鲁中南低山丘陵工程地质区和鲁西北黄泛平原工程地质区，平面分布具有明显的东西向带状分布特征。南部广泛分布寒武系至奥陶系坚硬—较坚硬中厚层状灰岩，地表岩溶较发育，岩石力学强度高，但地形起伏大，局部夹较坚硬的薄层状页岩及中薄层状灰岩，工程地质条件较好，主要存在的地质灾害隐患为崩塌、滑坡、泥石流；中部主要分布山前冲洪积地层，岩性为黄土、粉质黏土、黏土及碎石土、卵砾石等，工程地质条件较好，主要存在的地质灾害隐患为黄土湿陷、采空塌陷、岩溶塌陷及伴随的地裂缝等；北部为黄泛平原，广泛分布黄河冲积物，岩性为粉土、粉质黏土及粉细砂等，上部地层松散、欠固结，物理力学性质差，承载力低，主要存在的不良工程地质现象为软土及砂土液化。济南市区岩土地层的空间分布如图 2.2-1 和图 2.2-2 所示。

图 2.2-1　济南泉域地质简图

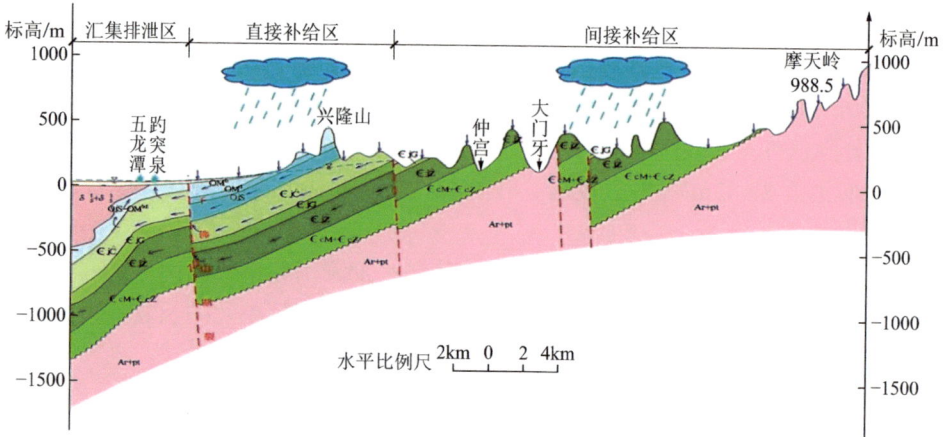

图 2.2-2 济南市区地层剖面图

2.2.1 地基土类型及工程地质特征

根据土体的成因类型及结构特征，土体分为 3 种类型：山间谷地松散堆积层、山前冲洪积平原堆积层和北部黄泛平原新近土堆积层。

1. 山间谷地松散堆积层

主要分布在玉符河、北沙河、兴济河、巨野河等山间河谷地段，其特征为岩性变化大、厚度变化较大，厚度从几米至十几米，局部大于 20m。其多为坡洪积或冲洪积形成，具双元结构，地层结构自上而下为黄土、粉质黏土、砂（卵）砾石（或碎石土），其中砂（卵）砾石（或碎石土）底部与基岩接触。多层建筑及一般高层建筑可采用天然地基。

2. 山前冲洪积平原堆积层

主要分布在山前冲洪积平原地段，自南向北厚度逐渐增加，从几米至数十米，无影山附近等局部地段厚度较小，岩性较稳定，上部以黏性土为主，底部为碎石土，济南市区及附近表层多分布厚度不等的人工填土，成因类型为冲洪积物，结构类型从岩土体双元结构过渡到土体单元结构。自上而下主要分为 4 个工程地质层，即黄土、粉质黏土、黏土和碎石土。该区域内多层建筑一般可采用天然地基，高层建筑南部及无影山附近基础可深埋，采用筏形或箱形基础，区内北部高层建筑多采用桩基基础。

3. 黄泛平原新近土堆积层

分布于黄河沿岸的广大地区，第四系地层厚度大，自南向北厚度由二十几米增加到数百米。成因类型上部为黄河冲积形成的沉积物，其特征为土层松散，欠固结，20m 深度以内土层主要分为 4 个工程地质层，自上而下分别为粉土、粉质黏土或黏土、粉土、粉质黏土。

2.2.2 岩土体类型及工程地质特征

1. 坚硬较坚硬的中厚层—厚层状灰岩岩组

广泛分布于南部山区，岩石致密、坚硬、性脆、厚层状，易受水体侵蚀，地表和地下常可见到水体侵蚀作用形成的溶槽、溶沟和溶洞，岩溶发育使原岩的结构发生破坏和变化，降低了原岩的强度，在工程建筑设计时，应尽量避开本岩类的岩溶发育段或采取必要的防范措施。岩性为奥陶-寒武系灰岩、白云质灰岩、白云岩、泥质灰岩等。

2. 坚硬的块状侵入岩岩组

大部分隐伏于第四系松散层以下，仅在无影山、匡山、药山、标山、华山、卧牛山等附近零星出露，岩性为燕山期侵入的辉长岩、闪长岩，岩石坚硬、致密，整体性好，裂隙一般不发育，但岩石易风化，使其强度降低，根据风化程度，自上而下分为残积土、全风化土层、强风化层、中等风化层及微风化层。

3. 坚硬较坚硬的薄层状页岩砂岩夹灰岩岩组

主要分布在历城区与章丘区交界处，以及西部玉清湖水库以北等地。岩性为石炭系砂岩、页岩、薄层灰岩夹煤层，岩石软硬相间。

第 3 章

泉城水文地质

3.1 气象水文条件

3.1.1 气象

济南市属暖温带大陆性半湿润季风气候区，四季分明。春季干燥多风，夏季炎热多雨，秋季晴和气爽，冬季寒冷少雪。据统计资料：多年平均气温 13.7℃，气温随季节变化明显，最热季节在 6～8 月三个月，平均气温 26.3℃。最冷季节从 12 月至翌年 1、2 月，其多年月平均气温−1.16～1.8℃。历年最高气温达 42.5℃（1955 年 7 月 24 日），最低气温为−19.6℃（1953 年 1 月 17 日），年气温变化幅度在 29.5℃左右。

济南市多年（1956—2024 年）平均降水量 695.3mm，最大为 1160mm（1962 年），最小为 320.8mm（1968 年），一年之中降水主要集中在 6～9 月，平均为 500.014mm，占全年降水量的 77.34%（图 3.1-1），多以暴雨形式降落。12 月至翌年 3 月降水量小，各月一般均小于 12mm。降水量在空间上分配也有差异，南部山区年均降水量大于北部平原。济南地区多年平均蒸发量为 2428.80mm，7、8 月最大，1 月最小。早霜期在 10 月上旬，终霜期在翌年的 3 月中旬，平均霜冻期为 150～180d，冻结深度小于 0.5m。

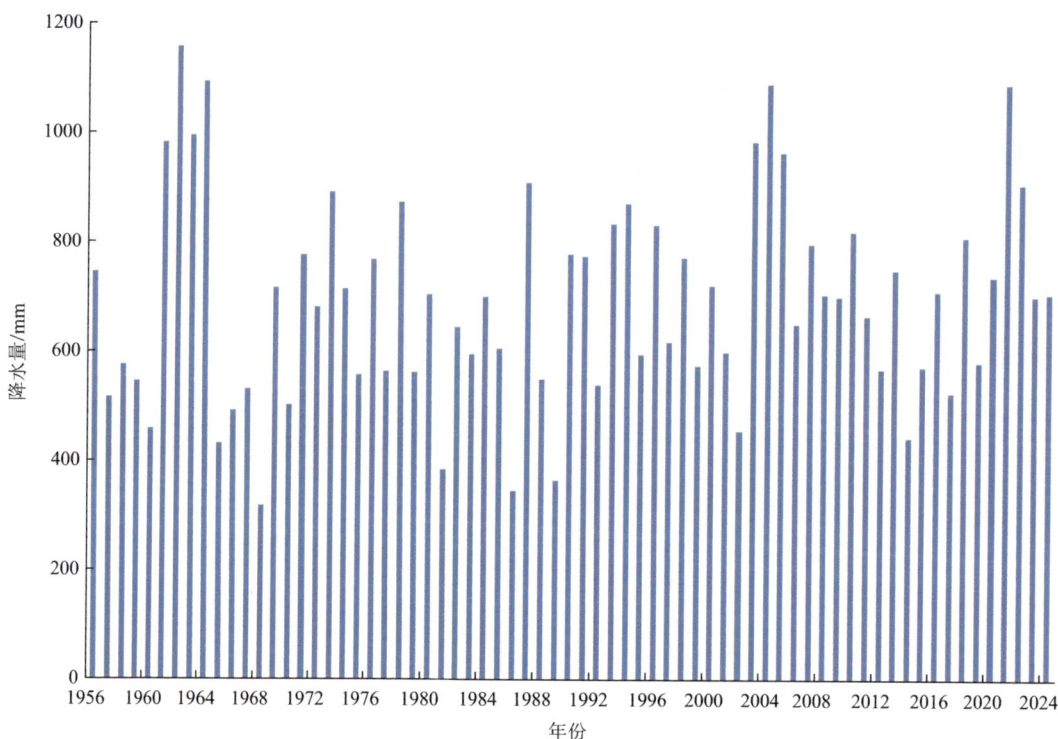

图 3.1-1　济南市 1956—2024 年降雨量直方图

3.1.2 水文

济南市河流主要有黄河、小清河、玉符河、北沙河；湖泊有大明湖、历阳湖等；名泉有市区的四大泉群及东郊的白泉泉群（图 3.1-2）。

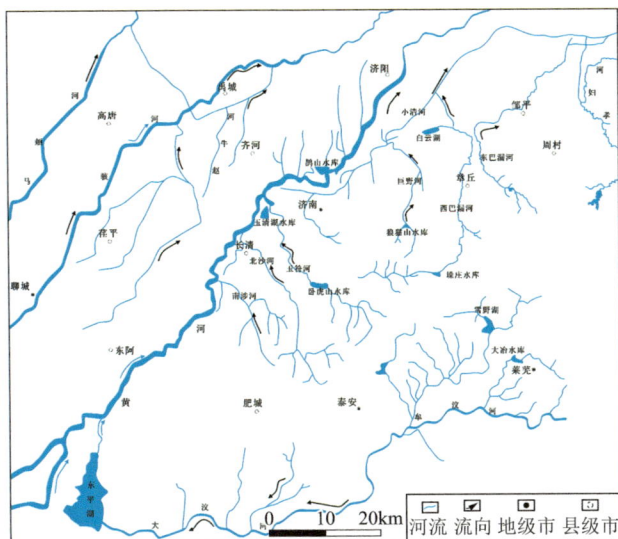

图 3.1-2　区域水系示意图

1. 河流

（1）黄河

济南市域黄河长度达到 183km，自华山街道盖家沟入境济南，流向东北，流经平阴、长清、槐荫、天桥、起步区、历城、高新、章丘、济阳等区域，由遥墙街道沙滩村出境，是历城北部重要客水资源（图 3.1-3）。济南境内河道长 31.21km，宽一般 1～2km，1986—2007 年，年平均流量 420 亿 m^3，多年平均流量 547.2m^3/s，多年平均输沙量 3.45 亿 t。济南段黄河处于下游，形成了"地上悬河"的独特景观，黄河堤防被誉为中国的"水上长城"。黄河为济南提供了丰富的水资源，支撑着沿岸地区的农业、工业和生活用水。同时，济南百里黄河风景区是"中国黄河 50 景"之一，具有重要的生态旅游和文化价值。

图 3.1-3　黄河

（2）小清河

小清河（图3.1-4）是渤海独流入海河流，位于山东省济南市郊区北部，源起济南市区四大泉群，从济南睦里庄闸起，自西向东流经济南、滨州、淄博、东营、潍坊5市，于寿光的羊角沟入渤海，全长237km，流域面积10336km²。小清河是山东省重要的排洪和航运河道，流域内有众多风景名胜，如百脉泉景区、李清照纪念堂等，还对沿线地区的农业灌溉、工业用水和生态环境起到了重要的支撑作用。主要支流有巨野河、绣江河、杏花沟和孝妇河。

巨野河又名巨冶河、巨河水、龙山河等，发源于济南市历城区西营镇与彩石乡接壤处跑马岭之阴拔槊泉、玉河泉，北流至杜张村西南，东巨野河由右岸注入，在历城区鸭旺口东注入小清河。河长46.8km，流域面积376.8km²。

绣江河上游称西巴漏河，发源于章丘区垛庄镇南长城岭，北流至章丘区绣惠镇金盘村西北，与百脉河合，以下始称绣江河，又北流，于章丘区辛丰村北由右岸注入小清河。河长87.7km，流域面积667.9km²。

杏花沟上游称东巴漏河，发源于淄博市博山区西北部青龙湾，西北流入章丘区，在相公庄以下又称漯河，后经芽庄湖，出湖向东北流始称杏花沟，东北流至桓台县金家庄北，由右岸注入小清河，河长97km，流域面积1194.5km²。

孝妇河古称泷水，发源于淄博市博山城东南岱庄东北峪，蜿蜒西流，至博山城南神头转而北流，后折而西北流，至邹平吕庄闸分为两股，一股是1951年开挖的胜利河，北流入小清河；另一股为老河道，经麻大湖，于博兴县傅家桥东过义和闸入小清河。

图3.1-4　小清河

（3）玉符河

玉符河（图3.1-5）为黄河的支流，发源于研究区南部泰山北麓的长城岭，全长65km，上游由锦绣川、玉带河、锦云川三条支流组成，在卧虎山水库上游汇合成玉符河主流，主河道呈蛇曲状由东南流向西北，主要流经寨而头、西渴马、崔马、周王庄，最后注入黄河，是岩溶水的重要补给来源之一。由于玉符河上游修建数座大小不等水库，拦截地表径流，加上水库水向市区供水，目前玉符河崔马以下河段基本常年断流，为季节性河流。

（4）北大沙河

北大沙河（图3.1-6），古称中川水、沙沟。黄河在济南市长清区的支流，发源于长清区武家庄乡摩天岭西麓，汇集王家峪、武家庄、田庄、灵岩、小寺、青杨西山、大娄峪、小娄峪 8 条支流。流经万德、张夏、崮山、城关、平安店 5 镇，于老王府村南流入黄河，全长 54.3km，流域面积 584km²，汇集地面径流 150.7km²。属季节性河流。为拦洪蓄洪，沿河建有石店水库和小崮山水库，削减了下泄山洪流量，增强了河道抗洪能力。长清区南大沙河及北大沙河河砂资源丰富，砂储量约 10 亿 t，济南市建筑用黄沙，主要来自这两条河。

图 3.1-5　玉符河

图 3.1-6　北大沙河

（5）西巴漏河

西支流发源于垛庄镇南部山区，其东支源头在文祖镇东部山区，全长 45km，汇水面积 378km²，垛庄以南长年有水，以北仅在汛期短时有水。据北风水文站 1977—1985 年观测资料，年平均径流量 0.121×10⁸～0.187×10⁸m³。此外还有汇集排泄区内许多小的支流，包括东工商河、西工商河等。

2. 湖泊

（1）大明湖

大明湖（图 3.1-7）位于济南城区中心，景区面积 103.4hm²，水面面积 46hm²，总库容

$1.2 \times 10^6 m^3$。济南市政府职能部门加大了泉水环境保护力度、泉水利用力度，在南部山区开发历阳湖水库储水工程，该工程自大明湖东侧取水，主要取东泺河流出泉水，额定每日取水量 $3 \times 10^4 m^3$。大明湖湖水水位通过控制上游来水、下游出水口放水闸门高度控制，湖水主要消耗为蒸发与向下游排泄。

图 3.1-7 大明湖

（2）历阳湖

历阳湖（图 3.1-8）为新建湖，于 2013 年建设完毕，位于历阳大街北侧的广场附近，西北侧为金鸡岭山。历阳湖水来自大明湖，经西圩子壕、南圩子壕、广场西沟、舜玉路、广场东沟的输水管线和 3 级泵站提水至历阳湖。所在区域属强渗漏带，湖水通过渗漏，实现地表水转换地下水，补充济南泉水水源，抬高泉水水位。

图 3.1-8 历阳湖

3. 泉水

济南市区内主要有趵突泉泉域与白泉泉域。趵突泉泉域泉水主要集中分布在旧城区内及其周围，面积约 4.3km²。泉水向北流入护城河、生产渠、大明湖，后流入小清河，成为小清河源头之一。根据泉水的分布、出流特点及汇流情况，分为趵突泉、黑虎泉、珍珠泉、五龙潭泉四大泉群，除此之外，尚有若干分散泉水。

（1）趵突泉泉群

位于趵突泉公园内，趵突泉南路西侧，在周围 17hm² 的面积上，散落着 28 处泉池。2008 年以来平均流量 $5.63 \times 10^4 m^3/d$。泉水汇入西泺河，最后注入小清河。

（2）黑虎泉泉群

位于泉城广场北，南护城河东段。沿河两岸，东起解放阁，向西长约 700m 的地方，共有泉池 16 处。2008 年以来平均流量 $6.6 \times 10^4 m^3/d$，泉水汇流进东泺河、西泺河，再注入小清河。

（3）五龙潭泉群

位于西门以西的护城河西侧，1985 年建为五龙潭公园。该泉群共有泉池 28 处。2008 年以来平均流量为 $4.3 \times 10^4 m^3/d$。部分泉水经生产渠，流入西泺河，最后注入小清河。

（4）珍珠泉泉群

位于济南旧城中部，珍珠泉泉群历史记载共有小泉 21 处。随着岁月的变迁，现在尚存十几处，2008 年以来平均流量 $1.38 \times 10^4 m^3/d$。

（5）白泉泉群

白泉泉群位于白泉泉域下游排泄区，历史上曾出露众多泉水，如白泉、杨家屯泉、葫芦头泉等，它们为岩溶水的自然排泄点。在 1961 年以前，岩溶水开采规模很小，这一带水位标高在 30m 左右，泉水常年出流，排泄岩溶水。此后，由于岩溶水开采量逐年增大，水位逐年下降，自流区范围渐趋缩小，自流水界线向北推移。自 20 世纪 70 年代以来，白泉附近成为济南市的主要工业区，岩溶水开采量逐年增大，形成岩溶水下降漏斗，泉水位下降，自 1975 年开始出现断流干涸现象。在丰水期，泉水仍可出流。

3.2　水文地质条件

3.2.1　含水岩组的划分及其特征

济南地区位于泰山北部单斜构造水文地质区。古老变质岩系及岩浆岩组成的泰山山脉为区域地表水和地下水的分水岭，古生界寒武纪、奥陶纪碳酸盐岩地层呈单斜产状，覆于变质岩和岩浆岩之下与地形倾向基本一致，向北倾斜、至北隐伏于山前第四纪地层之下。在北部平原地带下伏第四纪地层之下，市区及东、西郊有燕山期火成岩大片分布；西部玉符河以西沿黄河地带和东梁王庄以北至章丘的埠村、文祖一带，石炭、二叠纪地层假整合于奥陶纪地层之上，呈北西—东南向分布。这一特定的地形、地质和构造条件，控制了该区含水层的空间分布规律，地下水的运动、循环条件以及富水状况。

济南古生界单斜构造中发育有多条规模较大的北北西向断裂，将单斜构造分割为若干个断块，这些断裂构造对区内水文地质条件起到重要控制作用，根据其水理性质和地下水补径排条件，可将岩溶地下水划分为 5 个水文地质单元，自西向东依次为：平阴水文地质单元、长清-孝里铺水文地质单元、趵突泉泉域水文地质单元、白泉泉域水文地质单元、明水泉域水文地质单元。其中，平阴水文地质单元、长清-孝里铺水文地质单元和明水泉域水文地质单元跨地市级行政区。

根据含水层的岩性组合特征及地下水的赋存条件、富水程度，将研究区含水岩组划分为四大类，即：松散岩类孔隙水含水岩组、碎屑岩夹碳酸盐岩类岩溶-裂隙水含水岩组、碳酸盐岩类裂隙-岩溶含水岩组、变质岩及岩浆岩类裂隙含水岩组。由于各含水岩组富水性因岩性及所处的地貌部位不同差别很大，各类型含水岩组受到相邻隔水层（组）的控制，虽然形成了各自独立的循环条件，但因受构造作用在地下水总循环中又有机地联系在一起。

1. 松散岩类孔隙水含水岩组

主要分布在山区河谷和山前冲洪积平原以及北部黄河冲积平原地带。山间河谷及山前平原地带，孔隙水与岩溶水局部地段存在水力联系，具有互补关系，孔隙水的来源为大气降水入渗、地表水通过河道或水库、洼地渗漏以及岩溶水的顶托补给，地下水兼顾水平运动和垂直运动。黄河以北地区，岩溶水不再与孔隙水发生互补互排的水力联系，大气降水入渗补给成为孔隙水的主要来源，地下水以垂直运动为主，水平运动十分缓慢。孔隙水的总体运动方向由南向北，主要排泄途径为农业开采。

黄河冲积平原浅层地下水埋藏条件及分布规律主要受黄河古河道的变迁和改道环境所控制，在平面分布上，古河道带与古河道间带相间分布，古河道带呈南西-北东方向延伸，显示了黄河故道变迁的规律性。在古河道带内地下水含水层厚度大，颗粒粗，富水性强，水质较好。在古河道间带则含水层厚度小，颗粒细，富水性及水质较差。在垂向分布上，含水砂层层位分布稳定，顶板埋深 5～13m，底板埋深 30～35m，砂层多为 2～3 层，含水层岩性为粉细砂或细砂。古河道带含水层单层厚度 4～15m，总厚度 12～24m，富水性好，单井涌水量一般 720～960m³/d。古河道间带含水层单层则较薄为 1～8m，含水层总厚度 4～17m，单井涌水量一般 600～720m³/d，水质较差，水位年变幅一般小于 2m。

2. 碳酸盐岩类裂隙-岩溶含水岩组

由寒武系九龙群张夏组、三山子组和奥陶系含水层组成。其中，张夏组鲕粒灰岩的顶部被崮山组黄绿色页岩隔开，底部被馒头组灰绿-紫灰色页岩隔开，形成相对独立的含水层，但通过构造导水，也与其他层组存在一定的水力联系。

寒武系三山子组-奥陶系八陡组含水层为厚层纯灰岩、白云质灰岩、灰质白云岩、白云岩和泥质灰岩。岩溶裂隙发育，导水性强，有利于地下水的补给、径流和富集，在重力作用下，形成一个具有统一水面的含水体。但因分布位置及构造、地形、埋藏条件的影响其富水性相差悬殊。寒武系张夏组含水层主要分布在研究区南部山区，涝坡、崔马及前大彦庄以南，裸露于地表，其北部隐伏于上覆地层之下，岩性以鲕状灰岩为主，其次为白云质条带细晶灰岩，含水层顶、底板分别具有相对隔水作用的崮山组页岩和馒头组页岩。灰岩顶部及底部岩溶发育，富水性一般为中等，裸露区单井涌水量小于 100m³/d，隐伏区的单井涌水量在 500～1000m³/d。在北沙河、玉符河两岸及构造与地形有利地段，富水性较强，单井涌水量可大于1000m³/d，局部承压自流。

3. 碎屑岩夹碳酸盐岩类岩溶-裂隙水含水岩组

主要包括寒武系朱砂洞组、馒头组、崮山组，其中馒头组由于相变，其底部的灰岩在本区变薄。含水层灰岩与页岩呈夹层或互层，故裂隙不发育，富水差，单井出水量一般小于 100m³/d。在构造、地形适宜的地段，单井出水量也可达 100～500m³/d。该含水岩层分布的地势一般较高，且有页岩隔水相互无水力联系，因此地下水无统一的水面形态。在沟谷切割或构造的控制下，往往出现阶梯水位。地下水流向受地层倾向及地形坡度控制，地下水水位埋深变化很大，一般在 5～10m，局部由于构造影响而自流。

4. 变质岩及岩浆岩类裂隙含水岩组

主要为花岗片麻岩、板岩以及辉长岩、闪长岩等，地下水主要赋存于运动在岩石风化带的孔隙和裂隙中，风化带厚度一般在 10～15m。由于裂隙细小，故富水性极差且不均匀，单井出水量一般小于 100m³/d。岩浆岩区季节性裂隙泉较多，但流量甚小。地下水流向与地形坡向一致，以基流形式汇入沟谷河流，以表流形式向碳酸盐岩分布区排泄。在北部的火成岩分布区，闪长岩一般被第四系覆盖，风化带厚度一般在 10～30m，大多风化带裂隙水与第四系水混合，形成统一的地下水位，水量一般小于 500m³/d。

3.2.2　地下水的补给、径流与排泄

1. 岩溶水的补给、径流与排泄

1）岩溶水的补给

（1）大气降水入渗补给。大气降水入渗补给是岩溶水补给的主要方式之一。南部灰岩大面积裸露，地表裂隙岩溶较发育，有利于降水及地表水入渗，灰岩含水层水位随降水变化迅速调整。受降水和地表水的影响，最高水位一般出现在 7 月下旬至 9 月中旬，最低水位出现在 5 月中旬至 7 月中旬，年变幅 10～80m。以往动态观测资料证实，地下水位变化与降水在时间上具有同步关系，反映了含水层接受大气降水入渗补给能力较强，降水入渗补给的地下水迅速向下游径流。

（2）河床渗漏集中补给。由于超渗产流或蓄满产流而使部分降水量转化为地表径流，或由于卧虎山水库向河流放水，在河流的渗漏段集中补给岩溶水。

（3）大气降水通过第四系覆盖层间接入渗补给岩溶水。在玉符河与北沙河中、上游沿河阶地发育有粗砂夹卵砾石含水层，且直接覆盖在灰岩上，大气降水入渗补给孔隙水含水层后，再下渗补给岩溶水。

（4）孔隙水补给。玉符河、北大沙河中上游沿河发育有粗砂夹卵砾石含水层，随着表

流在灰岩区渗漏消失，砂层中的孔隙水也渗漏补给岩溶水，往往雨季过后在与奥陶纪灰岩接触带的砂层不再含水。而河流上游非灰岩分布地区的第四系砂层即使在枯水期地表无流时仍然含水相当丰富，这部分砂层内的地下水储存量也是岩溶水的补给源。

2）岩溶水的径流特征

岩溶水的径流特征受地形、地貌、地质构造等因素的综合影响，其径流方向与地形、岩层的倾斜方向大体一致，在接受补给后由南向北运动（图3.2-1）。岩溶地下水在运动过程中水力坡度随地形坡度、地层倾角由陡渐缓，当地下水运动至山区与平原交接带，在北部由于受下伏的火成岩体或石炭、二叠系地层的阻挡，岩溶水向北运动受阻，运动方向有所改变并产生"壅水"现象，在这些地段往往形成岩溶水的强富水区。

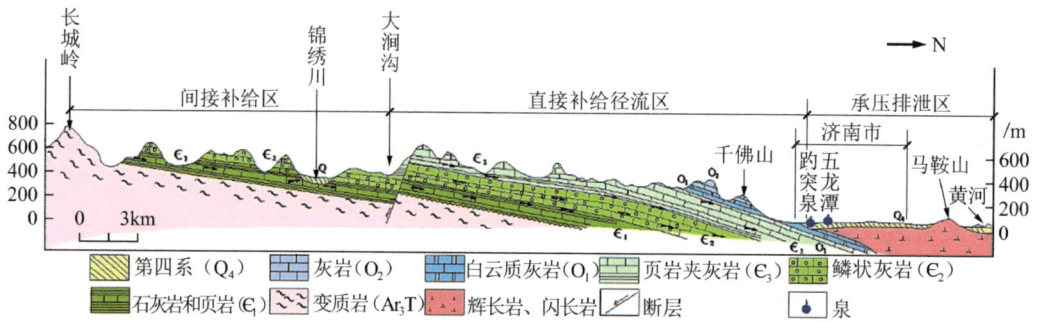

图3.2-1　岩溶水自南向北径流示意图

3）岩溶水的排泄

（1）泉水排泄。泉水排泄是济南地区岩溶水的最重要排泄方式之一（图3.2-2）。由于岩溶水向北运动受阻，沿地层薄弱地带于地形较低洼处以上升泉形式出露。

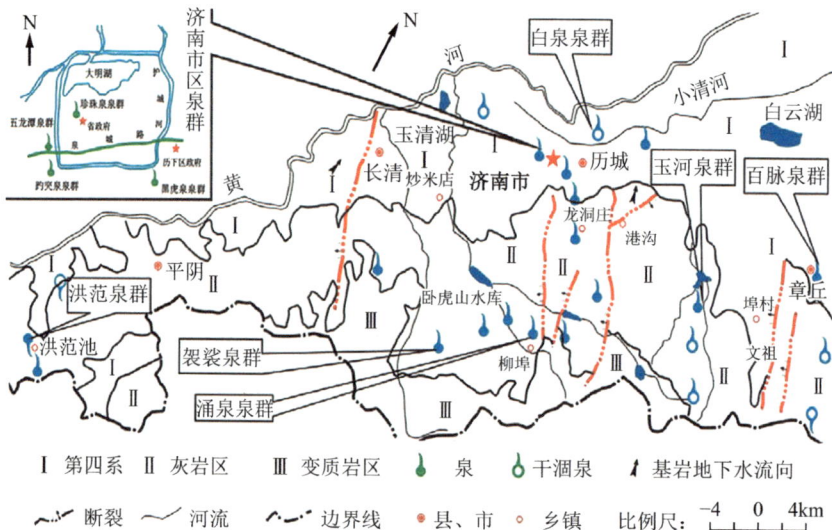

图3.2-2　济南地区岩溶大泉的分布

（2）人工开采排泄。人工开采是济南地区岩溶水排泄的主要方式之一，主要包括：水厂（主要包括鹊华水厂、玉清水厂、东郊宿家水厂、中李水厂、济南市奇观矿泉水厂和济南世佳水厂等，分布于评价区东部重点开采保护区及西郊，日均开采量约为 $2.75 \times 10^4 m^3$）、工厂（厂矿企业主要分布于济南市东部开采重点保护区，日均开采量为 $7.0 \times 10^4 m^3$）、农业开采（主要分布于城市郊区农田灌区。西部长清往北一带主要为岩溶水井，东郊白泉附近主要为第四系水井，第四系和奥陶纪灰岩直接接触，水力联系密切，开采过程中主要受岩溶水顶托补给，因此，灌溉井基本上直接或间接取自岩溶水。农业灌溉期间日均开采量为 $8.8 \times 10^4 m^3$）、自备井（较为分散，日均开采量为 $5.6 \times 10^4 m^3$）、工程建设（基坑降排水及对地下水渗流阻隔作用）。

（3）补给第四系含水层。较为明显的是在西郊玉符河、北沙河形成的山前冲洪积平原区，第四系含水层在局部地区直接与奥陶纪灰岩接触，周王庄以西、石马村以北、双庙周围等地区第四系含水砂层直接覆盖在奥陶纪灰岩之上，下部岩溶水承压水位高于第四系孔隙潜水水位，产生水力联系，岩溶水顶托补给第四系含水层。

（4）表流排泄。比较明显的是在西郊玉符河一带，曾有两处地下水溢出点，一处是在丰齐—周王庄，另一处在老龙王庙一带，此处历史上是小清河的源头。

2. 孔隙水的补给、径流与排泄

（1）山前倾斜平原第四系松散岩类孔隙水的补给、径流与排泄

孔隙水主要富集于山前冲洪积扇内，地下水的补给源充沛，除接受大气降水补给外，山区地下水侧向径流补给、河流入渗补给，都是主要补给源。

冲洪积扇的前缘粗颗粒逐渐减少，从而相对阻水，有利于地下水的储存，一般冲洪积扇的首部和中部是地下水最富集的部位。

蒸发和侧向径流是孔隙水的主要排泄途径。少量也以泉、补给河流以及补给岩溶水的方式排泄。

（2）黄河冲积第四系松散岩类孔隙水的补给、径流与排泄

主要接受大气降水和黄河水侧向补给，地下水自黄河向两侧运动。人工开采、蒸发及向小清河排泄是其排泄途径。

3. 裂隙水的补给、径流与排泄

（1）碎屑岩裂隙水的补给、径流与排泄

白泉泉域汇集排泄区局部分布石炭二叠纪泥岩、砂岩。受地质构造及地下水径流的影响，地层局部较为破碎，风化裂隙较为发育，但整体较为完整，该地层富水性较差，主要受岩溶水顶托补给和第四系入渗补给，以侧向径流方式排泄。

（2）岩浆岩裂隙水的补给、径流与排泄

岩浆岩裂隙水，主要接受孔隙水和岩溶水补给，以侧向径流的方式排泄。

3.2.3　各含水层水力联系

1. 裂隙水与孔隙水及岩溶水

裂隙水普遍存在水量较小、水质变化较大的特点。主要原因是岩体富水性一般较差，主要补给源为孔隙水或岩溶水，水质与补给源具有一定关联。由于孔隙水与岩溶水水质一般存在明显的区别，导致裂隙水水质变化较大。

裂隙水通常接受孔隙水或岩溶水的补给，因此裂隙水一般与相邻的孔隙水或岩溶水存在水力联系。但总体上裂隙水含水层辉长岩风化层渗透系数较小。在无大的断裂构造影响下，裂隙水含水层与孔隙水含水层、岩溶水含水层水力联系微弱。

2. 孔隙水与岩溶水

在趵突泉泉域及白泉泉域，孔隙水与岩溶水关系复杂。

在腊山—王官庄—文化路—工业南路一带，孔隙水与岩溶水含水层直接接触，且其含水层之间无明显隔水层，孔隙水含水层直接覆盖于岩溶水含水层之上。孔隙水水位稍高于岩溶水水位，此时孔隙水补给岩溶水。

在四大泉群出露区，由于具有隔水性辉长岩、黏性土地层的分布，在大部分区域，阻隔了孔隙水含水层与岩溶水含水层，二者之间水力联系微弱；但在趵突泉、黑虎泉、舜井等区域，具有隔水特征的含水层缺失，形成天窗，此时孔隙水与岩溶水水力联系密切。

在白泉附近，孔隙水含水层较厚，具有较高水头的岩溶水顶托补给孔隙水，孔隙水与岩溶水具有相同的变化趋势，但一般岩溶水水头稍高于孔隙水。例如，2016年3月2日，白泉所钻探的岩溶水水位标高为25.40m，白泉泉池水位标高为24.60m，二者水质一致，岩溶水水头高于白泉 0.80m。此区域的抽水试验显示，岩溶水大规模抽水时，孔隙水水位明显下降，说明二者之间具有明显的水力联系。

在西郊腊山、平安店一带，亦存在孔隙水含水层直接覆盖于岩溶水含水层之上的情况，如在王府庄，孔隙水含水层之间覆盖于岩溶水含水层之上，二者之间无相对隔水层，水力联系明显。这说明孔隙水与岩溶水之间是否存在隔水层及隔水层的特征等，决定了二者之间是否具有水力联系以及水力联系的强弱。

3.2.4 泉水成因

济南市的泉水主要来源于寒武系张夏组、九龙群炒米店组、三山子组和奥陶系马家沟群灰岩含水层。张夏组含水层主要出露于南部山区，九龙群、三山子组和马家沟群含水层在济南市区普遍分布，形成了以趵突泉、黑虎泉、珍珠泉、五龙潭为代表的四大泉群以及白泉泉群等著名岩溶泉群。这些泉水的形成与寒武-奥陶系岩溶含水系统密切相关，尤其是九龙群、三山子组和马家沟群灰岩含水层的岩溶发育为泉水提供了良好的赋存和运移通道。下面以济南四大泉群和白泉泉群为例，对济南泉水成因介绍如下。

1. 四大泉群

济南市区四大泉群诸泉（图3.2-3）的成因及补给来源，简单叙述如下：

（1）岩层倾向与地势倾斜的一致性是济南泉水形成的地质地貌基础。济南地区位于泰山背斜北翼的济南单斜构造区，岩层倾向总体向北，其地层岩性分布自南向北依次为：新太古界泰山岩群花岗片麻岩、巨厚的寒武-奥陶系石灰岩、局部分布石炭-二叠系砂页岩直至济南北部的岩浆岩体。向北倾斜的单斜构造与南高北低地势的一致性为四大泉群诸泉的形成奠定了地质地貌基础。

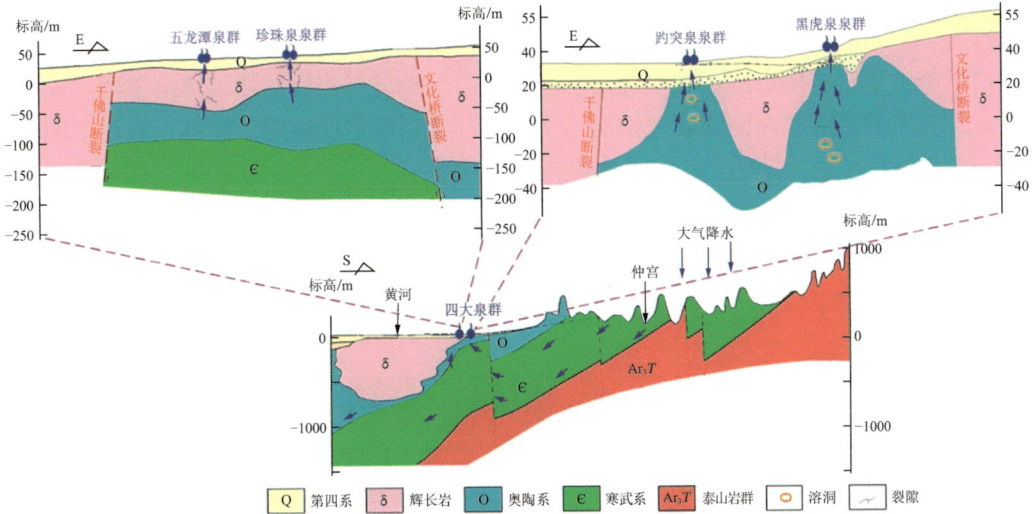

图 3.2-3　四大泉群形成模式图

（2）岩溶裂隙发育的巨厚石灰岩层为四大泉群诸泉之源，为岩溶地下水的补给、储存、运移提供了良好的场所和通道。济南南部山区发育厚度达 1000 余米的寒武-奥陶系石灰岩，裂隙、岩溶发育。在补给区的地表，溶沟、溶槽、落水洞以及岩溶裂隙的发育，为地下水接受大气降水入渗和地表水渗漏补给，形成岩溶地下水创造了条件；在地下，溶洞、溶孔、溶隙及裂隙的发育为岩溶地下水的储存运移提供了空间与通道。已形成的岩溶地下水顺地势和岩层倾向自南向北流动，汇集于山前地下（图 3.2-4）。

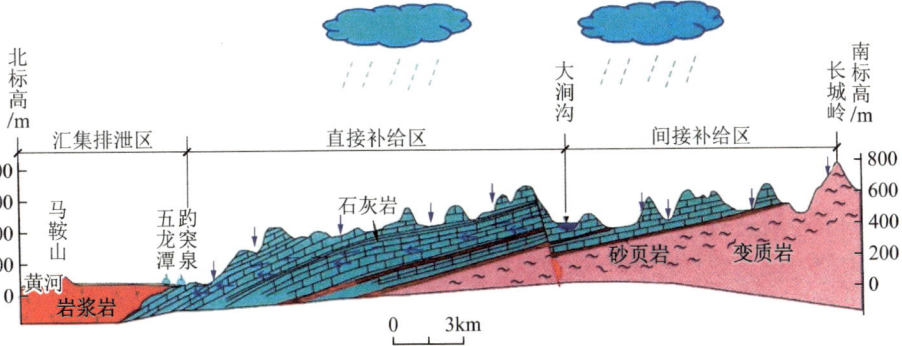

图 3.2-4　大涧沟至趵突泉一线地质剖面

（3）庞大的岩浆岩体阻隔是四大泉群诸泉形成的关键

济南岩浆岩体呈东西向椭圆形展布，西起位里庄，东到王舍人镇，南至段店镇-姚家镇，北到桑梓店-孔家村，总面积约 330km²，构成济南单斜构造岩溶地下水的天然屏障。

四大泉群出露的老城区位于千佛山断裂和文化桥断裂之间，受两条断裂作用，区内形成地垒，致使灰岩和辉长岩体接触带北移，其灰岩受抬升，灰岩顶板埋深变小。来自南部补给区的岩溶地下水径流至老城区附近，遇到岩浆岩体阻隔，在地势低洼部位通过浅部石灰岩岩溶裂隙涌出地表，形成济南四大泉群诸泉。

2. 白泉泉群

白泉是由来自济南东南部补给区的岩溶水径流至纸房村附近，遇到西侧济南岩体和北侧石炭二叠系的阻隔，在南北高差的压力下，使部分岩溶水在地形低洼部位通过第四系松散层上涌而形成（图3.2-5）。其成因机理有以下几点：

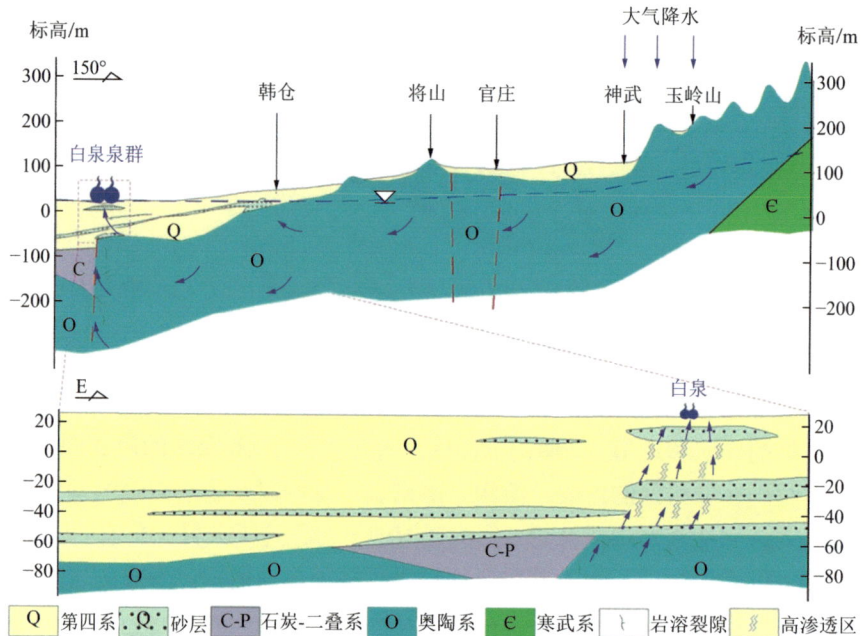

图3.2-5 白泉泉群形成模式图

（1）岩层倾向与地势倾斜的一致性是白泉泉群泉水形成的地质地貌基础

向北倾斜的单斜构造与南高北低地势的一致性，为泉水的形成奠定了地质地貌基础。在补给区，大气降水和地表水下渗，补给岩溶地下水，顺岩层倾向由南向北径流。当径流至奥陶系灰岩与石炭系接触带时，岩溶水流向转为北西，沿接触带向白泉方向径流。岩溶水在由南向北径流过程中，水力坡度随地形坡度由陡渐缓；到北部，因石炭、二叠系砂页岩地层、岩浆岩体的阻挡作用，水位更趋平缓。

（2）岩溶裂隙发育的巨厚石灰岩层为白泉泉水之源，为岩溶地下水的补给、储存、运移提供了良好场所和通道。由于地形条件差异，北部山前岩溶水具有承压性质，形成承压汇集排泄区。

（3）白泉泉水形成的关键是石炭、二叠系阻隔与白泉泉群周边断裂分布

来自东南部补给区的岩溶水径流至白泉附近，遇到断裂和石炭、二叠系砂页岩的阻挡，抬高了水头，产生"壅水"现象，形成承压自流区。上覆第四系由砂质黏土、砂质黏土夹砾和砾石类黏质砂土等组成，局部地段具弱透水作用，在下伏岩溶水高水头的作用下，岩溶水通过第四系出露地表成泉。又因第四系透水性相对岩溶含水层要差，第四系呈水平层状发育，所以泉的出露没有集中的喷涌现象，而是面状渗出，岩溶地下水上涌在地形低洼处溢出地表成泉。

第 **4** 章

泉城地铁

泉水是济南的根与魂，保护泉水是城市发展的首要前提。面对轨道交通建设与泉水保护这一世界级难题，济南轨道交通集团始终秉持"保泉优先"原则，坚持"用慎重的态度对待泉水保护，用智慧的方法建设轨道交通"，构建起覆盖规划设计、工程建设、运营维护全周期的泉水保护体系。通过持续强化泉水研究，创新性地划定了泉水核心保护区，科学优化线网布局。在实践中总结提炼出"绕、避、升、抬、勘、灌、测、疏、警、诊、养、评"的泉水保护十二字策略，形成轨道交通全生命周期泉水保护体系，为轨道交通建设提供科学遵循和技术支撑，实现了轨道交通建设与泉水保护的和谐共生。

当地铁列车穿越泉城地下，车轮与钢轨的协奏与泉脉的韵律悄然共鸣。济南地铁的实践证明：城市现代化不必以牺牲生态为代价，历史文化名城完全可以在地下空间开发中续写新传奇。本章将解码济南如何守护"泉城"名片，为全球同类城市提供可复制的中国方案。

4.1 地铁建设背景

4.1.1 城市发展现状

城市交通作为保障城市正常运行的重要条件，不仅要满足社会以及经济的快速发展需求，还受到诸如生态环境和资源匮乏等问题的影响与限制，使得城市交通的供应和需求矛盾对于经济的快速发展显得尤为重要。

目前，我国正处于经济快速发展阶段，随着城市化进程的加快，城市交通建设量持续增加。随之产生了一系列交通拥堵问题，诸如道路基础设施建设缓慢、交通线路规划与城市发展进程不相匹配、交通管理机制不完善等，这成为制约城市交通和经济发展的关键因素。根据高德地图发布的 2024 年中国主要城市交通亚健康排名榜，济南居城市交通亚健康排名榜第八，交通健康指数仅为 55.2%（表 4.1-1）。

2024 年中国主要城市交通亚健康排名 TOP10 表 4.1-1

序号	城市名称	交通健康指数/%
1	乌鲁木齐市	50.5
2	兰州市	51.7
3	北京市	52.5
4	西安市	52.8
5	广州市	53.0
6	成都市	54.2
7	海口市	54.9
8	济南市	55.2
9	上海市	55.3
10	长沙市	55.5

济南市作为山东省的省会城市，因其境内泉水众多，拥有"七十二名泉"，素有"泉城"的美誉。济南市城市发展的总体思路是"东拓、西进、南控、北跨"，形成"一城一带一区"呈"带状分片组团"的城市总体布局，整个城区发展空间由东向西依次为"东部产业带、东部新城、泉城特色风貌带、西部新城、西部片区"五大区域和跨黄河发展的北部片区。

济南市被交通运输部确定为全国首批 15 个"公交都市"建设示范工程创建城市之一，以公共交通引领城市发展成为济南城市发展的主基调。济南市区的主要交通干道有：经十路、经七路、经一路、旅游路、泺源大街、泉城路、北园大街、工业北路、大名湖路、小清河北路、二环北路等，虽然城市路面较宽，但立交交通路网密度小，地面路网密度大，在平面交叉路口容易形成交通拥堵。

济南市区高架桥互相连通，主要有北园高架路、顺河高架路等 5 个高架路。高架桥数量较少，且下匝道位置设置不合理，部分匝道与红绿灯交叉路口接近。此外，有八一立交桥、北园立交桥、燕山立交桥（图 4.1-1）、全福立交桥等，立交桥数量大且使用悠久。

图 4.1-1　济南市燕山立交桥图

4.1.2　地铁建设意义

随着我国现代化进程的加快，城市发展正处于形态、结构、空间布局发生改变的重要阶段。由于城市规模扩大，人口增多，且随着经济发展及人们生活水平的提高，机动化出行比例迅速增长，城市交通面临巨大压力。未来城市各组团的空间距离大大增加，要实现一体化大都市的发展目标，加强城市中心和各组团的联系是必然需求。一体化大都市的形成需要有完善的交通体系来支撑，各组团之间的联系依靠传统的公交难以适应，运输量大、快速、准时的城市轨道交通将会成为济南市的交通需求。结合济南市城市和交通发展现状，开展轨道交通建设主要有以下 5 个优点。

（1）满足城市交通需求，改善城市交通环境

济南作为我国当前最拥堵的城市之一（图 4.1-2），建设城市轨道交通成为缓解道路拥堵、优化交通布局的必然选择。轨道交通在运量、速度、运行方式等方面优于私人交通和传统公交，因此特别适合我国大城市人口密度高、高峰期对交通需求量大、污染严重的特点。建设快速轨道交通系统是化解地面道路资源供需矛盾，适应未来城市交通发展的必经之路。

图 4.1-2   济南车辆拥堵图

（2）提升城市地位和竞争力，建设区域中心城市

济南作为山东省省会城市，是山东省政治、经济文化中心，历史文化名城，在全国具有重要的政治、经济地位。轨道交通建设将提升城市基础设施的服务水平，扩大城市的辐射范围，提高城市吸引力，提升城市地位和竞争力，构建"高铁＋城际＋市域铁路＋城市轨道"的多层次轨道交通网络（图 4.1-3）。

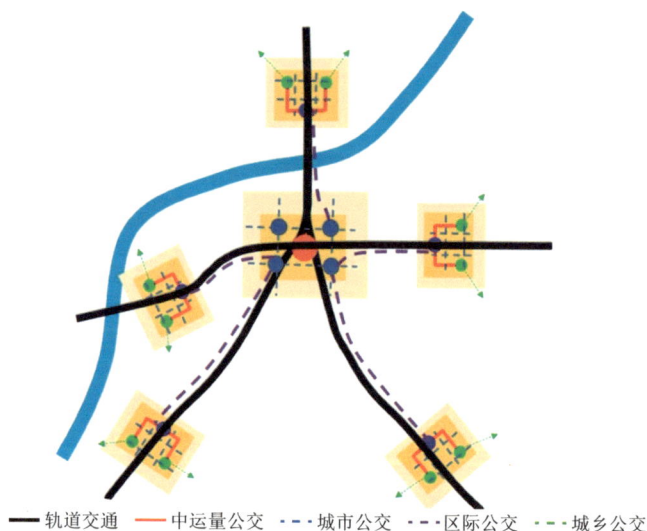

—— 轨道交通   —— 中运量公交   - - - 城市公交   - · - · 区际公交   - · - · 城乡公交

图 4.1-3   济南市公交网络布局模式示意图

（3）促进经济增长方式转变，带动城市经济增长

城市的经济发展离不开交通的支撑，快捷高效的轨道交通更能够强化经济的整体性和流动性，为引进人才、信息等有利资源打下坚实基础，为多种行业创造就业机会，增加社会需求，实现国民收入的增长。

（4）引导城乡一体化建设，加快城镇化进程

轨道交通设施能够促进城市功能以网络化的形式在通勤圈的范围内实现整合和再分配，使人们的生产、生活在更广泛的范围实现资源共享。城市轨道交通的建设，为市域土地开发利用创造条件，引导城市规划和整体布局，对济南城镇体系建设与完善具有促进作用（图 4.1-4）。

济 南 市 地 图

山东省标准地图

设区市·交通版

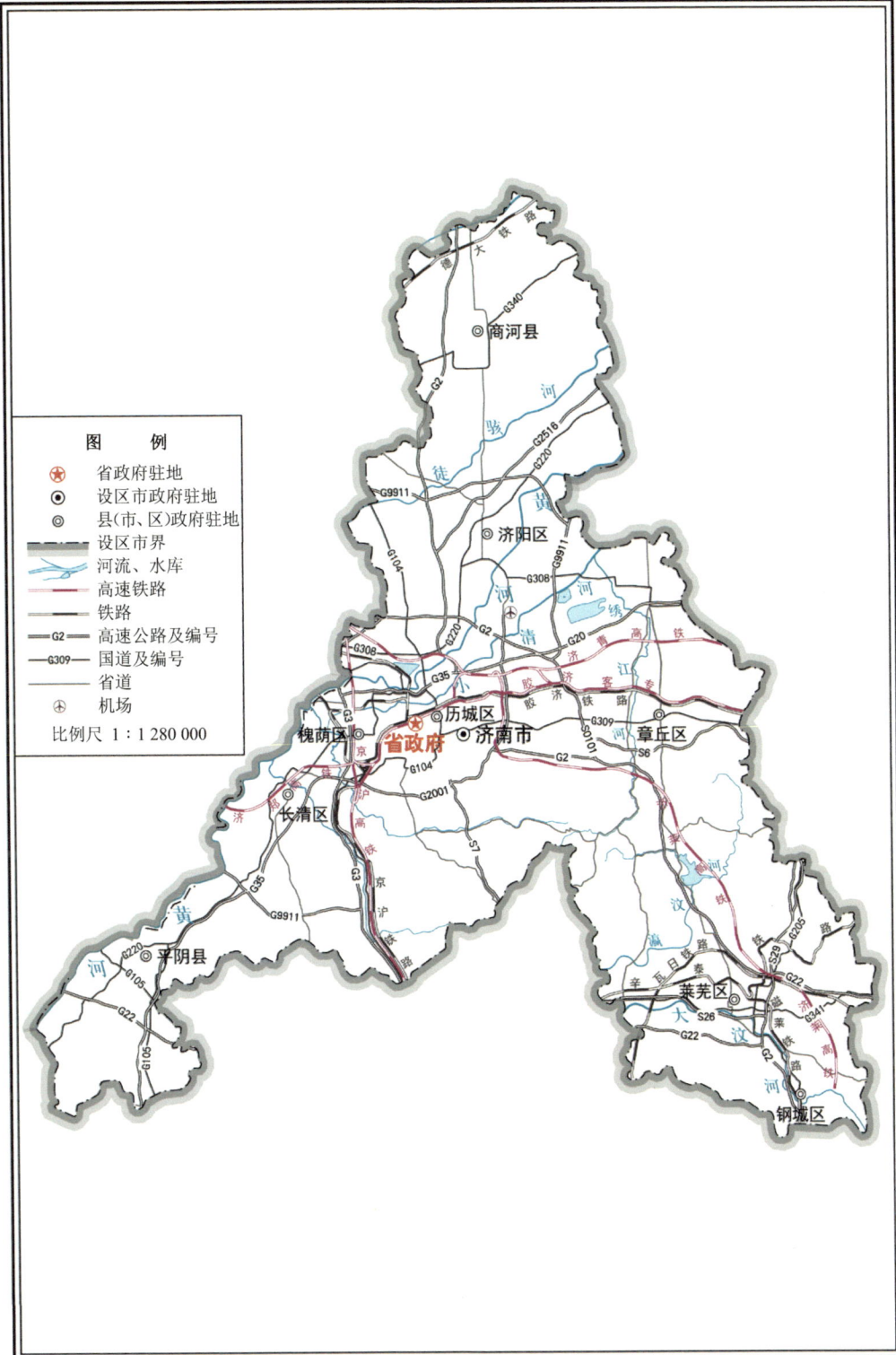

图 例

✪	省政府驻地
◉	设区市政府驻地
◎	县(市、区)政府驻地
	设区市界
	河流、水库
	高速铁路
	铁路
G2	高速公路及编号
G309	国道及编号
	省道
✈	机场

比例尺 1:1 280 000

审图号:鲁SG(2024)035号

山东省自然资源厅监制　山东省地图院编制

图 4.1-4　济南市城市公共交通规划范围示意图

（5）贯彻绿色交通理念，实现可持续发展战略

轨道交通系统是"以人为本"、贯彻"绿色通道"理念的重要载体，对于节省土地和能源资源、减少环境污染、拓展城市发展空间、提高人民生活质量、促进区域可持续发展具有重要意义。济南城市轨道交通将作为一种"绿色大容量交通载体"，满足城市集约化发展的交通需求，有利于促进打造济南"泉城"和"历史文化名城"，实现人与社会、自然和谐可持续发展。

4.2 地铁建设概况

4.2.1 济南地铁概况

在全球城市化快速推进的浪潮下，交通拥堵已成为各大城市发展的"顽疾"。地铁以其大运量、高效率、低污染的显著优势，跃升为城市公共交通体系的核心骨干。如今，地铁已在全球 100 多个城市落地运营，它的技术体系也随着实践不断丰富，涵盖盾构法、明挖法、矿山法等多种成熟的施工工艺，每种工艺都依据不同的地质条件和工程需求发挥着独特作用。

中国的地铁建设始于 20 世纪 60 年代，历经多年发展，成果斐然。截至 2025 年 6 月，全国已有 58 个城市开通地铁，线路长度累计 12381.48km，地铁网络在各大城市纵横交错，极大地改变了城市居民的出行方式，提升了城市运行效率。

泉城，这座历史文化名城，因丰富的泉水资源而闻名遐迩。然而，独特的水文地质条件也给地铁规划建设带来了巨大挑战。城市核心区域分布着由七十二名泉组成的泉群系统，地下水网络盘根错节，岩溶裂隙水与第四系孔隙水相互交织，共同构成了神秘而独特的"泉脉"结构。

目前，泉城已建成 3 条地铁线路，运营里程约 100km，居全国第 26 位，共设车站 48 座，为市民出行提供了便利（图 4.2-1）。2024 年 11 月 22 日，直达机场的济南轨道交通 3 号线二期开通运营（图 4.2-2）。作为济南轨道交通二期建设规划中首个开工并通车的线路，也是济南市首条接入机场实现"空轨换乘"的地铁线路，3 号线二期建成通车，将连接主城东部中心、济南东站、机场以及临空港组团，填补了济南遥墙机场没有轨道交通接入的空白，是济南市交通网络的一次重大升级，对于完善城市功能、满足市民群众便捷出行需求具有重要意义。

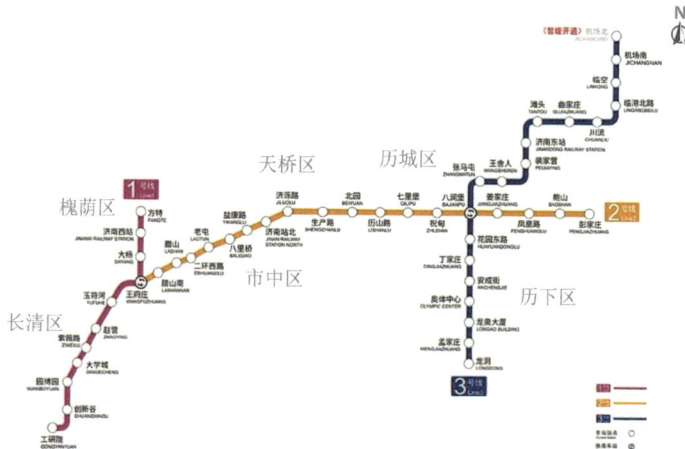

图 4.2-1　济南城市轨道交通线路图

图 4.2-2　济南轨道交通 3 号线二期机场南站

　　截至 2024 年 12 月，济南轨道交通在建线路共有 5 条，为济南轨道交通 4 号线一期、6 号线、7 号线一期、8 号线一期、9 号线一期，在建线路总长 146.7km（图 4.2-3）。在建线路不可避免地要穿越泉水核心区，这意味着泉城地铁建设必须在保障泉水正常喷涌、守护城市生态文化根基的前提下，借助技术创新与科学规划，探寻城市发展与自然保护的平衡之道，实现可持续发展的长远目标。

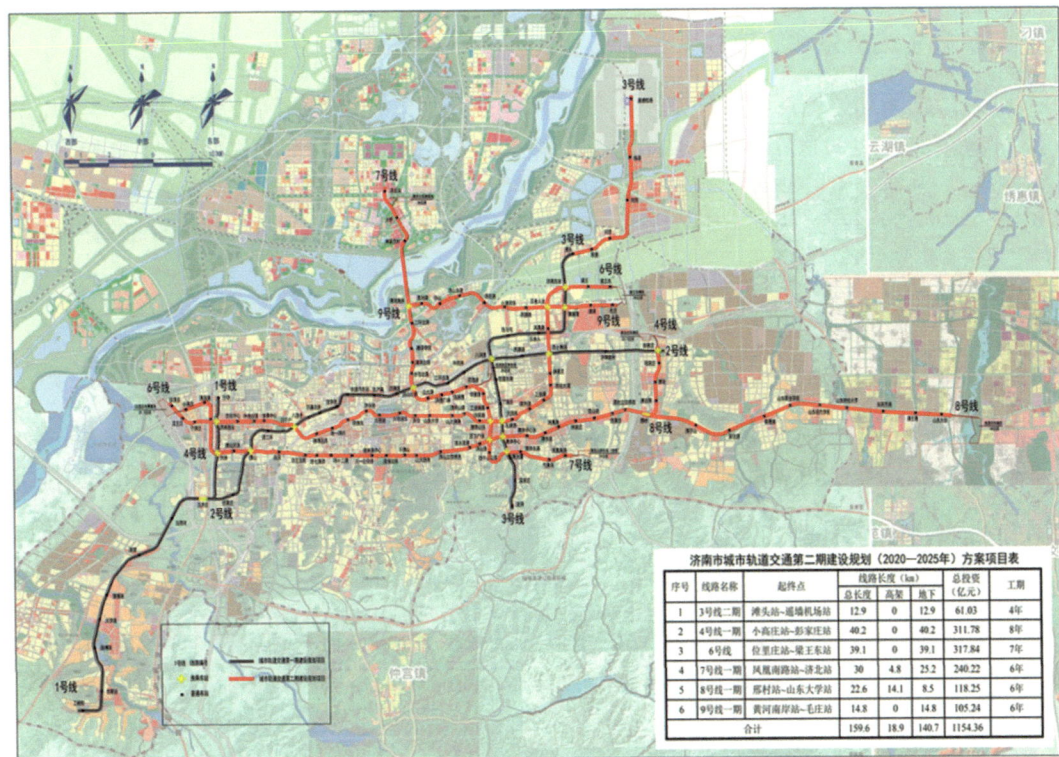

济南市城市轨道交通第二期建设规划（2020—2025年）方案项目表

序号	线路名称	起讫点	线路长度（km）			总投资（亿元）	工期
			总长度	高架	地下		
1	3号线二期	滩头站-遥墙机场站	12.9	0	12.9	61.03	4年
2	4号线一期	小高庄站-彭家庄站	40.2	0	40.2	311.78	8年
3	6号线	位里庄站-梁王东站	39.1	0	39.1	317.84	7年
4	7号线一期	凤凰南路站-济北站	30	4.8	25.2	240.22	6年
5	8号线一期	郭村站-山东大学站	22.6	14.1	8.5	118.25	6年
6	9号线一期	黄河南岸站-毛庄站	14.8	0	14.8	105.24	6年
合计			159.6	18.9	140.7	1154.36	

图 4.2-3　济南城市轨道交通二期建设规划（2020—2025 年）

4.2.2 地铁建设对泉水的影响分析

1. 水文地质扰动效应

施工期间，盾构掘进作业犹如在地下开辟通道，过程中会改变周围岩土体的应力状态，进而可能使地下水径流路径"改道"。明挖基坑降水虽为施工创造了干燥安全的作业环境，但大量抽水易引发局部地下水位下降。以济南地铁 R1 线为例，施工期间单井日抽水量曾达 2 万 m^3，短时间内大量抽取地下水，给周边泉群的补给带来了阶段性压力，导致部分泉水水位出现波动。

隧道衬砌就像在地下竖起了一道连续屏障。当隧道埋深小于 20m 时，数值模拟显示其对泉域水力联系的阻断率可达 15%～30%。这意味着浅层泉脉的横向补给通道可能被截断，地下水的自然流动受阻，影响泉水的正常补给。

2. 地质结构稳定性风险

泉城地下岩溶地貌发育，隐伏着众多岩溶空洞。地铁开挖过程中的扰动，如同触动了"不稳定开关"，可能激活这些沉睡的岩溶空洞，引发地面沉降。济南西客站片区就曾因工程活动诱发岩溶塌陷，不仅对地面建筑安全构成威胁，更直接影响了泉群的稳定性，因为地面沉降可能破坏泉水的补给和排泄通道。

运营期列车持续的振动荷载会对地层产生微扰动，这种微小的扰动经过长时间累加，会改变地层孔隙水压力场。孔隙水压力的变化间接影响了泉水的喷涌动态，虽然每次振动影响看似微弱，但长期积累下来的效果不容小觑。

3. 泉脉系统整体性威胁

随着地铁网络逐渐形成，地下空间被开发成复杂的复合体，这可能会分割泉域水文单元。一旦泉域水文单元被分割，泉水原有的补给—径流—排泄循环模式就会被打破。历史数据显示，趵突泉水位与地铁建设存在-0.12 的相关系数，这表明地铁建设与泉水水位变化存在一定关联。若多种不利因素叠加，可能引发系统性风险，严重威胁泉脉系统的整体性。

4.3 地铁建设泉水保护

立足美丽泉城建设，突出泉水生态系统安全保护主线，加强轨道交通规划设计、建设施工、运营维护等全生命周期泉水保护，系统总结前期研发新技术、新材料、新工艺、新装备等成果，提出"绕、避、升、抬、勘、灌、测、疏、警、诊、养、评"的泉水保护"十二字"策略。

4.3.1 规划设计阶段

（1）"绕"：绕开泉水出露点

根据前期划定的泉水核心区范围，在对核心区泉水径流通道所处位置、埋深没有精准探测掌握前，轨道交通线网规划编制要始终坚持绕开泉水敏感区，从平面空间上拉开轨道交通与泉水敏感区的距离，最大限度减少或规避轨道交通建设对泉水生态系统可能造成的影响。

（2）"避"：避开岩溶水含水层

在泉水环境影响评价阶段，开展必要的工程地质、水文地质探查研究工作，掌握地下岩溶含水层和径流通道所处埋深，在轨道交通线网规划编制、设计阶段，要将区间和车站避开岩溶含水层和岩溶通道，从空间上拉开地铁与地下水径流通道的距离，减少对地下水径流的潜在影响。

（3）"升"：轨道交通线路埋深升高

在轨道交通线网设计时，对于可能穿越含水地层的区间，合理调整线路的坡度和埋深，使轨道交通线路适当升高，高于现状岩溶水水位（图 4.3-1），避免因轨道交通线路与含水地层接触，最大限度降低对泉水的影响。

（4）"抬"：轨道交通车站埋深抬高

对于位于泉水敏感区或其附近的车站，在设计阶段充分考虑地下水位、地层结构和泉水径流等因素，通过全面优化车站设计方案，采用单层车站、半地下车站、浅埋车站、地面车站或高架车站等方式，抬高车站整体埋深（图 4.3-2），确保车站底板位于岩溶水水位以上，最大限度减少车站对岩溶水的影响。

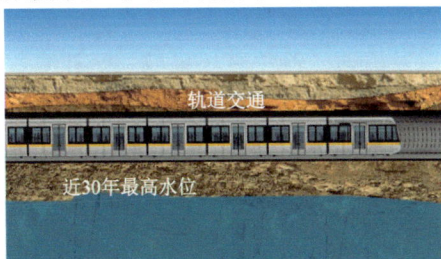

图 4.3-1 "升"高轨道交通线路埋深

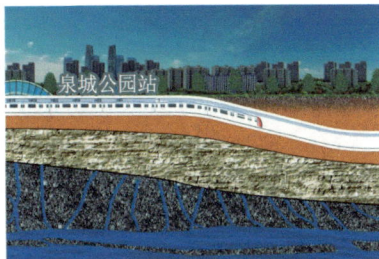

图 4.3-2 "抬"升地下车站整体埋深

4.3.2 建设施工阶段

1. "勘"：轨道交通建设地下水勘测

（1）光纤微动与三维地层能量探测技术

针对城市复杂环境干扰下地下水精细化探测难的问题，通过使用光纤微动探测技术（图 4.3-3），准确剥离城市电磁干扰，快速探明测区沿线溶洞发育规模与赋存位置，为岩溶专勘测线布设与孔位选取提供了有效地质依据；构建岩溶地区三维地层能量模型，对测区的地层结构、岩溶及破碎带分布进行刻画，获取测区地下水三维分布特征。

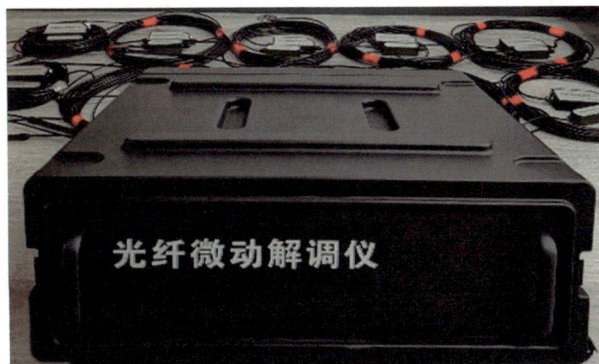

图 4.3-3 光纤微动探测装备

（2）分布式广域电磁法

针对轨道交通工程在穿越的地下破碎含水层，通过采用分布式广域电磁法，在轨道交通建设前有效识别地下含水层、溶洞、断裂带等不良地质条件。分布式电磁探测装置由信号发射系统、数据采集系统、数据处理系统三部分组成。信号发射系统通过在地表布设大功率发射源，发射高阶伪随机电磁信号，一次发射获得几十个勘探频率信息，形成稳定的人工电磁场，能够在多个深度层次同时进行探测，提高勘探效率和分辨率。数据采集系统在距离发射源约5～15km的测区内布设多个接收点，采用多通道接收机测量电磁场的单一分量（图4.3-4），通过分布式接收网络，获取大范围内的电磁场数据。最后，计算广域视电阻率，并利用先进的数据处理与反演技术，构建地下三维电性结构，有效识别地下水的空间分布，保持泉域系统补给、径流、排泄的平衡。

（3）多水平错频充电法探测技术

针对轨道交通建设车站基坑及线路建设可能会阻碍原有地下岩溶水流向的问题，通过采用多水平错频充电法，测定岩溶水的流向以及流速以避免破坏泉域系统补给。多源错频充电装置由信号发射系统、数据采集系统、数据处理系统三部分组成（图4.3-5），其中信号发射系统又可分为地面发射系统和井下发射系统两部分。信号发射系统通过在地面和井下指定层位同时发射两组主频及其谐波互不干扰的高阶伪随机信号，实现地面背景场和地下异常场的多层位并行激发。数据采集系统利用地面分布式观测阵列，依据频率正交特征，对多发射系统的响应信息进行分离、提取，实现仅一次发射，获取多层位、多频响应。最后，计算各测点电位，并绘制电位等值线平面图，通过电位分布和视幅频率等电性参数，刻画不同层位的关键地质要素，推断地下岩溶水的主要流向及流速，有效降低轨道交通建设对地下水的影响。

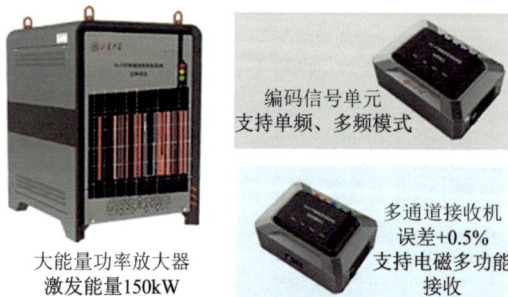

图4.3-4 分布式广域设备图

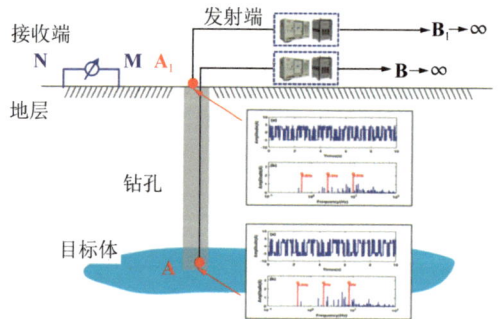

图4.3-5 多源错频充电原理图

（4）盾构超前地质预报装备

针对盾构隧道前方赋存的水体、溶（孔）洞、溶蚀破碎带、断层构造等不良地质体，通过在盾构机上搭载超前地质预报装备（图4.3-6），基于地震波反射法，实现震源的稳定可控以及地震波信号的有效性、全面性和高质量接收，突破盾构空间科学观测模式和连续海量探测数据的解译，实现水体、溶洞、断层破碎带等不良地质体的有效探测，探测距离50～80m，探测精度达到米级。

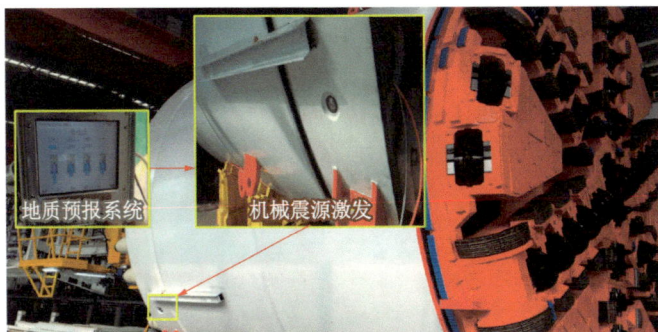

图 4.3-6　超前地质预报装备

2. "灌"：基坑原位降水回灌

针对轨道交通车站基坑建设持续性降排水会造成地下水资源流失的问题，通过采用基坑降水回灌装备及控制系统，对基坑开挖过程中的降水进行原位回灌。基坑工程降水回灌一体化装置由抽水系统、综合处理系统、回灌系统三部分组成（图 4.3-7），其中综合处理系统又可分为压力控制系统、净化过滤系统、回灌分流系统、自动监测系统、智能电控系统五部分，实现自动化控制管理，达到基坑降水与回灌一体化，做到"同层、同源、同质、同量"原位回灌，实现回灌率 85% 以上，最大限度确保地下水资源量不流失，保持泉域系统补给、径流、排泄的平衡，有效减小轨道交通建设对地下水的影响。

图 4.3-7　基坑原位降水回灌装备

3. "测"：地下水实时动态监测

轨道交通建设中，需要实时关注地下水水位动态变化情况，构建城市级地下水自动化实时监测系统（图 4.3-8），集成有自动监测、传感、控制和通信等先进技术，用于实时、远程、自动化地监测和收集城市地下水水位、水温及水质等数据信息。通过地下水自动化实时监测系统，实时监测泉水的水位、水质和温度等参数，实现泉水运移的实时监测；综合分析系统实时监测信息，并结合地质、地貌和水文等相关数据，利用数据挖掘和模型预测技术，分析泉水运移的规律和特点，实时调整施工措施，实现对地下水的精准保护。

图 4.3-8　城市级地下水自动化实时监测系统

4."疏"：轨道交通建设地下水疏导

（1）轨道交通车站导流技术

针对轨道交通车站建设易造成浅层地下水影响和水位壅高等问题，提出轨道交通车站地下水导流结构措施及设计方法（图 4.3-9）。轨道交通车站导流关键技术是指通过汇水系统、地下水导流系统及排水系统的有机结合，通过汇水系统将被车站结构截堵的地下水流迅速汇集，经由地下水导流系统将被车站结构截堵的地下水疏导到车站另一侧，通过排水系统将地下水流尽快疏散到原地层中，最大限度减小轨道交通车站建设对地下水环境的影响，在轨道交通车站建设完成后实现地下水流场基本恢复到原始状态。

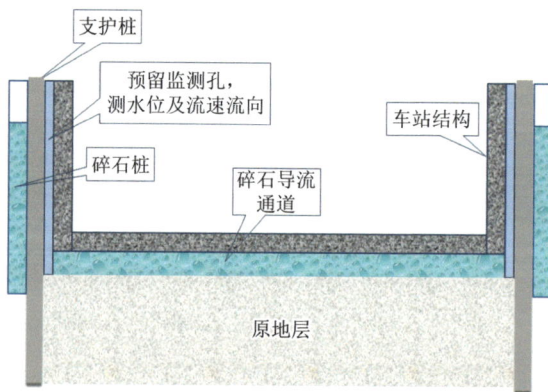

图 4.3-9　轨道交通车站导流技术示意图

（2）新型溶洞充填透水材料

针对岩溶深部溶洞充填易影响地下水运移路径难题，采用具有多孔介质孔隙结构、抗冲刷性、可输送性的透水充填材料（图 4.3-10），材料不含有酸碱等污染成分，具有满足轨道交通安全的抗压强度，具备地下水渗透性，可解决结构下方过水溶洞的支撑性充填治理难题，确保地下水的正常流动，维持地下水的正常循环，同时可防止溶洞坍塌，增强溶洞稳定性，确保轨道交通运营安全。

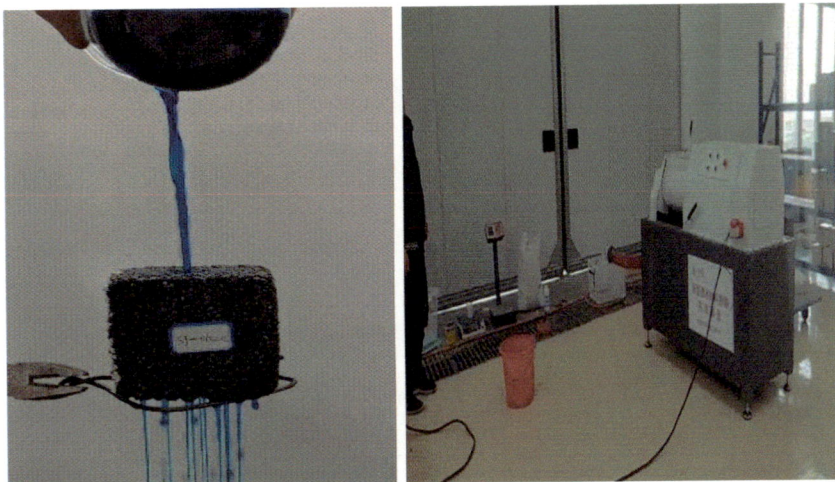

图 4.3-10　溶洞充填透水材料及装备

4.3.3　运营维护阶段

1."警":轨道交通地下水位、水质预警

针对轨道交通建设对地下水水位和水质可能造成的影响,通过建立监测预警机制,采用城市级地下水自动化实时监测系统、数字孪生城市四维地质可视化信息平台(图 4.3-11),结合常态化开展地下水水质检测等工作,全面强化对地下水位、水质的实时监测、预测预警功能,为轨道交通建设提供了全面的地质数据支撑与动态可视化预警服务。

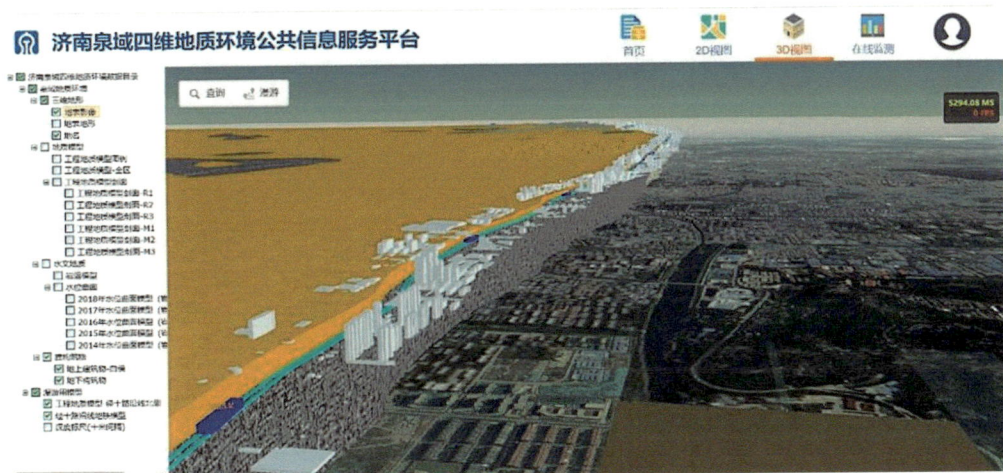

图 4.3-11　数字孪生城市四维地质可视化信息平台

2."诊":轨道交通智慧巡检诊断关键技术及装备

(1)轨交隧道表观病害智能精细探查机器人

针对轨道交通长期运营阶段,结构裂缝、渗漏水等造成的地下水流失问题,通过研发轨交隧道表观病害智能精细探查机器人(图 4.3-12),采用相机视野自匹配与图像特征点快速拼接技术,建立隧道点云数据和高分辨率图像像素级配准模型,实现运营期轨道交通管片裂缝、掉块、渗漏水等表观病害高精检测，实现地下水流失问题的早发现、早处治。

图 4.3-12　轨交隧道表观病害智能精细探查机器人

（2）轨交隧道结构内部病害智能巡检机器人（图 4.3-13）

针对轨道交通长期运营期结构外部孔洞、溶洞等，通过建立基于大数据聚类的非线性多自由度机械臂位姿一体化柔性控制系统，利用机器人结构-性能多目标优化设计方法，实现轨道交通隧道运营期外部充水孔洞、溶洞等的精准检测，推动内部病害检测由经验低效向智能高效转变，确保轨道交通安全运营和地下水精准保护。

图 4.3-13　轨交隧道结构内部病害智能巡检机器人

3.“养”：轨道交通结构绿色智能养护装备及材料

（1）基于超细粉煤灰漂珠的轻质高强绿色修复材料

针对轨道交通运营期结构病害处理问题，需要采用绿色修复材料，解决结构病害处理材料对地下水水质造成的影响。基于超细粉煤灰漂珠的轻质高强绿色修复材料是一种高性能材料（图 4.3-14），其密度 $\leqslant 1800kg/m^3$，28d 抗压强度 $\geqslant 40MPa$，收缩变形控制在 0.05% 以内，且界面粘结强度 $\geqslant 1.5MPa$。该材料专为快速、高效地修复隧道管片脱空病害而设计，能够有效延长管片的运维周期和使用寿命，同时对地下水水质不会造成影响，确保隧道结构的稳定性和安全性。

图 4.3-14　轻质高强绿色修复材料

（2）管片钻-注一体机器人

作为运营隧道病害整治设计的高端装备，集成智能决策、高精度机械臂震颤抑制及注浆自调控技术，结合病害绿色处理材料，能够针对不同角度和高度的隧道病害进行高效整治。管片钻-注一体机器人在实际应用时能够根据病害情况智能规划整治方案，通过高精度机械臂精确定位并实施钻孔作业，同时自动调节注浆过程，有效处理隧道中的渗漏水、脱空及裂缝等问题（图 4.3-15）。

图 4.3-15　管片钻-注一体机器人

4.4　小结

济南作为"泉城"，其独特的水文地质环境既是城市轨道交通建设的天然屏障，也是需要重点保护的生态命脉。轨道交通施工不仅可能影响群泉喷涌，还可能引发水质恶化、水环境污染等风险。为此，必须秉持绿色发展理念，将生态保护贯穿地铁建设全过程。尤其对于济南这类水文地质条件复杂的城市，地下水系统维系着区域生态平衡与经济发展，一旦遭受破坏，不仅会导致泉水枯竭，更将直接影响济南乃至山东区域经济社会的可持续发展。

近年来，随着济南保泉研究的深入和国家政策的有力支持，城市轨道交通建设迎来重要机遇期。2012 年 2 月，《济南轨道交通线网规划》通过专家评审；2015 年 1 月，《济南市城市轨道交通近期建设规划（2015—2019 年）》获国务院批准实施；2020 年 10 月，《济南市城市轨道交通第二期建设规划（2020—2025 年）》获国家发展改革委批复。按照"先外后内、先快后慢、先易后难"的原则，一期三条线路及 3 号线二期已相继开通运营。轨道交通作为缓解交通压力、提升城市品质、拉动经济增长的重大民生工程，对济南的城市发展具有重要意义。

与此同时，济南独特地质构造孕育的泉水，是齐鲁大地上璀璨的明珠。如何平衡轨道交通建设与泉水保护，实现"地铁与泉水共荣共生"，成为泉城地铁建设者必须面对的时代课题。这不仅关乎城市发展的可持续性，更承载着守护千年泉脉的历史责任。

在轨道交通规划设计、建设施工、运营维护等全生命周期，坚持把"保泉优先"作为首要原则，严守泉水生态安全底线。加强泉水赋存状态与运移机理研究，强化轨道交通建设泉水保护新技术、新材料、新工艺、新装备等成果产出和转化应用，用科学的方法保护泉水。扎实推进轨道交通泉水保护工作，推动轨道交通与泉水和谐共处、相融共生。

第 5 章

岩溶地层地下水精细探查

岩溶地区的水文地质条件往往呈现高度不均匀性和动态性,水源保护区的界定、地下水流动路径的分析以及岩溶水资源的合理利用都面临着复杂的技术难题。尤其是富水岩溶区,由于地下水流动受断层、溶洞及裂隙的影响,水资源的可预测性差、探测难度大,容易导致水源枯竭、污染等问题。此外,随着对水资源保护力度的加强,对如何在保障水源的同时进行可持续利用,提出了更高的技术要求。

为了提升岩溶区地下水资源勘探、保护与利用的效率,需采用适合岩溶区特点的精细探查技术及高效的保泉装备,推动地下水资源的精确管理和可持续利用。这不仅能够为相关区域的水资源保护提供技术支持,还能够推动我国地下水资源勘探技术的进步和发展。

5.1 地下水精细化探查方法

5.1.1 浅层地震法

1. 方法原理

地震反射法因其高分辨率特点而成为现代浅层地震勘探最为常用的方法。由震源激发的地震波在向下传播时,遇到不同的波阻抗界面时,如空洞、断层破碎带等,在界面就会发生反射波。地震反射法研究的是地震波在不同弹性介质分界面上按一定规律产生反射的原理,通常反射波探测主要是利用反射波的运动学特征,即利用反射波几何地震学研究反射波在反射过程中波前面的空间位置与其传播时间的关系即反射波时距关系(图5.1-1)。通过对反射波时距关系的研究,可获得目的层及主要构造的反射波时间剖面。地震反射法利用多次覆盖技术压制干扰,可有效提高地震资料的信噪比,对于划分具有一定厚度的沉积地层层序、探测隐伏活动断层等地质构造效果较好。

针对不同深度和尺度的地质目标,以及地质任务及勘探深度,地震反射法多采用多次覆盖观测系统,力求在测区获得较好的反射波组,提高浅部地质解释的可靠性。

2. 解释原则

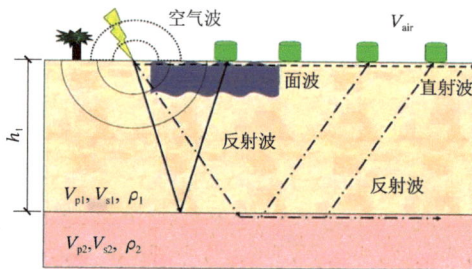

图 5.1-1 地震反射勘探示意图

野外采集的地震数据经室内处理之后,获得反映地下地质构造特征的地震反射时间剖面。时间剖面上的地层反射波组,反映了下伏地质界面形态和地层介质的物性差异。资料解释的主要任务就是根据剖面反射波组的特征,结合区域地质、P-S波速测试结果及相关钻孔资料确定岩层的分层结构、断层特征及其几何形态(图5.1-2)。浅层地震勘探的资料分析与解释工作主要包括地震反射时间剖面的分析与对比、地质剖面图的绘制以及相关信息的判定等。

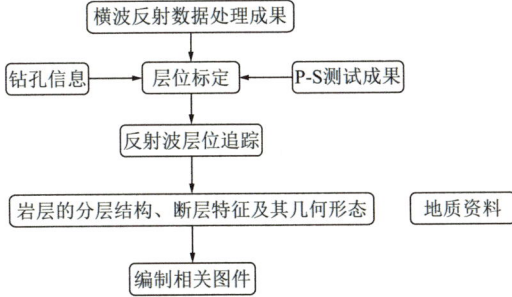

图 5.1-2　解释流程

5.1.2　高密度电法

1. 方法原理

高密度电法是用高密度布点，通过对观测数据的快速采集和对大量数据的实时处理，从而进行二维地电断面测量的一种电阻率勘探技术。观测参数为供电电流I和测量电极间的电位差ΔV，通过公式$\rho_s = K\Delta V/I$计算出各测点不同极距的视电阻率值，K为装置系数。

高密度电法勘探采用温纳装置。电极排列规律是：A，M，N，B（其中，A、B为供电电极，M、N为测量电极）。如图 5.1-3 所示，电极间距$AM = MN = NB$，随着间隔系数，由$n_{\min}$逐渐增大到$n_{\max}$，四个电极间的间距也均匀拉开，得到一个倒梯形的数据断面。对于较长的剖面，采用滚动排列方式，以获得一个连续的电性断面图。

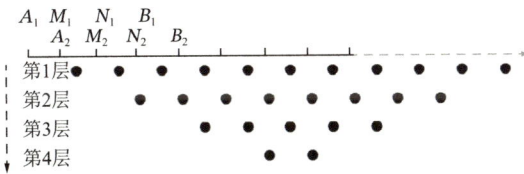

图 5.1-3　高密度电法温纳装置二维剖面记录数据排列示意图

2. 解释原则

（1）首先，根据所测视电阻率的结果评价视电阻率的分布特征。

（2）利用比值参数G_s和λ的平面图和拟断面图，研究观测剖面横向电阻率的变化特征，并据此确定断层和裂隙发育带的位置、含水性及倾斜方向。

（3）比值参数T_s的分布变化特征既包含了垂向电阻率变化的信息，又反映了横向电阻率的变化。因此，利用T_s的平面剖面图和拟断面图研究地电断面的异常性质，要综合G_s和λ的异常信息。

（4）如果在以单对数坐标系绘制的α法和β法视电阻率平面剖面图上，两组剖面曲线之间存在固定间距，即比值参数T_s是一个常数，那么介质电阻率只存在垂向变化。若T_s小于1，则说明介质电阻率随深度的变化而增大；反之，则减小。

（5）如果沿观测点剖面方向有相邻 3 个测点ρ_s^β和ρ_s^γ值相同，即T_s等于 1。那么，可以认为对应勘探范围内的介质是均匀的。

（6）由于比值参数G_s和λ是以联合三极装置的测量结果为基础的，因而通过求取比值参数可有效地抑制所测区域的空间效应，同样参数T_s的求取也有类似作用。

（7）综合分析各类视参数所反映的介质电阻率和几何参数的信息并结合已知区域的矿井地质、水文地质资料以及其他地球物理勘探资料，建立该区域的地电断面图，并选择一些有意义的地段进行正演模拟等，以验证地电模型的建立是否符合实际。

（8）选择部分构造影响较小的测点，由不同极距的视电阻率剖面曲线转换出垂向电测深曲线，并利用计算机进行自动反演解释。

5.1.3 广域电磁法

1. 方法原理

广域视电阻率是将测得的场值响应等效为均匀半空间中，在相同装置和几何参数条件下产生相同场值响应时的模型电阻率值。计算广域视电阻率的方法为逆样条插值法，逆样条插值法通过将均匀半空间的电阻率值看成相同条件下场值的函数，通过计算出理论模型中某些电阻率值所对应的电场值，反过来插值求出待计算场值所对应的广域视电阻率。

传统广域电磁法视电阻率计算以E_x为主，但是在城市环境下测线由于受到地面建筑物影响，测线并不是直线，不同测点存在一定角度。为应对城市复杂环境下的地形干扰，针对济南特殊情况，提出并优化了一种E-E-E_x测量方式，解决由于城市复杂地形导致实际布设的接收方向与预计的测线方向之间存在偏转角而影响采集实测数据精度的问题，实现了通过计算广域电磁任意角度的电阻率以获取高质量的地球物理电性结构信息。

相比于传统的E-E_x和E-E_φ形式的广域电磁法，该方法具有抗干扰能力强及工作效率高等一系列显著优势。

（1）传统的E-E_x和E-E_φ测量方式不仅会引入由测线偏转角带来的误差，还会降低施工效率。使用E-E_{MN}测量方式可以有效克服这一缺点，能有效提高数据质量，方便数据采集人员布设电极。

（2）实际数据采集时，E_{MN}并非任意方向，它是作为当前观测方式的补充，从而允许实测方向与预先设定的标准方向有一定的偏差。

E-E_{MN}测量方式几何示意图如图5.1-4所示，测量点与场源的距离为r，夹角为φ，测量电极MN与x轴的夹角为θ，与r方向的夹角为α，则任意水平方向电场E_{MN}的表达式可以由E_r和E_φ经过坐标转换得到。E-E_x测量方式下，测线方向就是图中的x轴方向；E-E_φ测量方式下，测线方向就是图中的E_φ方向。理论上，E_{MN}方向可以是整个平面360°内的任意方向，E_x和E_φ只是它的两个特例情况。

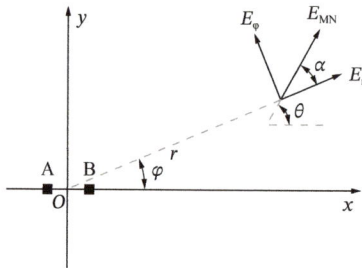

图5.1-4　测量方式几何示意图

通过测量电位差来间接得到测点处的电场振幅值|E_{MN}|，计算公式如下：

$$|E_{MN}| = \frac{\rho IdL}{2\pi r^3} \cdot \left|\left[3\cos^2\varphi - 2 + (1+kr)e^{-kr}\right]\cos\theta - 33\cos\varphi\sin\varphi\sin\theta\right| \qquad (5.1\text{-}1)$$

2. 解译原则

地表实测的广域电磁视电阻率，是地下不同电性介质及构造的综合反映，通过对这些资料的分析认识，根据测区地质、地球物理特征规律及一些前期的解释成果，首先假设一个初始的地电模型，并通过一定的数学物理方法，计算出该模型在地表的视电阻率理论值。通过比较实测值与理论值的差异，来反复修改地电模型，直至修改后的地电模型的理论值与实测值的最小二乘偏差达到最小，这一最终的地电模型就是我们所求的反演成果，它定量给出了不同电性介质在地下的分布规律。反演过程可以由计算机自动实现，也可通过人机联作的方法实现。

在全面收集分析研究区内地质和钻孔资料的基础上，首先，结合测井资料和已知岩石电阻率，对广域电磁反演剖面进行电性界面和地层界面划分；其次，根据广域电磁法反演数据构建电阻率三维数据体；然后，对三维数据体做不同深度的水平切片电阻率图，分析不同深度水平切片的电阻率分布特征；最后，通过其特征圈定地下破碎带空间分布位置，以确定主径流通道的情况。

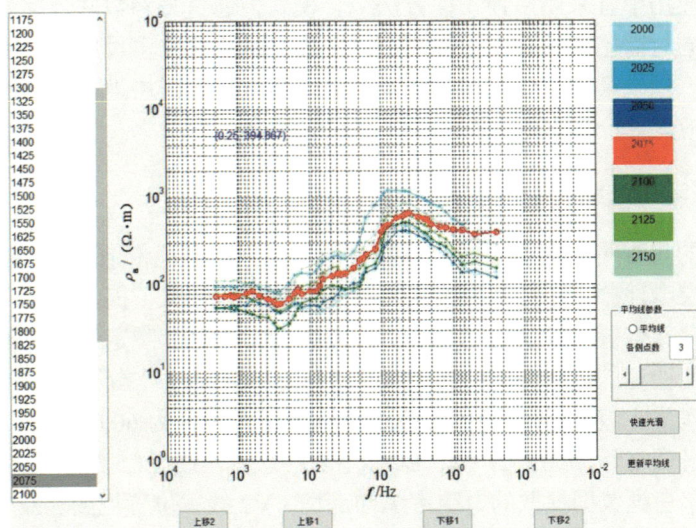

图 5.1-5　单点静态校正图

反演处理阶段包括飞点剔除、静态校正（图 5.1-5）和地形校正等功能，具备广域电磁法数据处理中所必要的人工调节性能，可在可视化环境中完成对实际测量数据的预处理工作。采用一维反演方法，反演地质结构轮廓信息。一维反演是假设大地电性结构为一维的，即地下介质的电性仅随深度发生变化，沿水平方向不变的一种反演方法。一维反演可分为层状介质反演和连续介质反演，层状介质反演初始建立时需要处理人员掌握一定的先验资料，所以多应用在井旁大地电磁测深资料的反演过程中，所以一维反演应尽量地避免人为因素的影响，客观地尊重原始资料。为适应反演方法的要求，在纵向上需离散化，即用一系列薄层来描述介质的电性分布。一维连续介质反演就是通过最佳拟合大地电磁响应函数，求各个薄层的电阻率值，反演流程如图 5.1-6 所示。

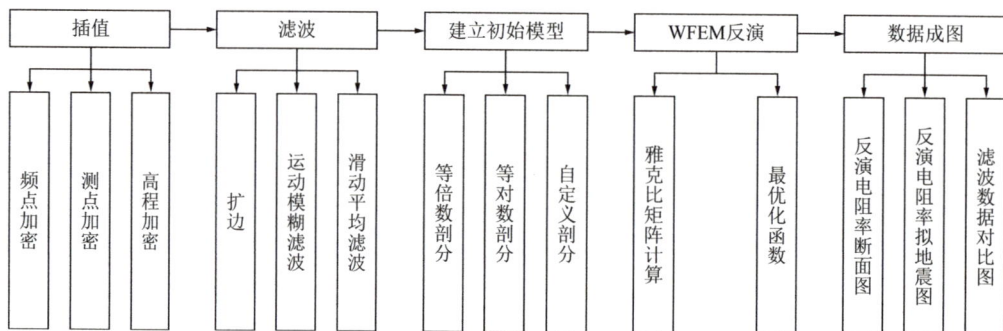

图 5.1-6　反演流程图

5.2　典型成果解译分析

浅层地震法分辨率高，可精细刻画浅部岩溶发育特征，但地形复杂时数据采集困难且成本较高。高密度电法成本低、效率高，能直观反映电性界面，但探测深度较浅且受高阻盖层影响显著。广域电磁法兼具大深度探测（> 1km）和高信噪比优势，但设备笨重且施工成本较高。实际应用中宜采用多种物探方法组合模式，通过多参数联合反演实现岩溶管道三维空间定位，同时需结合钻孔验证提高解译精度，最终建立多尺度、多维度的岩溶地下水系统勘查模型。现以某项目中广域电磁法、高密度电法、浅层地震法为例，详细论述物探方法的解译及应用。

5.2.1　广域电磁法纵向剖面解译

本次工作目的是查明济南中心城区地铁建设与泉水敏感地带地下 1km 以浅的地质构造，大致查明地层电性分布特征及岩浆岩与石灰岩的分布情况，揭示千佛山断裂带和文化桥断裂带产状、分布位置、断裂带宽度、次级断裂分布信息，圈定地下破碎带空间分布位置、以确定主径流通道的发育情况，为研究敏感区东西向地下水分布情况提供理论支撑，共计完成实物工作量广域电磁法物理点 1500 个，测线总长度为 60.6km。

根据中心城区的实际测线（L1 线、L2 线、L3 线、L4 线、L5 线、L6 线、V1 线、V3 线）和基于电阻率三维数据提取的电阻率纵向剖面（V2 线，位置见图 5.2-1），结合收集的以往地质剖面、水文地质信息和钻孔资料，对地层进行划分，并对地层的岩溶发育程度和富水性进行解释，进一步推断主要岩溶发育区和主径流通道的位置。根据交通线路的位置和主要东西向道路，结合广域电阻率剖面和水文地质剖面进行城市轨道交通建设对泉水影响的分析。

研究区范围内寒武系崮山组地层广泛发育，崮山组以页岩与灰岩互层为主，夹蓝灰色薄板状灰岩和砂屑灰岩，地层总厚度 50～80m，富水条件差，炒米店组地层和张夏组地层之间存在一条稳定的阻水带，阻隔了炒米店组地层灰岩和张夏组地层之间的水力联系。因此，区内浅部部分炒米店组及上部地层富水性良好，而崮山组地层之下的张夏组、馒头组和新太古代泰山群地层富水性整体较差。

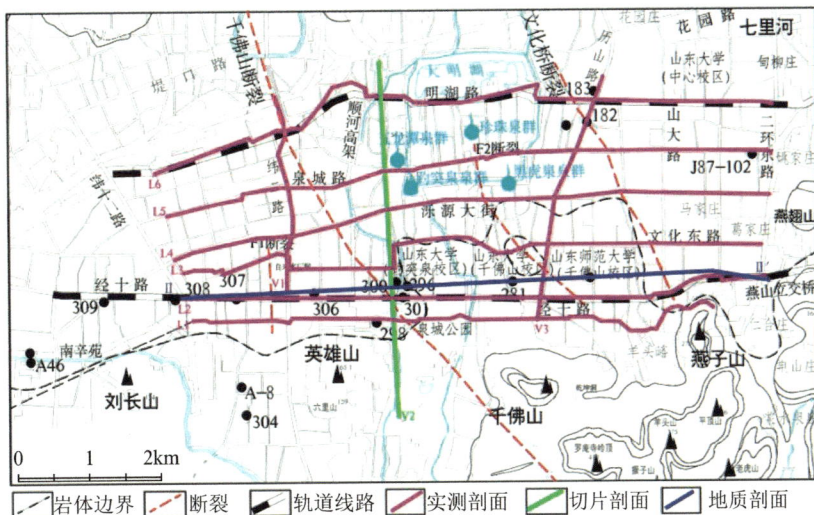

图 5.2-1 解译剖面线位置图

1. 典型剖面特征——L2 线

1）L2 线剖面解释

L2 线是沿经十路自纬十二路西侧向东延伸至燕山立交桥进行的广域电磁法测线，结合水文地质剖面和钻孔资料，根据电阻率剖面进行地层划分，推断地层富水性、岩溶发育区和主径流通道空间位置，其广域电磁法电阻率剖面-地质推断如图 5.2-2 所示。

剖面电阻率整体呈东高西低特征，与地层东高西低的形态一致，电阻率沿纵向变化可大致分为两个层段，第一层段为标高-300m 以浅，该层整体呈低阻或较低阻特征，仅在部分位置表现为较高阻；第二层段为标高-300m 以深，该层整体呈较高阻或高阻，局部有相对低阻区域，推断其岩溶发育稍强于周边高阻区域。其中，在测点 100～370 范围内标高-320m 以浅为岩浆岩，主要为中生代早白垩纪的辉长岩、闪长岩，岩体自西向东逐渐减薄。测点 390～750 处浅表为隐伏的九龙群等碳酸盐岩沉积地层，少有岩浆岩发育，但受岩层破碎程度、岩溶发育程度、地形条件变化等影响，地层富水性亦有明显差别。在测点 410 附近的 296 钻孔，对其标高-4～-41m 处揭露的石灰岩地层进行抽水试验，可知该处单井出水量为 363.74m³/d，出水量较差，与广域探测电阻率较高的情况相吻合。在测点 780～900 范围内标高-80m 以浅为岩浆岩，主要为中生代早白垩纪的辉长岩和闪长岩，岩体下部为九龙群三山子组。

（1）推断地层的富水性和岩溶发育程度（表 5.2-1）

在测点 230～375 处，靠近纬二路和顺河高架之间区域存在一处东西向低阻异常，电阻率较低，为 15～30Ω·m，推断在标高-280～-180m 范围内岩体底部与下部马家沟群地层相互交错，岩体相对破碎，富水性较好；在标高-330～-180m 范围内的马家沟组地层富水性好，岩溶相对发育。测点 415～585 范围内，存在一东西向低阻异常，大致在泉城公园以西至历山路之间，在标高-165m 以浅，电阻率为 5～25Ω·m，推断此处三山子组地层和炒米店组的上部地层富水性强，岩溶发育。在测点 740～790 处、标高-100～0m 范围内，山大路西部附近、文化桥断裂边缘存在一低阻异常，电阻率为

10～30Ω·m，推断受断裂影响此处三山子组地层相对破碎，岩溶发育，富水性强。测点835～895处，标高−80m以浅存在一处低阻异常，电阻率为25～35Ω·m，推断此处岩体风化严重、裂隙相对发育形成富水性较好的局部地段。根据相邻钻孔ZD008揭露岩体裂隙较发育、风化程度不均匀，推断此处岩体裂隙较多，连通下部的三山子组含水地层，富水性较好。

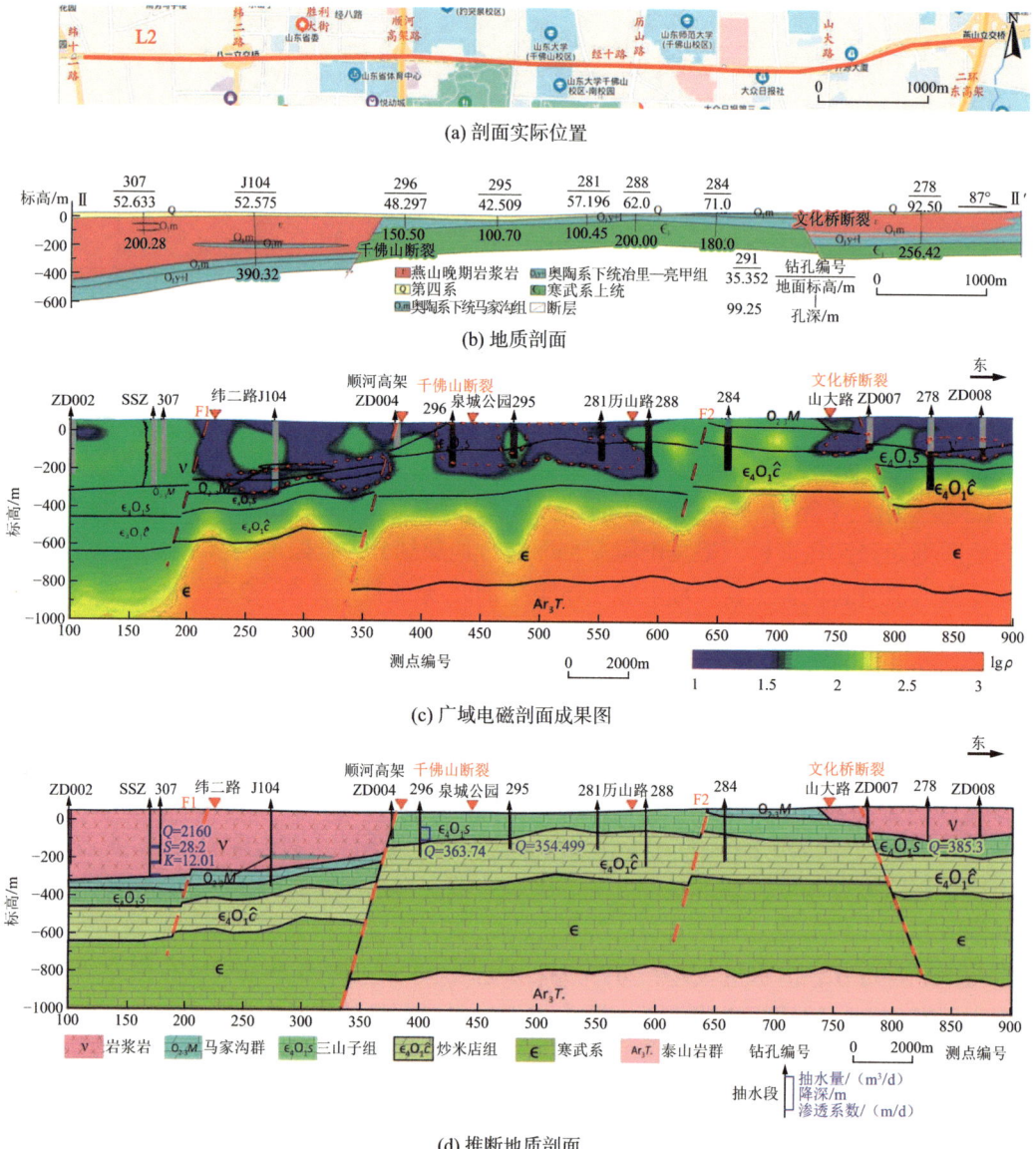

(a) 剖面实际位置

(b) 地质剖面

(c) 广域电磁剖面成果图

(d) 推断地质剖面

图 5.2-2　L2 线广域电磁法电阻率剖面-地质推断图

L2 线推断地层的富水性和岩溶发育程度　　表 5.2-1

位置	标高/m	电阻率/（Ω·m）	地层	富水性、岩溶发育程度
测点 230～375（纬二路与顺河高架之间）	−280～−180	15～30	岩体底部与奥陶系马家沟群互层	岩体相对破碎，富水性较好

位置	标高/m	电阻率/（Ω·m）	地层	富水性、岩溶发育程度
测点 230～375（纬二路与顺河高架之间）	−330～−180	15～30	马家沟群	富水性好，岩溶相对发育
测点 415～585（泉城公园以西至历山路之间）	−165 以浅	5～25	三山子组、炒米店组上部地层	富水性强，岩溶发育
测点 740～790（山大路西部附近、文化桥断裂边缘）	−100～0	10～30	三山子组	富水性强，岩溶发育
测点 835～895（燕山立交桥西）	−80 以浅	25～35	岩体底部与三山子组互层	岩体风化严重、裂隙相对发育形成富水性较好的局部地段

（2）断裂带分布情况

在测点 180～220 处，存在一处纵向相对低阻区，结合地质条件，推断为 F1 断裂。断裂自八一立交桥西侧穿过经十路，为第四系覆盖的隐伏断层，东西两侧浅部均为岩浆岩体。断裂走向为近南北向，倾向西南，倾角 30°～40°，为正断层，推断断裂延深约 700m，断距约 30～50m，错断了奥陶纪-寒武纪各群组，导致马家沟群至炒米店组的含水地层与深部张夏组、馒头组等地层连通，形成了由浅至深连续性较好的一低阻异常，推断断层导水性较好。

在测点 330～390 处，存在一 V 形低阻异常，结合地质条件，推断为千佛山断裂。断裂自山东大学（趵突泉校区）西侧、玉函立交桥东侧穿过，为第四系覆盖的隐伏断层，东侧浅部为隐伏的九龙群三山子组，西侧浅部为岩浆岩体。断裂走向为北西向，倾向西南，倾角 65°～70°，为正断层，推断断裂延深超过 1000m，断距为 150～200m，错断了奥陶纪-寒武纪各群组及泰山岩群地层，导致浅部马家沟群至炒米店组的含水地层与深部张夏组、馒头组等地层连通，形成了由浅至深连续性较好的一低阻异常，推断断层导水性较好。在测点 380 处附近钻孔 ZD004，揭露埋深 11～72m 段地层岩性主要为全风化和中风化的闪长岩，风化呈柱状，局部为块状，裂隙发育，充填铁锰质或钙质，推断此处富水性较好，符合电阻率相对较低的情况。

在测点 610～644 处，存在一小 V 形低阻异常，结合地质条件，推断为 F2 断裂。断裂在山师东路附近穿过，为第四系覆盖的隐伏断层，东侧浅部为马家沟群，西侧浅部为三山子组。断裂走向为北西向，倾向北东，倾角 35°～45°，为正断层，推断延深约 700m，断距为 40～60m，错断奥陶纪马家沟群、九龙群及长清群地层。

在测点 770～820 处，存在一 V 形低阻异常，结合地质条件，推断为文化桥断裂。断裂自山大路与经十路交汇处东侧穿过，为第四系覆盖的隐伏断层，东侧浅部为侵入岩体，西侧浅部为马家沟群。断裂走向为北西向，倾向北东，倾角 60°～65°，为正断层，推断延深约为 700m，断距约为 80m，错断奥陶纪马家沟群、九龙群及长清群地层，连通了浅部马家沟群至炒米店组的含水地层与深部地层，推断断层导水性较好。在断裂两侧的标高 −50～0m 范围内，电阻率较低，为 25～35Ω·m，推断该处受断裂活动影响较为强烈，富水性增强。

2）地下轨道交通建设对泉水影响分析

（1）地层结构

L2线是沿经十路自纬十二路向东延伸至燕山立交桥一线进行的广域电磁法探测路段，全长8.3km，与轨道交通4号线中段相重合，位于四大泉群核心保护区的上游。

纬十二路至顺河高架一带、山大路至燕山立交桥一带基底基岩主要为岩浆岩。岩浆岩顶板埋深：纬十二路至纬一路段30～45m；纬一路至顺河高架段7～15m；山大路至燕山立交桥段5～15m。岩浆岩风化层厚度3～40m，岩体总厚度在5～320m之间，其中顺河高架以西段岩体厚度在标高−320～−170m之间，山大路至燕子山路一段岩体厚度在标高0m以浅，燕子山路以东段岩体厚度在标高−90m以浅。

在顺河高架至山大路一段基底基岩为灰岩地层，顶板埋深5～20m。标高−120～0m之间分布厚度30～120m的寒武系三山子组地层，在标高−320～−30m之间分布厚度在200～250m的炒米店组地层，在标高−820～−290m范围内为寒武系其他地层，在标高−760～−1000m之间推断为泰山岩群。

（2）对泉水影响分析

地下轨道交通隧道经过的地层，从上到下依次为0～6m的人工填土、Q_3大站组及Q_2羊栏河组粉质黏土夹砂砾碎石、辉长岩风化层和灰岩地层。在纬十二路至纬一路段，通过第四系松散地层；纬一路至顺河高架段，地下隧道在第四系松散层和辉长岩风化层内；顺河高架至山大路一带，地下隧道穿过第四系松散层和灰岩地层；山大路至燕山立交桥段，地下隧道在第四系松散层和辉长岩风化层、辉长岩基岩内。

经十路敏感路段为顺河高架至燕子山路段，此段奥陶系灰岩最小埋深5.1m，岩溶水的最小水头埋深在地面以下14.3m左右，该区域内岩溶水近年动态变化3～5m。该路段灰岩的岩溶很发育，溶洞较多，部分洞径达3m左右。

地铁对泉水的影响包括两个方面：一是地下轨道交通结构对泉水的影响。该路段岩溶水头埋深一般在18m左右，丰水年14m左右，虽然部分地下轨道交通结构会进入灰岩10m左右，但是在此范围内一般不会触及岩溶水，丰水年的丰水期触及岩溶水几米，所以地下轨道交通结构基本不会对泉水喷涌造成影响。二是地下轨道交通施工对泉水的影响。需要注意施工中的机油泄漏、化学注浆废料等可能会通过发育裂隙进入岩溶水中造成污染，进而影响泉水水质。

（3）地下岩溶对轨道交通建设的影响

在经十路线，泉城公园、山东大学（千佛山校区）和山大路东侧附近标高−180m以浅多为岩溶发育区，富水性强，在该位置进行轨道交通建设时需要注意下部岩溶水的渗透。在纬二路、纬一路东侧、燕子山路和燕山立交桥之间的位置岩体电阻率较低，推断为裂隙发育区，富水性强，在该位置施工时需要注意裂隙水渗透。因此，在该部分位置进行地下更深层段的施工时需要采取必要的措施，以免下部岩溶水或裂隙水对轨道施工产生影响。

因此，经十路段修建地下轨道交通施工时需注意第四系下部地层的透水性以及地下水污染问题，但是不会影响泉水的喷涌。在岩溶发育区施工时，除加强支护外，还可以在地下隧道的顶部和底部埋设导水管道。

2. L1 线剖面

L1 线是大致沿经十一路方向自光明街小学向东延伸至千佛山西侧的燕子山庄进行的广域电磁法实际测线，广域电磁法电阻率剖面-地质推断如图 5.2-3 所示。

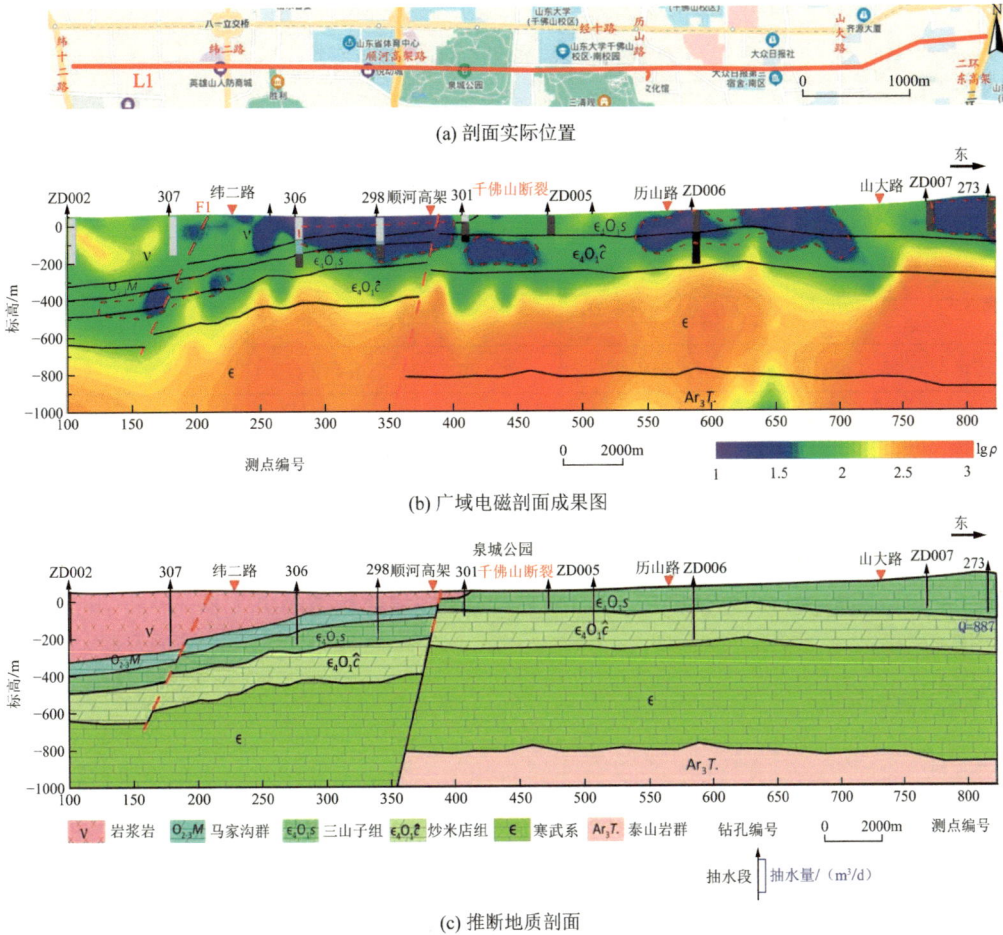

(a) 剖面实际位置

(b) 广域电磁剖面成果图

(c) 推断地质剖面

图 5.2-3　L1 线广域电磁法电阻率剖面-地质推断图

在测点 100～402 范围内标高−320m 以浅为岩浆岩，主要为中生代早白垩纪的辉长岩、闪长岩，在西侧岩体最厚，向东岩体迅速减薄，至测点 400 处为−30m 左右。测点 400～824 在标高−100～0m 范围内主要为三山子组地层，受地层破碎程度、岩溶发育程度、地形条件变化等影响，地层富水性亦有局部变化。

（1）推断地层的富水性和岩溶发育程度（表 5.2-2）

在测点 125～225 纬十二路至纬二路之间，标高−490～−220m 范围内，存在一相对低阻异常，电阻率为 20～50Ω·m，推断此处的三山子组地层富水性较周围区域好，岩溶相对较发育，富水性较好。在纬二路和顺河高架之间，测点 290～474 内，存在一范围较大的低阻异常，电阻率为 5～15Ω·m，在标高−150m 以浅岩体底边部与下部马家沟群互层增多，连通了下部的马家沟群含水地层，富水性较好；在标高−100～−300m 范围内，千佛山断裂左侧的马家沟群地层和三山子组地层，通过千佛山断裂连通了右侧的三山子组和炒米店组地层，断裂两侧电阻率整体较低，推断为岩溶发育区，富水性较好。历山路及以东区域，测点 540～710 处存在一处明显的低阻异常，标高为−170m 以浅，电阻率为 5～25Ω·m，推断此处的三山子组及部分炒米店组地层岩溶发育，富水性强。山大路以东测点 770～820 处存在一处明显的低阻异常，标高在−80m 以浅，电阻率为 10～20Ω·m，推断此处的三山子组地层岩溶发育，富水性强。

L1 线推断地层的富水性和岩溶发育程度 表 5.2-2

位置	标高/m	电阻率/（Ω·m）	地层	富水性、岩溶发育程度
测点 125～225（纬十二路—纬二路）	−490～−220	20～50	三山子组	岩溶相对较发育，富水性较好
测点 290～474（纬二路—顺河高架）	−150 以浅	5～15	岩体底部、马家沟群、三山子组	岩溶发育，富水性好
测点 540～710（历山路及以东）	−170 以浅	5～25	三山子组、炒米店组上部	岩溶发育，富水性强
测点 770～820（山大路以东）	−80 以浅	10～20	三山子组	岩溶发育，富水性强

（2）断裂带分布情况

在测点 160～210 处，存在一处纵向相对低阻区，结合地质条件，推断为 F1 断裂。断裂穿过经十一路西侧，为第四系覆盖的隐伏断层，东西两侧浅部均为岩浆岩体。

在测点 350～390 处，存在一小 V 形低阻异常，推断为千佛山断裂。断裂自泉城公园内穿过，为第四系覆盖的隐伏断层，东侧浅部为小规模辉长岩及九龙群三山子组，西侧浅部为侵入岩体。

3. L3 线剖面

L3 线是沿经八路、文化西路和文化东路自纬十二路向东延伸至二环东路进行的广域电磁法实际测线，广域电磁法电阻率剖面-地质推断如图 5.2-4 所示。

在测点 100～350 范围内标高−450m 以浅为岩浆岩，主要是中生代早白垩纪的辉长岩、闪长岩，根据钻孔揭露，岩体自西向东呈现逐渐减薄趋势，岩体底边部与马家沟群地层接触，在其接触带附近电阻率整体偏低，推断地层相对破碎、岩溶较发育，富水性良好。测点 340～760 处浅表为隐伏的三山子组碳酸盐岩沉积地层，受地层破碎程度、岩溶发育程度、地形条件变化等影响，地层富水性存在局部变化。在测点 820～904 范围内标高−80m 以浅为岩浆岩，主要为中生代早白垩纪的辉长岩，岩体下部为九龙群三山子组，在其接触带部位电阻率约为 20～60Ω·m，推断地层相对破碎、岩溶较发育，富水性良好。

（1）推断地层的富水性和岩溶发育程度（表 5.2-3）

在纬二路以西，测点 220～315 标高−450～−320m 范围内存在一处低阻异常，电阻率为 10～25Ω·m，推断此处马家沟群和下部的三山子组地层岩溶发育，富水性好。在纬二路和胜利大街之间，测点 240～310 标高−400～−200m 范围内电阻率整体较低，15～30Ω·m，推断该处马家沟群和三山子组地层岩溶发育，富水性好。在胜利大街和顺河高架之间、千佛山断裂两侧，测点 310～400 标高−170m 以浅，电阻率整体较低，为 10～25Ω·m，推断该处受断裂活动影响较为强烈，富水性增强，断裂西侧岩体较破碎，断裂东侧地层岩溶较发育。青年东路以西至历山路附近，测点 420～590 处存在一处东西向低阻异常，标高在−100m 以浅，电阻率为 15～40Ω·m，推断此范围内的三山子组地层和炒米店组上部地层岩溶发育，富水性强。在山大路两侧，测点 700～800 处存在一明显的低阻异常，标高为−250m 以浅，电阻率为 10～45Ω·m，推断此处的三山子组地层和炒米店组地层岩溶发育，富水性强。测点 820～904 范围岩体下部标高−450～−150m 的三山子组和炒米店组灰岩地层，电阻率相对较低为 25～50Ω·m，推断为岩溶相对发育区域，富水性较强。

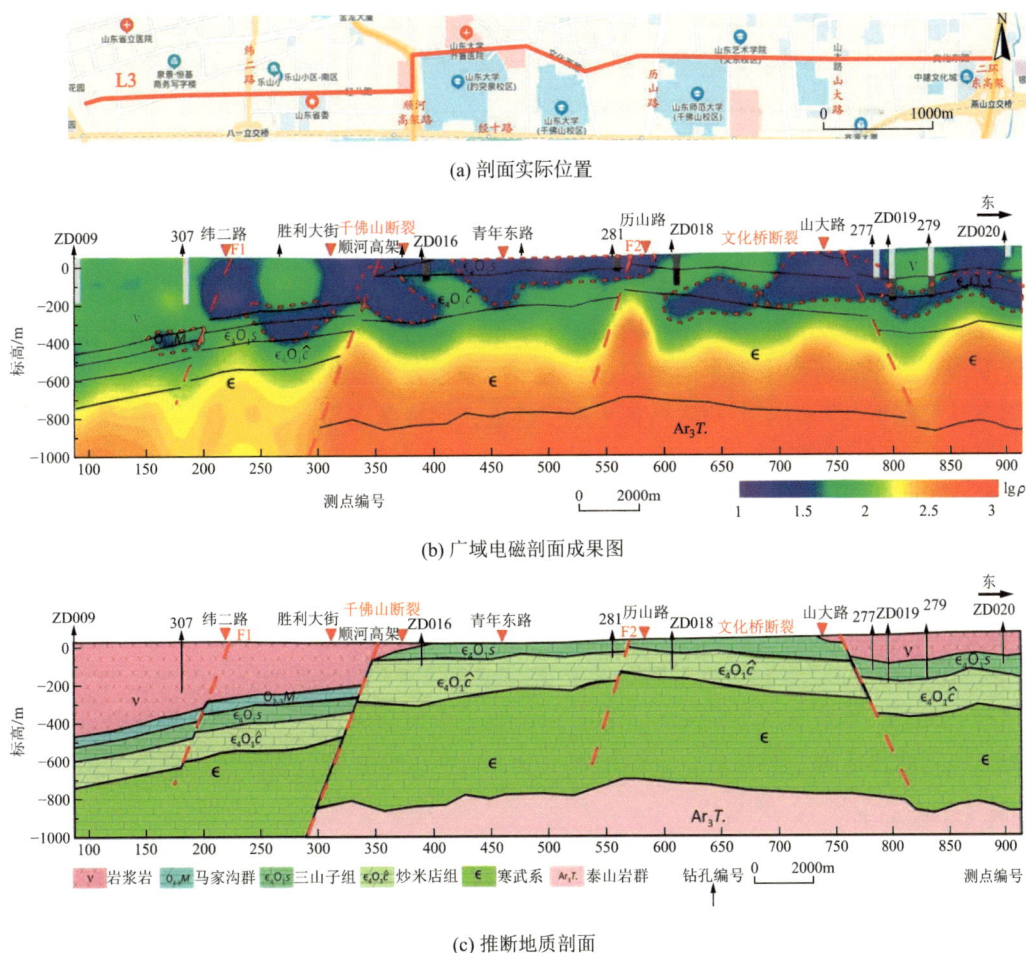

(a) 剖面实际位置

(b) 广域电磁剖面成果图

(c) 推断地质剖面

图 5.2-4　L3 线广域电磁法电阻率剖面-地质推断图

L3 线推断地层的富水性和岩溶发育程度　　　　　　表 5.2-3

位置	标高/m	电阻率/(Ω·m)	地层	富水性、岩溶发育程度
测点 220～315（纬十二路—纬二路）	−450～−320	10～25	马家沟群、三山子组	岩溶发育，富水性好
测点 240～310（纬二路—胜利大街）	−400～−200	15～30	马家沟群、三山子组	岩溶发育，富水性好
测点 310～400（胜利大街—顺河高架）	−170 以浅	10～25	岩体底部与马家沟群互层	受断裂活动影响较为强烈，富水性增强，西侧岩体较破碎，东侧岩溶较发育

位置	标高/m	电阻率/($\Omega \cdot m$)	地层	富水性、岩溶发育程度
测点 420～590（青年东路以西至历山路）	−100 以浅	15～40	三山子组和炒米店组上部	岩溶发育，富水性强
测点 700～800（山大路两侧）	−250 以浅	10～45	三山子组、炒米店组	岩溶发育，富水性强
测点 820～904（山大路以东）	−450～−150	25～50	三山子组、炒米店组	岩溶相对发育，富水性较强

（2）断裂带分布情况

在测点 170～220 处，存在一 V 形低阻异常，结合地质条件，推断为 F1 断裂。断裂两侧岩体电阻率整体较低，推断该处受断裂活动影响较为强烈，岩体较破碎，富水性增强。

在测点 290～350 处，存在一宽缓的 V 形低阻异常，结合地质条件，推断为千佛山断裂。断裂自山东省济南中学东南角穿过，为第四系覆盖的隐伏断层。断裂西侧浅部岩体和奥陶系马家沟群与断裂东侧寒武系各组地层连通，形成了断裂两侧连续性较好的一低阻异常，推断断层导水性较好。

在测点 540～570 处，存在一小 V 形低阻异常，结合地质条件，推断为 F2 断裂。断裂于山东大学（千佛山校区）穿过，为第四系覆盖的隐伏断层，错断了三山子组地层。

在测点 750～810 处，存在一 V 形低阻异常，结合地质条件，推断为文化桥断裂。断裂自山东省人民警察培训学院北侧穿过，为第四系覆盖的隐伏断层。在断裂两侧电阻率较低，为 10～25$\Omega \cdot m$，推断该处受断裂活动影响较为强烈，富水性增强。在测点 784 附近存在钻孔 ZD019，揭露该处埋深 26～163m 段主要为中风化闪长岩，主要矿物成分为中性斜长石和角闪石，节理裂隙发育，岩芯呈碎块状，推断该位置附近岩体相对破碎。

4. L4 线剖面

（1）L4 线剖面解释

L4 线是沿经七路—源源大街—和平路自纬十二路向东延伸至二环东路开展的广域电磁法实际测线，广域电磁法电阻率剖面-地质推断见图 5.2-5。

在 L4 测点范围内浅部以岩浆岩为主，中间薄两侧厚，推断地层的富水性和岩溶发育程度见表 5.2-4。在测点 86～350 范围内岩体埋藏较深，主要为中生代早白垩纪的辉长岩、闪长岩，根据测点 240 附近钻孔 ZD010 揭露，岩芯呈柱状，裂隙较发育；岩体自西向东逐渐减薄，底边部与马家沟群和三山子组地层接触，连通了下部灰岩含水地层，受岩体裂隙发育程度和下部灰岩的影响，整体电阻率相对较低，推断富水性较好。测点 350～730 范围内，岩体较薄，顶板埋深 6～12m，总厚度在 2～20m，多为辉长岩和闪长岩风化层，岩体破碎严重，富水性较好。在测点 730～900 范围内标高−100m 以浅为岩浆岩，岩体下部为九龙群三山子组，在其接触带部位电阻率为 20～70$\Omega \cdot m$，推断地层相对破碎、岩溶较发育，富水性良好。

(a) 剖面实际位置

(b) 广域电磁剖面成果图

(c) 推断水文地质剖面

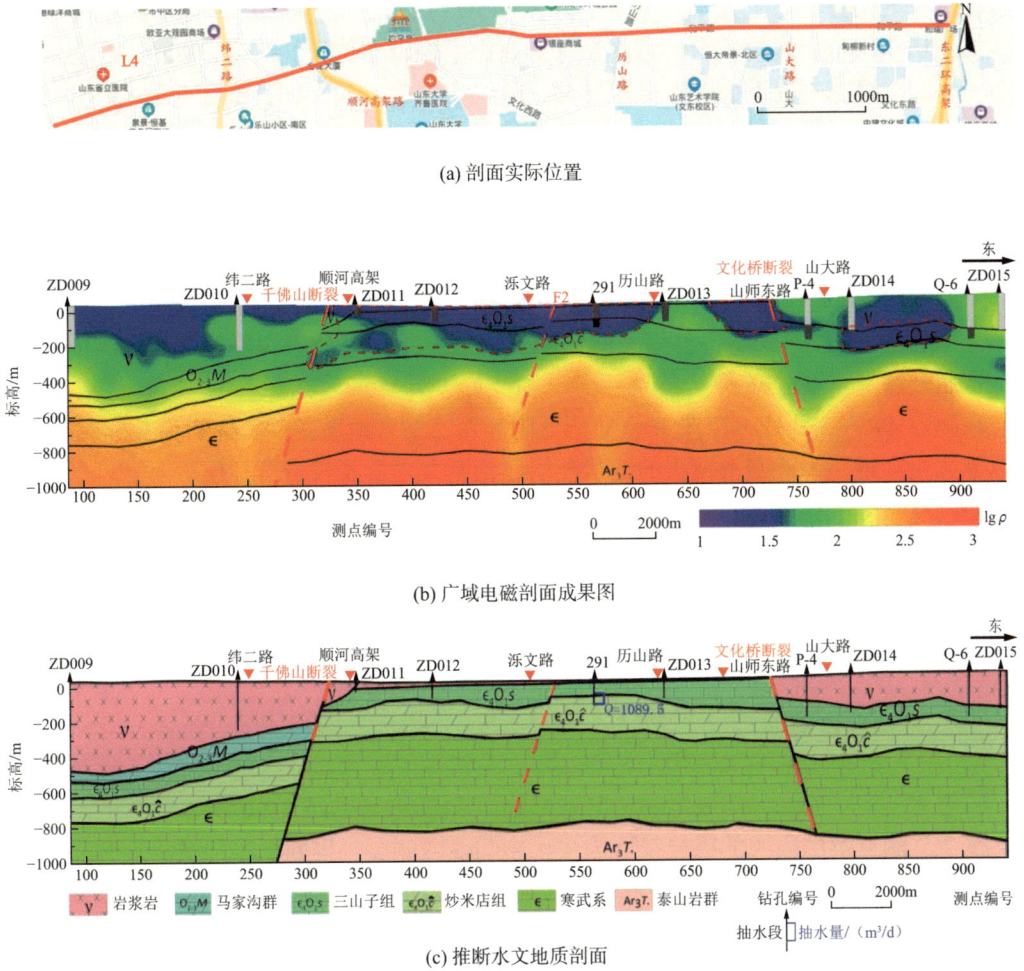

图 5.2-5　L4 线广域电磁法电阻率剖面-地质推断图

L4 线推断地层的富水性和岩溶发育程度　　表 5.2-4

位置	标高/m	电阻率/（Ω·m）	地层	富水性、岩溶发育程度
测点 290～600（顺河高架以西至历山路）	−300 以浅	5～50	三山子组、炒米店组	岩溶发育，富水性整体较强
测点 680～730（山师东路以东靠近文化桥断裂）	−150 以浅	5～25	三山子组	岩溶发育，富水性好
测点 790～880（山大路以东）	−220～−80	5～25	三山子组	岩溶发育，富水性较好

　　由表 5.2-4 可知，在顺河高架以西至历山路之间，测点 290～600 处存在相对低阻异常，标高约−300m 以浅，电阻率为 5～50Ω·m，推断此处浅表岩体风化严重，岩体较破碎，下部三山子组地层和炒米店组地层岩溶发育，富水性整体较强。在测点 568 以北约 180m 处存在钻孔 291，通过以往对−29～−99m 处揭露的白云质灰岩地层进行抽水试验，可知该处单井出水量为 1089.5m³/d。在山师东路以东区域，测点 680～730 范围内，靠近文化桥断

裂，存在一处明显的低阻异常，电阻率为 5～25Ω·m，推断受断裂活动影响，标高-150m 以浅的三山子组地层岩溶发育，富水性好。在山大路以东位置，测点 790～880 处在标高 -220～-80m 存在一处近椭圆形低阻异常，电阻率为 5～25Ω·m，推断此处岩体边缘裂隙 相对发育，连通了下部的灰岩地层，且该处的三山子组地层岩溶发育，富水性较好。

（2）断裂带分布情况

在测点 276～322 处，存在一纵向低阻异常，结合地质条件，推断为千佛山断裂。断裂 自山东大学（趵突泉校区）西侧、玉函立交桥东侧穿过，为第四系覆盖的隐伏断层。断裂 走向为北西向，倾向西南，倾角 65°～70°，为正断层，推断断裂延深超过 1000m，断距 150～ 200m，错断奥陶纪-寒武纪各群组及泰山岩群地层，并连通马家沟群至炒米店组的含水地 层，推断断层导水性较好。

在测点 490～530 处，存在一小 V 形低阻异常，结合地质条件，推断为 F2 断裂。断裂 在泺源大街穿过，为第四系覆盖的隐伏断层，错断九龙群及长清群地层。

在测点 720～770 处，存在一 V 形低阻异常，结合地质条件，推断为文化桥断裂，为 正断层，推断延深约 700m，断距约 80m，错断奥陶纪马家沟群、九龙群及长清群地层，在 断裂两侧的标高-150～0m 范围内，电阻率较低，为 5～15Ω·m，推断富水性较强。

5. L5 线剖面

（1）L5 线剖面解释

L5 线是沿经四路—共青团路—泉城路—解放路自纬十二路向东延伸至二环东路进行 的广域电磁法实际测线，广域电磁法电阻率剖面-地质推断见图 5.2-6。

在 L5 测点范围内浅部以岩浆岩为主，中间薄两侧厚，推断地层的富水性和岩溶发育 程度见表 5.2-5。在测点 100～430 范围内岩体埋藏较深，主要为中生代早白垩纪的辉长岩、 闪长岩。岩体自西向东逐渐减薄，底边部与马家沟群和三山子组地层接触，连通了下部灰 岩含水地层，

L5 线推断地层的富水性和岩溶发育程度　　　　　　　　　　　　　　表 5.2-5

位置	标高/m	电阻率/(Ω·m)	地层	富水性、岩溶发育程度
测点 180～230（纬二路以西）	-350～-180	10～25	岩体底部、马家沟群	岩溶相对发育，富水性较好
测点 350～480（顺河高架至恒隆广场）	-200 以浅	15～30	岩体底部、三山子组	岩溶发育，富水性强
测点 450～530（恒隆广场两侧）	-180～-310	10～30	炒米店组	岩溶相对较发育，富水性较好
测点 530～625（恒隆广场以东至历山路）	-170 以浅	5～25	薄层岩体、三山子组	岩体强风化、富水性好；灰岩溶发育富水性好
测点 686～756（历山路至山大路）	-250～-50	13～35	三山子组、炒米店组上部	岩溶发育，富水性好

受岩体裂隙发育程度和下部灰岩的影响，整体电阻率相对较低，推断富水性较好。测 点 430～640 范围内，浅表岩浆岩薄层广泛发育，顶板埋深 10～15m，岩体风化严重、破碎 程度高，富水性较好；下层为隐伏的九龙群碳酸盐等沉积地层，地层富水性差别较小。在

测点 640~950 范围内岩体埋藏较深，岩体下部为九龙群三山子组，在其接触带部位电阻率为 20~70Ω·m，推断地层相对破碎、岩溶较发育，富水性良好。

(a) 剖面实际位置

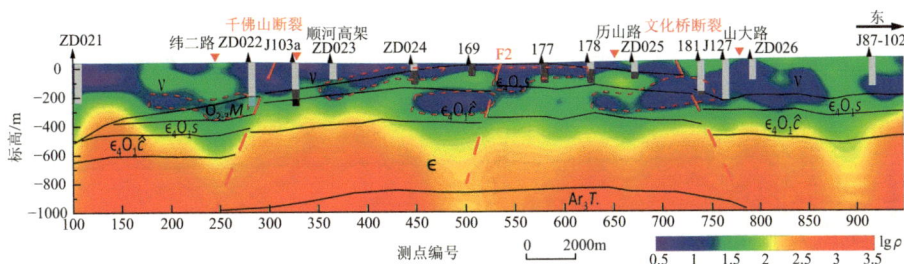

(b) 广域电磁剖面成果图

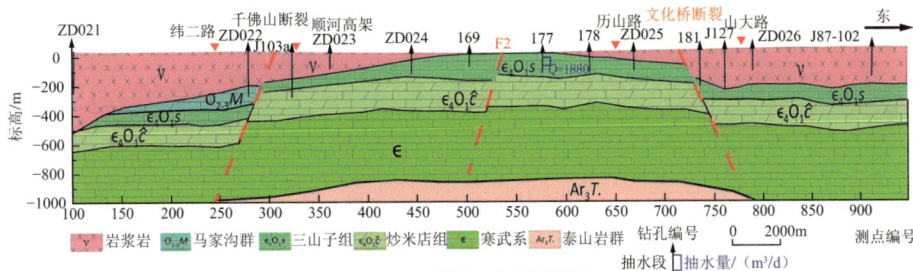

(c) 推断水文地质断面

图 5.2-6　L5 线广域电磁法电阻率剖面-地质推断图

由表 5.2-5 可知，在纬二路以西，测点 180~230 标高−350~−180m 范围内存在一处低阻异常，电阻率为 10~25Ω·m，推断此处岩体底部裂隙相对发育，且连通了下部的马家沟群含水地层，灰岩地层岩溶相对发育，富水性较好。在顺河高架至恒隆广场附近，测点 350~480 处存在一处明显的低阻异常，标高在−200m 以浅，电阻率为 15~30Ω·m，推断此处岩体边缘破碎严重，且与三山子组灰岩互层，其下部的灰岩地层岩溶发育，富水性强；在测点 445 附近钻孔 ZD024，揭露该处埋深 18~54m 段主要为全风化和中风化闪长岩，风化不均匀，局部破碎呈碎块状，手掰易碎，埋深 60.5~77.5m 处岩溶裂隙发育，岩芯破碎，呈碎块状。在恒隆广场两侧，测点 450~530 处，标高−180~−310m 处存在一明显的椭圆形低阻异常，电阻率为 10~30Ω·m，推断该位置炒米店组灰岩地层岩溶相对较发育，富水性较好。在恒隆广场以东至历山路附近，测点 530~625 范围内，标高−170m 以浅存在一处明显的低阻异常，电阻率为 5~25Ω·m，推断此处浅表岩体风化程度高，岩体破碎，富水性好；其下部的三山子组地层岩溶发育，富水性好。在历山路至山大路，测点 686~756 处，标高−250~−50m 范围内三山子组地层和炒米店组上部地层电阻率较低为 13~35Ω·m，推断该处岩溶发育，富水性好。

（2）断裂带分布情况

在测点 246～310 范围内，存在一 V 形低阻异常，结合地质条件，推断为千佛山断裂。该断裂为第四系覆盖的隐伏断层，错断了岩浆岩和奥陶纪-寒武纪各群组及泰山岩群地层，并连通了马家沟群至炒米店组的含水地层，推断断层导水性较好。

在测点 500～535 处，存在一小 V 形低阻异常，结合地质条件，推断为 F2 断裂。断裂在泉城路北侧芙蓉巷穿过，为第四系覆盖的隐伏断层，错断岩浆岩、九龙群及长清群地层。

在测点 715～770 处，存在一小 V 形低阻异常，结合地质条件，推断为文化桥断裂。断裂自解放路和历山路交汇处东侧穿过，为第四系覆盖的隐伏断层，错断岩浆岩、九龙群及长清群地层，连通了浅部马家沟群至炒米店组的含水地层与深部地层，推断断层导水性较好。

6. L6 线剖面

1）L6 线剖面解释

L6 线是沿大明湖路自纬十二路向东延伸至二环东路进行的东西向广域电磁法实际测线，广域电磁法电阻率剖面-地质推断如图 5.2-7 所示。

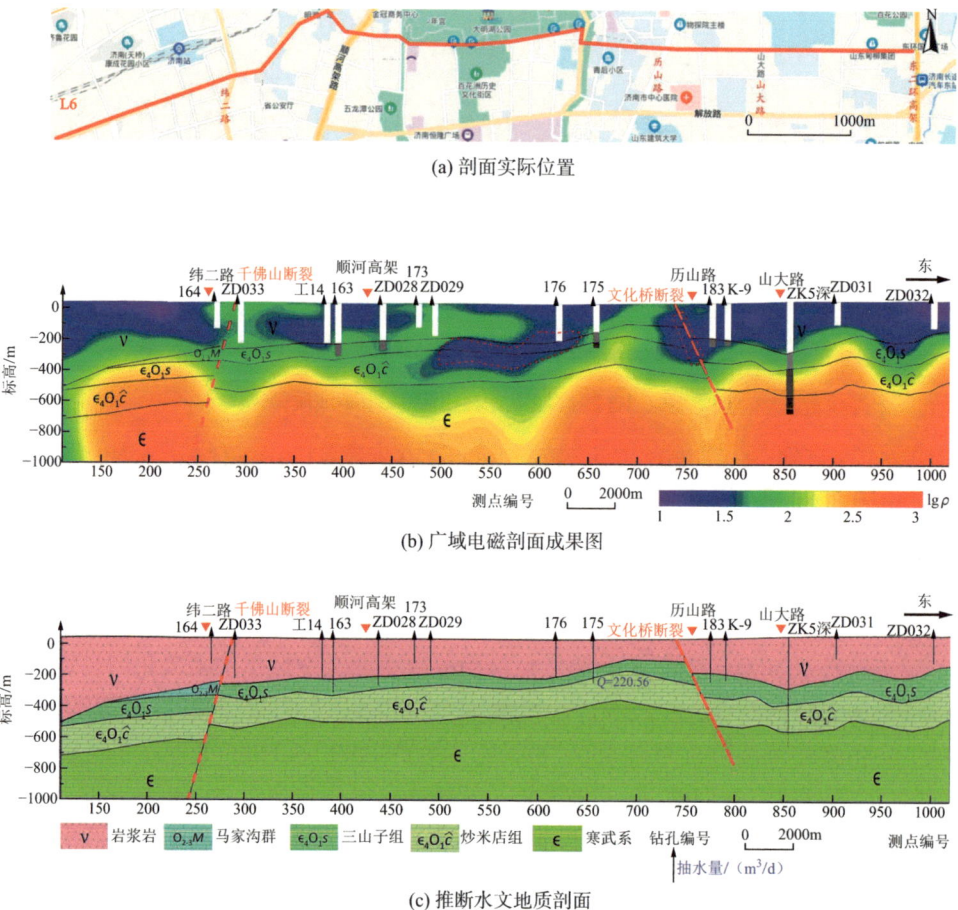

(a) 剖面实际位置

(b) 广域电磁剖面成果图

(c) 推断水文地质剖面

图 5.2-7　L6 线广域电磁法电阻率剖面-地质推断图

在 L6 线整体范围内标高−300m 以浅多为岩浆岩，主要为中生代早白垩纪的辉长岩、闪长岩，测线上岩体呈现中间薄两边厚的形态，底边部与灰岩地层接触。

钻孔 ZD033 揭露埋深 33m 以浅为闪长岩全风化和强风化带，岩体剧烈风化成土砂状，含母岩硬块，埋深 33～217m 时，为闪长岩中等风化带，主要含斜长石、黑云母、方解石、辉石等矿物质。推断该层岩浆岩大部分风化程度较高、富水性好。在标高−1000～−300m 处，主要为寒武系地层，上部电阻率相对较低，在测点 658 处的钻孔 175，对其揭露的大理岩和白云质灰岩地层进行抽水试验，可知该处单井出水量为 220.56m³/d，出水量较少，对应的广域电磁法电阻率也偏高，二者相吻合。下部呈现为整体高阻，沿测线方向整体呈现东高西低的特征，与济南单斜地层特征对应一致；同时局部呈现中间低两边高的特征，在测点 500～642 范围内电阻率低于东西两侧，该段位于大明湖与四大泉群之间，推断地下整体富水性较好。

（1）推断地层的富水性和岩溶发育程度（表 5.2-6）

在千佛山断裂以西（纬二路附近）和文化桥断裂两侧（历山路附近）标高−300m 以浅，各存在较大范围低阻异常，电阻率为 10～25Ω·m，推断此处岩体风化程度较高、裂隙相对发育，富水性较好。在大明湖景区南侧，测点 500～640 范围内存在一处近东西向低阻带，标高−350～−180m，电阻率为 27～30Ω·m，推断此处三山子组和炒米店组地层岩溶发育，富水性较好。

L6 线推断地层的富水性和岩溶发育程度 表 5.2-6

位置	标高/m	电阻率/ （Ω·m）	地层	富水性、岩溶发育程度
千佛山断裂以西 （纬二路附近）和文化桥断裂 两侧（历山路附近）	−300 以浅	10～25	岩体、三山子组	受断裂活动影响，岩体裂隙发育，富水性较好 岩溶较发育，富水性较好
测点 500～640 （大明湖景区南侧）	−350～−180	27～30	三山子组、炒米店组	岩溶发育，富水性较好

（2）断裂带分布情况

在测点 250～290 处，存在一 V 形低阻异常，结合地质条件，推断为千佛山断裂。断裂自纬二路和经一路交汇处穿过，为第四系覆盖的隐伏断层，错断了岩浆岩、寒武纪各群组及泰山岩群地层。

在测点 740～800 处，存在一 V 形低阻异常，结合地质条件，推断为文化桥断裂。断裂位于历山路西侧，为第四系覆盖的隐伏断层。错断了岩浆岩、寒武纪各群组地层，并连通了下部灰岩的含水地层，推断断层导水性较好。

2）地下轨道交通建设对泉水影响分析

（1）地层结构

L6 线是沿大明湖路自纬十二路向东延伸至二环东路进行的广域电磁法探测路段，全长 9.1km，与轨道交通 6 号线中间段落相重合，在大明湖上游、四大泉群下游的岩浆岩内行进，对泉水流量的影响较小，在测区范围内的进层位均在第四系与岩浆岩内。

此路段基底基岩均为岩浆岩，岩体顶板埋深（第四系厚度）7～15m，岩体上部有不同程度的风化层。第四系地层为白云湖组砂质黏土及淤泥质土、大站组粉质黏土夹砂砾碎石层、羊栏河组粉质黏土。在纬十二路至纬二路之间，岩体由西向东逐渐减薄，厚度由 520m 减至 300m 左右；在纬二路至二环东路之间，岩体厚度在标高−300m 以浅。

（2）对泉水的影响分析

明湖路位于泉群的下游（北侧），地下轨道交通埋深范围内的地层主要为第四系土层和辉长岩风化层；明湖路上灰岩顶板最小埋置深度超 50m。明湖路上的孔隙水和裂隙水埋深很浅，最小埋深分别为 0.84m 和 1.2m，由泉水的出露结构可知，在泉城路和明湖路之间许多小泉眼均是出自孔隙水和裂隙水。

地下轨道交通对泉水的影响包括两个方面：一是地下轨道交通结构对泉水的影响。由于位于泉群下游，地下轨道交通建设不会对其补给、径流造成破坏，地下轨道交通埋置在第四系和辉长岩风化层中，施工完成后，地下轨道交通结构可能会阻挡部分地下水向北径流，从而使其附近的小泉眼水位会略有抬升。二是地铁施工对泉水的影响。明湖路施工对泉水的影响主要为工程突水问题，但是此段岩体埋深较厚，在地下轨道交通正常埋深内施工不会产生岩溶水渗透或突水，不会影响泉水的排泄。

（3）裂隙水对轨道交通建设的影响

在明湖路线，标高−100m 以浅均为第四系和岩浆岩，因此不存在岩溶水对轨道交通建设的影响，但是该线路浅表存在多处岩体强风化和中风化岩体，裂隙相对发育，富水性较好。主要是在纬十二路至纬二路、顺河高架西侧、历山路两侧、山大路附近等位置，在进行轨道交通建设时需要注意岩体裂隙水的渗透。因此，在该部分位置进行地下更深层段的施工时需要采取必要的措施，以免岩体裂隙水对轨道施工产生影响。

7. V1 线剖面

V1 线是沿纬二路自经十路向北延伸至大明湖路进行的广域电磁法实际测线，广域电磁法电阻率剖面-地质推断见图 5.2-8。

在测点 172～388 范围内标高−250m 以浅为岩浆岩，主要为中生代早白垩纪的辉长岩、闪长岩，岩体沿测线往北逐渐增厚，底边部与马家沟群地层和三山子组相互交错，形成岩浆岩-灰岩互层。

在经十路至经四路，测点 195～315 处，存在一处明显的低阻异常，标高−300～−80m，电阻率为 10～35Ω·m，根据附近钻孔揭露地层标高−20～−200m 主要为微风化闪长岩、细粒粒状结构节理极发育、岩石沿节理面破碎、整段岩芯极破碎。推测该处位于岩体薄弱处，破碎严重，且与马家沟群灰岩互层，推断该处岩体底界裂隙相对发育、下部的马家沟群和三山子组地层岩溶发育，富水性强。在经一路以西，测点 355～375 范围内标高−560～−400m 时，存在一处相对低阻异常，推断此处炒米店组灰岩岩溶相对发育，富水性相比浅部较好。

1）地下轨道交通建设对泉水影响分析

2）V1 剖面解译

（1）地层结构

V1 线是沿纬二路自经十路向北延伸至大明湖路北进行的广域电磁法探测路段，全长2.6km。此路段基底基岩均为岩浆岩，岩体埋藏较深，顶板埋深由 15～20m 往北逐渐加深，风化层厚度 0～10m，上覆第四系地层为大站组及羊栏河组粉质黏土夹砂砾碎石。

（2）地下轨道交通对泉水的影响

地下轨道交通埋深范围内的地层主要为第四系土层、辉长岩风化层和辉长岩完整基岩。而且纬二路为南北向线路，位于泉水敏感带的西侧，地下轨道交通建设不会触及岩溶水，不会对泉水补给、径流造成破坏。

（3）裂隙水对轨道交通建设的影响

在纬二路，标高−200m 以浅均为第四系和岩浆岩，因此不存在岩溶水对轨道交通建设的影响，但是在经十路至经八路段浅部岩体富水性较好，在进行轨道交通建设时需要注意岩体裂隙水的渗透。因此，该线路基底均为辉长岩，地铁施工不会触及岩溶水，适合建设地下轨道交通。

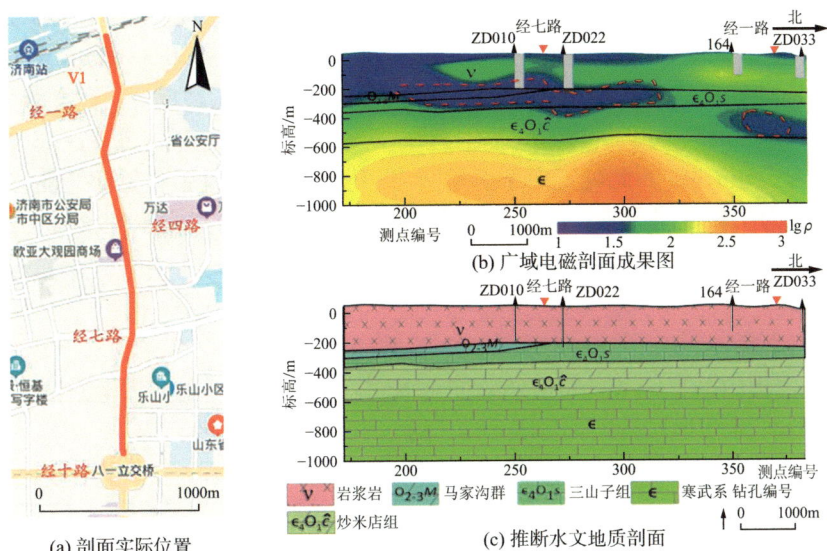

图 5.2-8 V1 线广域电磁法电阻率剖面-地质推断图

8. V2 线剖面

V2 线是基于研究区电阻率三维数据体获取的中心城区自大明湖以东至泉城公园南部的南北向电阻率纵向剖面，广域电磁法电阻率剖面-地质推断如图 5.2-9 所示。

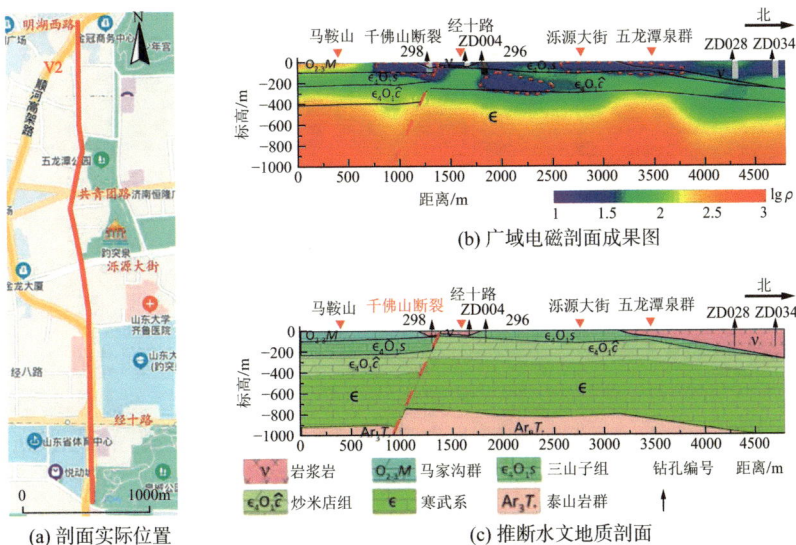

图 5.2-9 V2 线广域电磁法电阻率剖面-地质推断图

剖面电阻率及地层变化整体较平缓,电阻率由浅至深大致分为三层,首先是标高−250m以浅,该层除马鞍山一带外整体呈现低阻;其次为标高−400~−250m,为浅部低阻与深部高阻的过渡层,存在部分低阻异常;最后为标高约 400m 以深,该层整体为高阻,基本呈南高北低趋势,与济南单斜地层一致。

在经十路以西,距离 800~1400m 范围内千佛山断裂以西,标高−130~0m 处存在一低阻异常,电阻率为 15~40Ω·m,推断该处马家沟组地层岩溶发育,富水性强。在经十路以东,距离 1800~2500m 范围内存在一近椭圆形低阻异常,标高−300~−90m,电阻率为 20~40Ω·m,推断此处的炒米店组地层岩溶较发育,富水性较周围地层好。在泺源大街以西至五龙潭泉群以东,距离 2600~3800m 范围内存在一长条状低阻异常,标高−130m 以浅,电阻率为 12~31Ω·m,推断此处三山子组地层岩溶发育,富水性强;异常北侧与岩体接触,接触带亦表现为明显低阻异常,推断此处岩体破碎,裂隙发育,富水性较强。

9. V3 线剖面

1)V3 剖面解译

V3 线是沿历山路自经十一路向北延伸至大明湖路一带进行的广域电磁法实际测线,广域电磁法电阻率剖面-地质推断如图 5.2-10 所示。

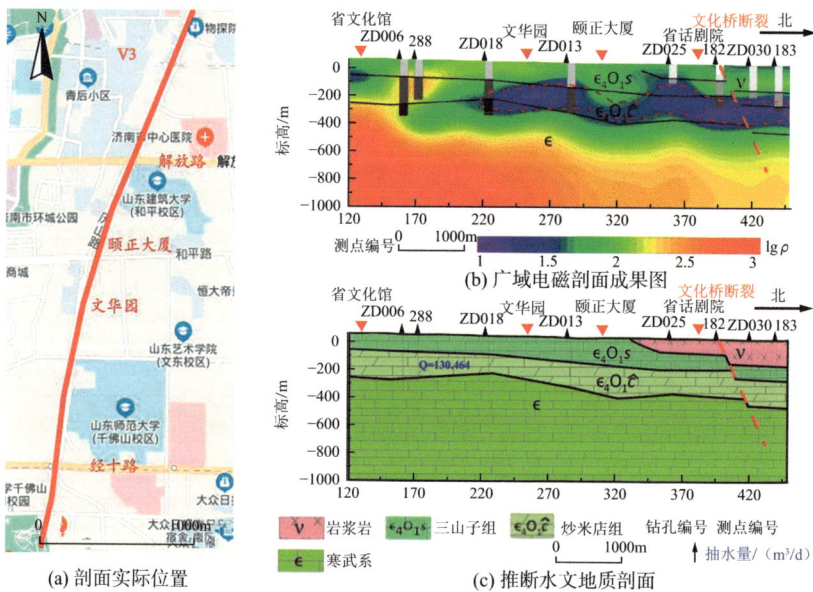

(a) 剖面实际位置　　(b) 广域电磁剖面成果图　　(c) 推断水文地质剖面

图 5.2-10　　V3 线广域电磁法电阻率剖面-地质推断图

在测线范围内浅表主要为岩浆岩,以中生代早白垩纪辉长岩、闪长岩为主,岩体自南向北逐渐增厚,岩体整体电阻率较高。在测点 170 处的 288 钻孔,对其揭露的白云质结晶灰岩、竹叶状灰岩及石灰岩地层进行抽水试验,可知该处单井水量为 130.464m³/d,出水量少,同时对应广域电磁法探测电阻率较高,二者互相吻合。

在山东师范大学(千佛山校区)以北,测点 218~448 范围内存在一处低阻异常,标高−350~−100m,主要存在于炒米店组地层,电阻率为 10~30Ω·m,推断此处岩溶发育,富水性强。

2）地下轨道交通建设对泉水影响分析

（1）地层结构

V3 线是沿历山路自经十一路向北延伸至大明湖路一带进行的广域电磁法探测路段，全长 3.4km。经十一路至和平路段，基底基岩为三山子组灰岩，顶板埋深 4～18m；和平路—大明湖路段，基底基岩为辉长岩，顶板埋深从南往北逐渐加深。

（2）地下轨道交通对泉水的影响

和平路以南段，地下隧道穿过第四系松散层和灰岩层；和平路以北段，地下隧道穿过第四系松散层和辉长岩风化层，部分完整辉长岩体。历山路泉水保护敏感段为经十路—解放路段，该路段的灰岩顶板最小埋深为 4.8m。轨道交通建设局部会进入灰岩层，可能会对岩溶水径流及存储产生影响。

轨道交通施工时需要进行工程降水，抽降岩溶水可能会在一定程度上影响泉水的喷涌。在埋深 10m 切片可以看出历山路与解放路交叉路口（省话剧院南）富水性较好，推断在该处连通了东西部的富水区，因此在该位置施工时需要采取一定的措施，以免对东西向的地下水径流产生影响。同时施工过程中需要注意环境保护，避免对泉水造成污染。

（3）地下岩溶对轨道交通建设的影响

历山路与和平路交叉路口南发育有无填充物的溶洞，在该线路进行轨道交通建设时需要注意溶洞和岩溶水的影响，以免造成工程突水。

综上，该线路进行轨道交通建设时需采取必要的措施，以免影响泉水喷涌。另外，可开展进一步工作确定历山路和解放路交叉路口的地下水径流通道。

10. 小结

研究区内寒武系炒米店组至奥陶系马家沟群各组，地层岩性均为可溶性较强的灰岩、白云质灰岩、灰质白云岩及白云岩，中间没有稳定的隔水地层，形成统一连续的巨厚碳酸盐岩类裂隙岩溶含水岩组；张夏组鲕状灰岩因其顶部崮山组页岩、底部馒头组页岩皆为隔水地层，形成一单独的裂隙-岩溶含水岩组，整体上形成了研究区域内浅部低阻-深部高阻的二元电性结构（图 5.2-11）。

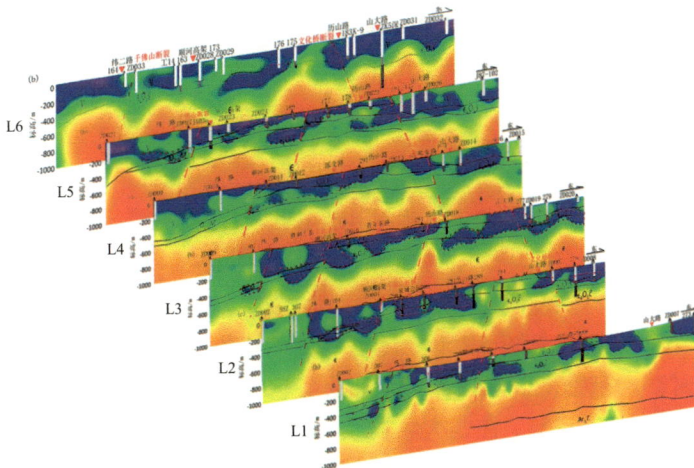

图 5.2-11　广域电磁勘探 L 线联合剖面图

5.2.2 广域电磁法水平切片解译

济南四大泉群附近一带,含水岩层以奥陶-寒武系三山子组白云岩和白云质灰岩为主,受千佛山断裂、文化桥断裂和其他局部小断裂的切割,岩溶比较发育。基于广域电磁探测三维电性数据体,根据不同深度获取研究区内电阻率的等埋深切片、水平切片,结合已有钻孔、水文资料进行综合分析。针对中心城区地铁建设重点关注的浅层,在埋深 30m 以浅以 10m 为间隔获取等埋深切片;同时,在标高−20m 以浅以 10m 为间隔获取水平切片。标高−400~−50m 之间以 50m 为间隔获取水平切片,深部以 100m 或 200m 间隔获取水平电阻率切片,共获得 18 个主要电阻率切片,以下将针对不同深度电阻率切片进行分析研究。

1. 埋深 10m 切片

埋深 10m 时电阻率切片见图 5.2-12,中心城区的电阻率整体较低,但受地表第四系地层和地形条件变化等影响,富水性有所差别,局部电阻率有所不同。此时研究区内低阻区域主要集中在千佛山断裂和文化桥断裂两侧及中间,说明该部分位置浅表富水性较好。

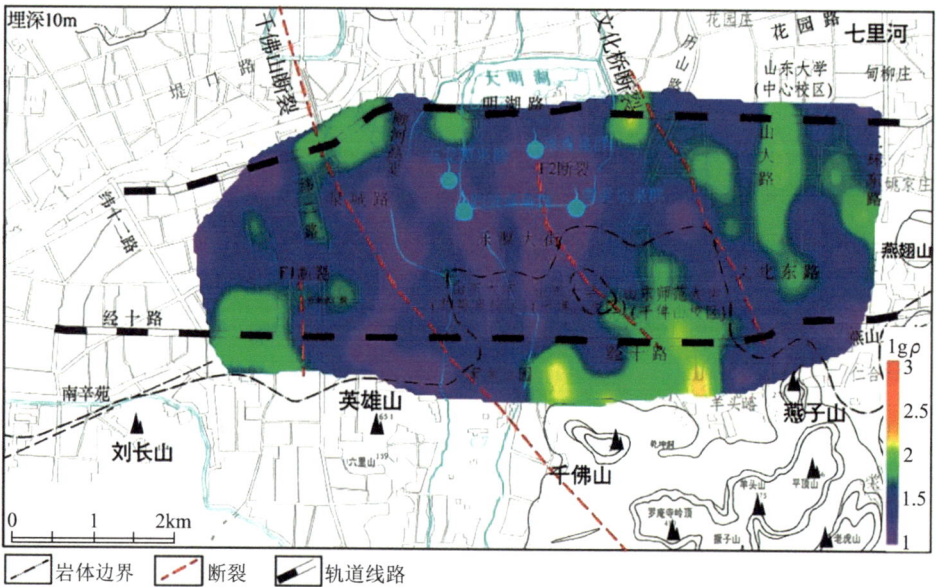

图 5.2-12　埋深 10m 电阻率切片图

2. 埋深 20m 切片

埋深 20m 时电阻率切片见图 5.2-13,随着深度的增加,较埋深 10m 时研究区局部电阻率有所变化。此时在山东师范大学(千佛山校区)及其附近区域电阻率仍呈现相对高阻,推断在埋深 20m 时富水性一般。在四大泉群及附近位置,沿千佛山断裂和文化桥断裂一带及附近、岩浆岩与灰岩接触带及附近、山东大学(千佛山校区)等位置也表现为低电阻率的特征,此时地层富水性强。

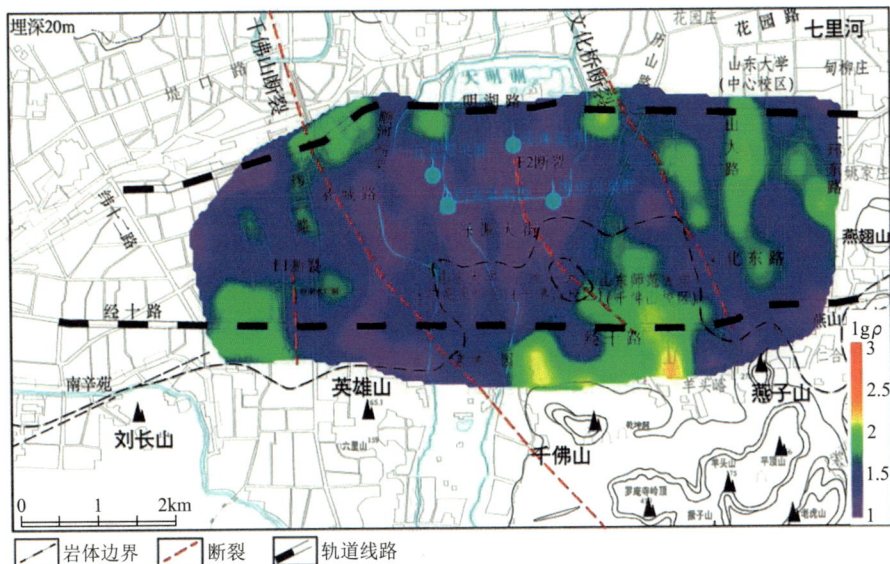

图 5.2-13　埋深 20m 电阻率切片图

3. 埋深 30m 切片

埋深 30m 时电阻率切片见图 5.2-14，随着深度的增加，较埋深 20m 时研究区局部电阻率有所增加，说明下部地层富水性较第四系有所减弱。此时在四大泉群及附近位置，沿千佛山断裂和文化桥断裂一带及附近、岩浆岩与灰岩接触带及附近、山东大学（千佛山校区）等位置仍表现为低电阻率的特征，说明此时地层富水性强。根据以往钻孔资料揭露，中心城区浅部岩溶发育形态以蜂窝状溶洞为主，并发育少量较大溶洞，富水性好。在山东大学（趵突泉校区）南埋深 19～58m 范围内，裂隙/蜂窝状溶洞发育，连通性好；在燕山立交处埋深 35～43m 深范围内，裂隙发育，在埋深 52～54m、66～68m 范围内，发育数个溶洞。

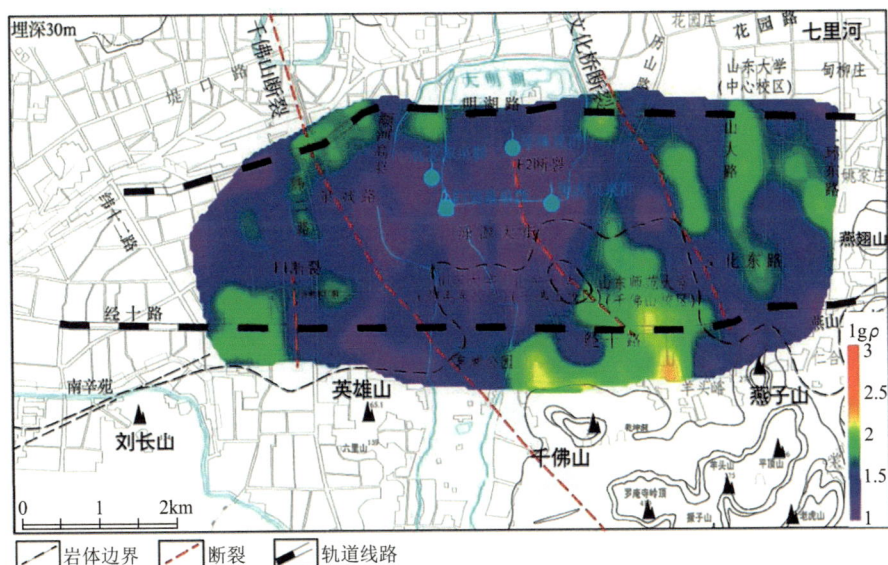

图 5.2-14　埋深 30m 电阻率切片图

4. 标高 20m、10m 时水平切片

标高 20m、10m 时电阻率水平切片见图 5.2-15、图 5.2-16，中心城区的电阻率整体较低，但受岩层破碎程度、地形条件变化等影响，地层富水性有所差别，电阻率有略微不同。

在山东师范大学（千佛山校区）及其附近区域电阻率相对其他位置较高，推断该位置浅表岩溶不发育，富水性一般。在四大泉群及附近位置，表现为极低电阻率，与实际富水性极强的情况相吻合；沿千佛山断裂和文化桥断裂一带及附近、岩浆岩与灰岩接触带及附近、山东大学（趵突泉校区）、山东大学（千佛山校区）等位置也表现为极低、低电阻率的特征，推断是受构造活动影响，岩体和地层相对破碎，裂隙和岩溶发育，富水性强。

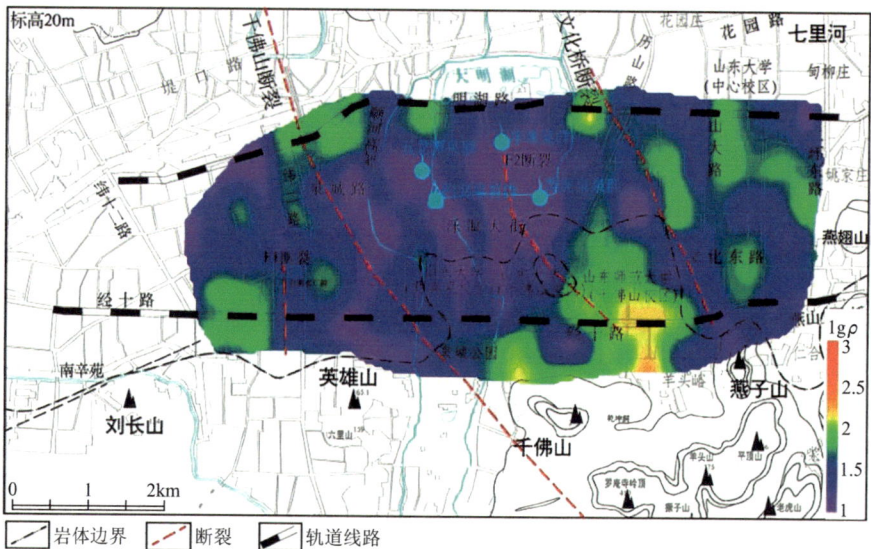

图 5.2-15　标高 20m 电阻率水平切片图

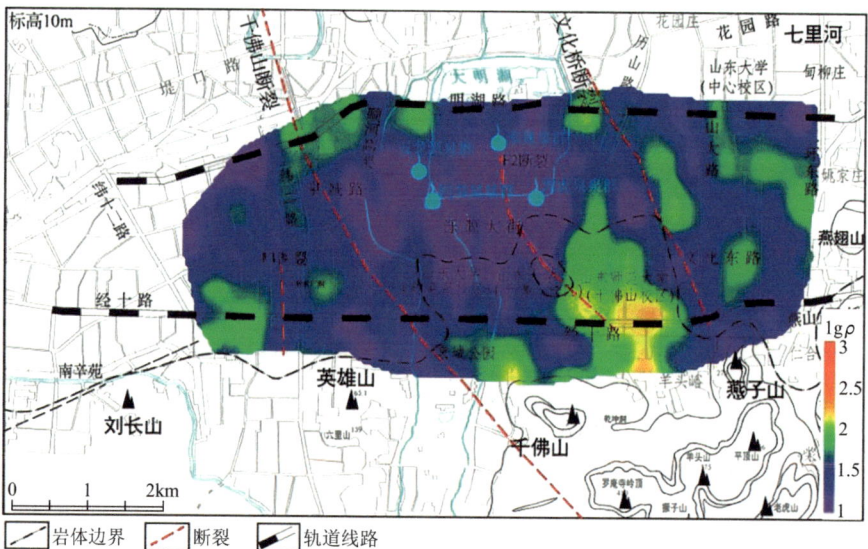

图 5.2-16　标高 10m 电阻率水平切片图

5. 标高 0m 时水平切片

标高 0m 时电阻率水平切片见图 5.2-17，此时中心城区的电阻率较标高 10m 时有所增加。在四大泉群及周边位置的电阻率明显有所增加，推断随着深度的增加地层的富水性有所减弱。但此时研究区电阻率仍整体较低，中心城区在浅层富水性整体很好。

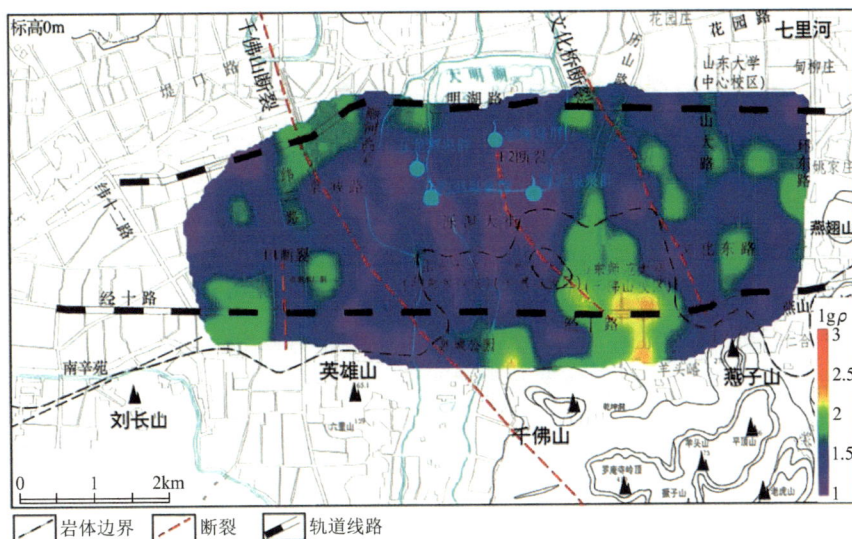

图 5.2-17　标高 0m 电阻率水平切片图

（1）岩体边界

研究区内岩浆岩主要分布于东西部和北部地区，岩体东到燕山立交桥—葛家庄—甸柳庄东一带，南部接触带西起南辛苑，经英雄山北—泉城公园北部—山东大学（趵突泉校区）西部—山东大学（千佛山校区）北部—泺源大街—泺源大街与历山路交汇处南部—羊头峪东沟街—燕子山路与经十路交汇处一带，为济南岩体的一部分，被第四系覆盖，侵入奥陶-寒武系灰岩，埋深由南至北逐渐增加，上部普遍分布有厚度不均的风化层。岩体上部多为全风化岩体，原岩结构构造已风化破坏，矿物成分已蚀变，裂隙发育，岩芯呈砂土状，具可塑性，干钻可钻进，岩体极破碎。泺源大街及以南位置岩体较薄，厚度在 2~30m 不等，岩体风化严重，风化层厚度在 2~40m，下部为奥陶-寒武系灰岩。

泉城公园—山东大学（趵突泉校区）以西岩体埋深约 500m 以浅，主要为中生代早白垩纪的辉长岩、闪长岩，岩体呈舌状顺层侵入奥陶系灰岩，残留较薄的马家沟群地层。侵入岩体多呈层状产出，部分位置存在岩浆岩-灰岩互层，地层整体呈现西低东高的形态，岩体厚度往东逐渐减薄。泺源大街及以南位置岩体埋深由南至北逐渐增加，岩体整体较薄，厚度在 2~30m 不等，岩体风化严重，风化层厚度在 2~40m，下部为奥陶-寒武系灰岩。羊头峪东沟街以东岩体埋深 250m 以浅，主要为中生代早白垩纪的辉长岩、闪长岩，侵入奥陶系灰岩，该区域内奥陶系灰岩未见残留，岩体直接与寒武系三山子组灰岩接触。地层整体呈现西低东高的形态，岩体厚度往东逐渐变厚。

（2）断裂分布

F1 断裂由测线 L1、L2、L3 控制，地表位于 L1 线 208 测点、L2 线 216 测点、L3

224 测点。断裂走向为近南北向，倾向西南，倾角 30°～40°，为正断层，推断断裂延深约 700m，断距 30～50m。该断裂位于研究区西部，自八一立交桥西侧穿过经十路至建国小经三路，为第四系覆盖的隐伏断层，沿断裂有明显低阻异常，推断断层导水性较好。

千佛山断裂由测线 L1～L6 控制，地表位于 L1 线 396 测点、L2 线 380 测点、L3 线 352 测点、L4 线 324 测点、L5 线 308 测点、L6 线 288 测点。断裂自山东大学（趵突泉校区）西侧、玉函立交桥东侧穿过，为第四系覆盖的隐伏断层。走向为北西向，倾向西南，倾角 65°～70°，为正断层，推断断裂延深超过 1000m，断距 150～200m，错断了岩浆岩、奥陶纪-寒武纪各群组及泰山岩群地层，推断断层导水性较好。

F2 断裂由测线 L2～L5 控制，地表位于 L2 线 640 测点、L3 线 568 测点、L4 线 532 测点、L5 线 536 测点。断裂走向为北西向，倾向北东，倾角 35°～45°，为正断层，推断延深约 700m，断距 40～60m，错断岩浆岩、奥陶纪马家沟群、九龙群及长清群地层。断裂自经十路以南穿过泺源大街至芙蓉巷，为第四系覆盖的隐伏断层。

文化桥断裂由测线 L2～L6 控制，地表位于 L2 线 772 测点、L3 线 752 测点、L4 线 724 测点、L5 线 716 测点、L6 线 744 测点。断裂自山大路与经十路交汇处东侧穿过至历山路以西，为第四系覆盖的隐伏断层。走向为北西向，倾向北东，倾角 60°～65°，正断层，推断延深约 700m，断距约 80m。

6. 标高−10m、−20m 时水平切片

标高−10m、−20m 时电阻率水平切片见图 5.2-18、图 5.2-19，中心城区的电阻率整体较低，但受深度、岩层破碎程度、岩溶发育程度、地形条件变化等影响，地层富水性有所差别，电阻率有略微不同。在山东师范大学（千佛山校区）及其附近区域电阻率相对其他位置较高，推断该位置浅表岩溶不发育，富水性一般。在四大泉群及附近位置，表现为极低电阻率，与实际富水性极强的情况相吻合。

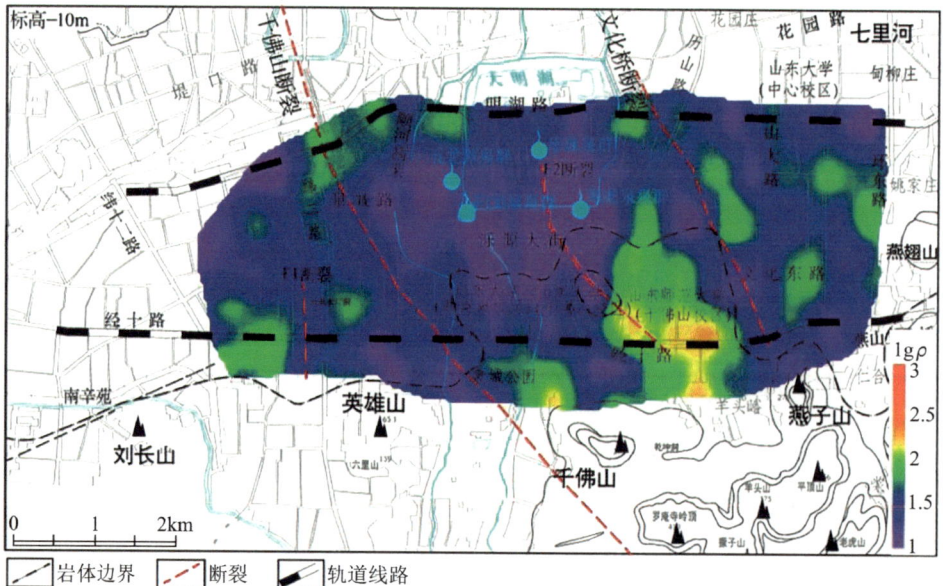

图 5.2-18　标高−10m 电阻率水平切片图

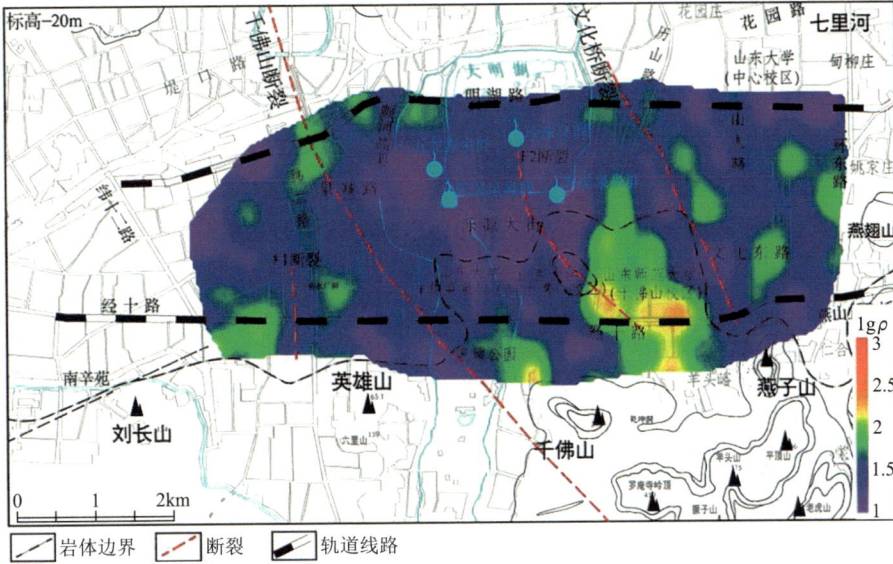

图 5.2-19　标高−20m 电阻率水平切片图

1）标高−50m 时水平切片

随着深度的增加，在标高−50m 时（图 5.2-20）电阻率有所增加，但此时中心城区仍表现为较低电阻率。此时在山东师范大学（千佛山校区）及其附近区域电阻率仍呈现相对高阻，推断在标高−50m 时该位置岩溶不发育，富水性一般。在四大泉群及附近位置，沿千佛山断裂和文化桥断裂一带及附近、岩浆岩与灰岩接触带及附近、山东大学（千佛山校区）等位置也表现为低电阻率的特征，此时地层岩溶发育，富水性强。

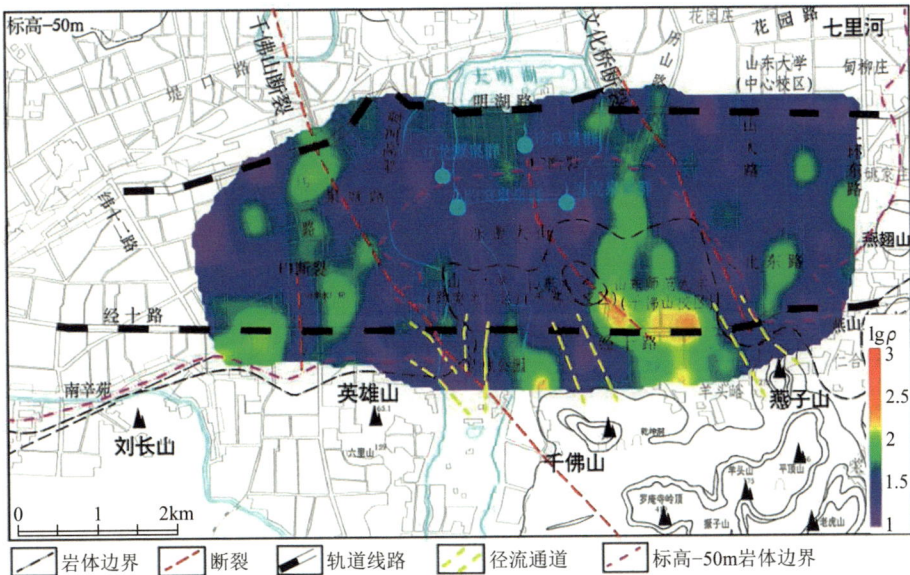

图 5.2-20　标高−50m 电阻率水平切片图

（1）主径流通道

在标高−50m 时，推断四大泉群的主径流通道主要有三条：一是沿千佛山断裂、西侧

75

岩浆岩与灰岩接触带的通道，其中具体通道又可细分为两条，分别是泉城公园北门正下方存在的近南北向径流通道和英雄山东北部的沿千佛山断裂方向的径流通道等；二是在山东大学（千佛山校区）位置，来自千佛山断裂和文化桥断裂之间的灰岩地层岩溶裂隙水补给；三是在燕子山以北位置，沿文化桥断裂、东侧岩浆岩与灰岩接触带补给。

（2）岩体边界

在标高−50m时，岩浆岩边界整体往北推移，特别是在千佛山断裂和文化桥断裂中间位置，岩体边界往北缩进700~1200m，此时岩体自西向东沿建宁路至经十一路至泉城公园一带，往北沿顺河高架至泺源大街以北一带，往东至历山路，往南至和平路沿羊头峪东沟街至经十路和二环东高架一带。主要为中生代早白垩纪的辉长岩、闪长岩，岩体呈舌状顺层侵入奥陶系灰岩，残留较薄的马家沟群地层，地层整体呈现西低东高的形态，岩体厚度往东逐渐减薄。

2）标高−100m时水平切片

标高−100m电阻率水平切片见图5.2-21，中心城区的电阻率整体仍呈现低阻特征。在山东师范大学（千佛山校区）及其附近区域电阻率依旧相对较高，表明在标高−100m时，富水性一般；四大泉群及附近、千佛山断裂和文化桥断裂沿线及附近、岩浆岩与灰岩接触带及附近仍呈现低电阻率特征，但相对标高−50m时有所增加，表明此时这部分区域富水性较标高−50m时有所下降，但整体仍普遍含水、岩溶普遍发育。

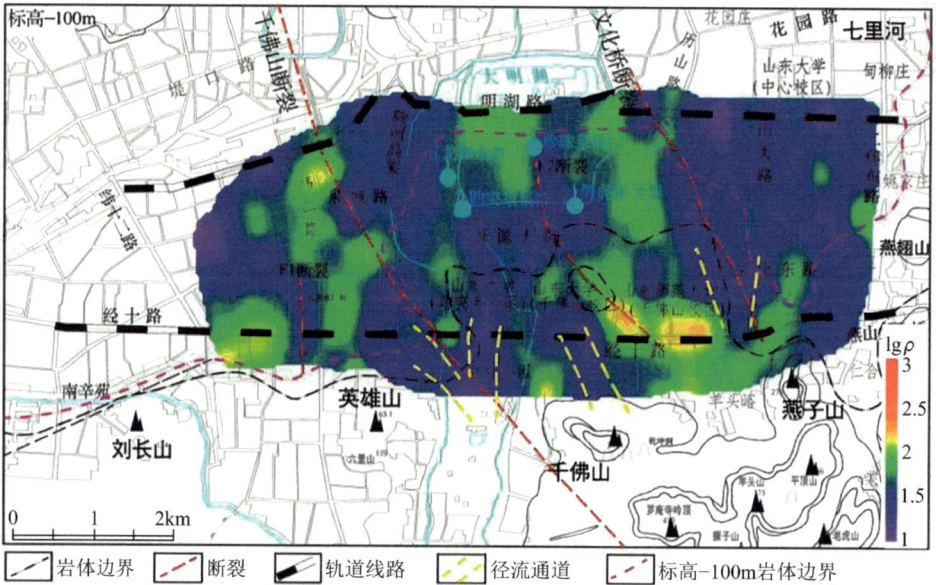

图 5.2-21　标高−100m电阻率水平切片图

（1）主径流通道

在标高−100m时，推断此时四大泉群的主径流通道仍来自三个方向，但受岩层破碎程度、岩溶发育程度、地形条件变化等影响，地层富水性有所差别，通道位置较标高−50m时有所变化。一是沿千佛山断裂、研究区西侧岩浆岩与灰岩接触带附近径流通道，其中径流通道又可细分为两条，分别是泉城公园北门正下方存在的近南北向径流通道和山东大学（趵突泉校区）以西的沿千佛山断裂方向的径流通道等。二是在山东大学（千佛山校区）南部，来自千佛山断裂以东灰岩地层岩溶裂隙水，但此时该通道电阻率较标高−50m时有所增加，与泉群之间的水力联系有所减弱。三是在山大路与经十路交汇处以西位置，沿文化桥断裂、东侧岩浆岩与灰岩接触带补给。

（2）岩体边界

在标高−100m时，岩浆岩边界整体往北推移，特别是在千佛山断裂和文化桥断裂中间位置，岩体边界往北缩进约450m至四大泉群下游后宰门街附近，主要为中生代早白垩纪的辉长岩、闪长岩。

3）标高−150m时水平切片

标高−150m电阻率水平切片见图5.2-22，中心城区的电阻率整体较标高−100m时有所提升，但依然呈现整体低阻特征。此时，趵突泉、黑虎泉位置表现为低阻，表明富水性强；五龙潭、珍珠泉位置电阻率有所提升；千佛山断裂南部、文化桥断裂北部沿线整体仍呈低电阻率特征，此时岩溶仍发育，富水性强；但此时千佛山断裂北部和文化桥断裂南部沿线电阻表现较其他位置有所提高，推断该位置岩溶相对不发育，富水性一般。推断此时四大泉群附近、千佛山断裂沿线、岩浆岩与灰岩接触带、千佛山断裂和文化桥断裂之间的部分灰岩地层、文化桥断裂沿线等位置的岩溶发育区域减少。

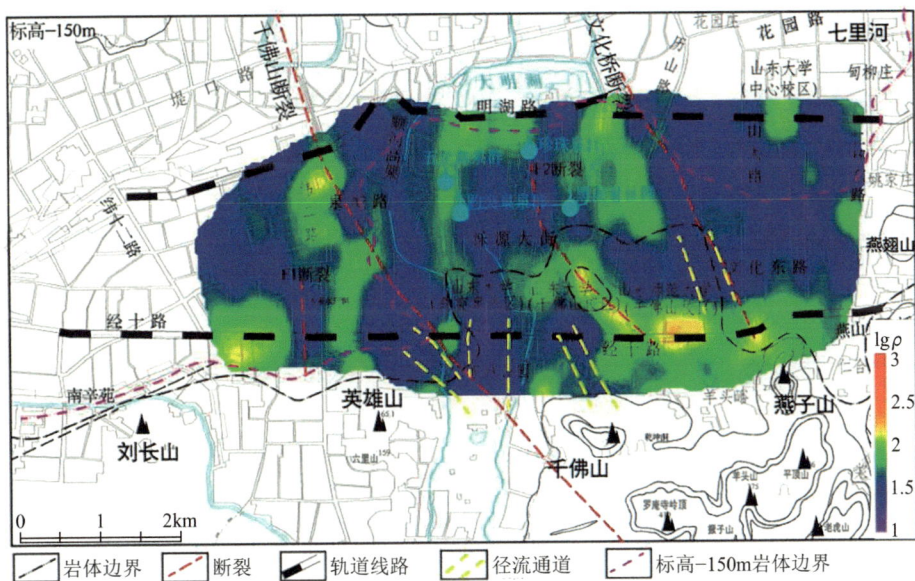

图 5.2-22　标高−150m 电阻率水平切片图

（1）主径流通道

在标高−150m时，推断此时四大泉群的径流通道主要是分为三个方向：一是沿千佛山断裂、西侧岩浆岩与灰岩接触带通道，其中向北延伸细分为两条，分别是泉城公园北门近南北向径流通道、英雄山东北部径流通道；二是在文化东路和山大路交叉路口以西，沿文化桥断裂、东侧岩浆岩与灰岩接触带部位的径流通道；三是千佛山以北，千佛山断裂以东灰岩地层岩溶裂隙水的径流通道。

（2）岩体边界

在标高−150m时，岩浆岩边界整体往北和东西两侧推移5～1270m不等，特别是在文化东路以北位置，岩体边界往北缩进 420～1270m 至马家庄以北，主要为中生代早白垩纪的辉长岩、闪长岩。

4）标高-200m 和-250m 时水平切片

标高-200m 和-250m 电阻率水平切片见图 5.2-23、图 5.2-24，中心城区的电阻率整体较标高-150m 时有所提升，但依然呈现整体低阻特征。四大泉群中珍珠泉位置表现为低阻，表明富水性强，趵突泉泉群、五龙潭泉群、黑虎泉泉群等位置电阻率较标高-150m 时有所升高；千佛山断裂、文化桥断裂北侧沿线部分位置电阻率较低，含水性较强；此时千佛山断裂以东灰岩地层无明显低阻区存在。

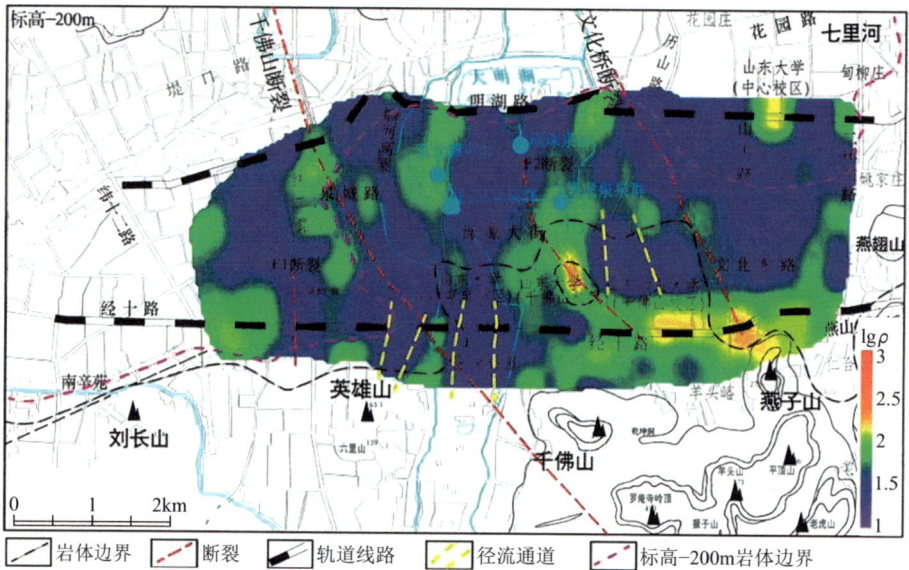

图 5.2-23　标高-200m 电阻率水平切片图

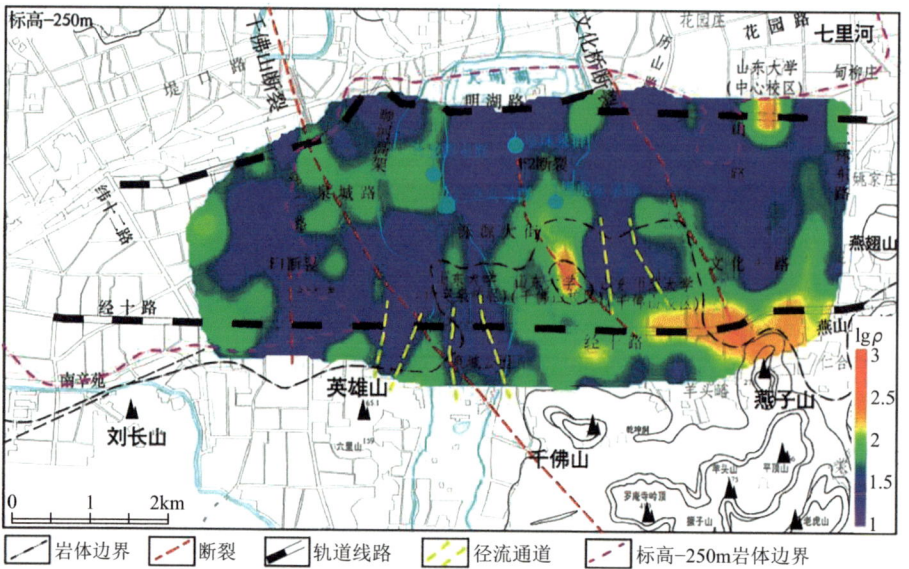

图 5.2-24　标高-250m 电阻率水平切片图

（1）主径流通道

在标高−200m 和 250m 时，推断此时四大泉群的径流通道主要是分为两个方向：一是沿千佛山断裂、西侧岩浆岩与灰岩接触带附近，位于泉城公园北门和英雄山北部的近南北向径流通道。二是靠近 F2 断裂，岩浆岩与灰岩接触带以南的灰岩岩溶水补给，位于山东师范大学（千佛山校区）。

（2）岩体边界

在标高−200m 时，岩浆岩边界整体往北和东西两侧推移 0～1000m 不等，主要为中生代早白垩纪的辉长岩、闪长岩。

在标高−250m 时，特别是在明湖路附近，岩体边界往北缩进 270～570m 至大明湖以北，马家庄以北位置岩体边界往北推移至山东大学（中心校区）南侧，主要为中生代早白垩纪的辉长岩、闪长岩。

5）标高−300m 时水平切片

标高−300m 电阻率水平切片见图 5.2-25，中心城区的电阻率整体有所提高，在山东大学（千佛山校区）电阻率明显提高，推断此时岩溶较标高−250m 时发育程度较低；在山东师范大学（千佛山校区）仍呈现高阻，电阻率整体较标高−250m 时有所增加，表明此时富水性更差，岩溶不发育。四大泉群中珍珠泉位置仍表现为相对低阻，表明富水性强；千佛山断裂东侧、文化桥断裂北侧沿线部分段落含水，相比标高−250m 含水段减少，推断此时岩溶相对不发育。

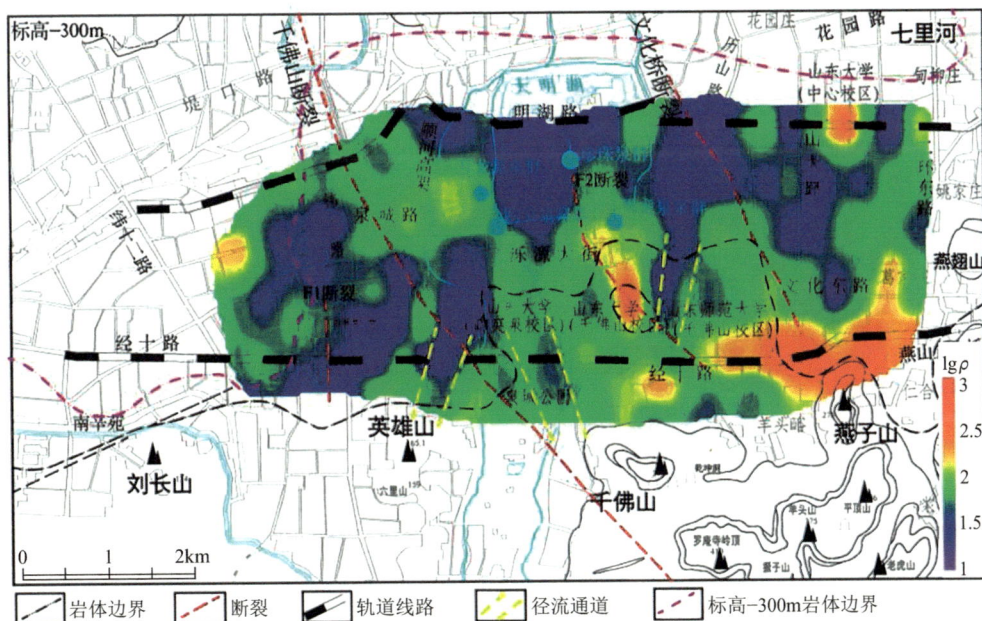

图 5.2-25　标高−300m 电阻率水平切片图

（1）主径流通道

在标高−300m 时，推断此时四大泉群的径流通道主要分为两个方向：一是沿千佛山断裂、西侧岩浆岩与灰岩接触带附近，主要沿英雄山北部，其次沿泉城公园北门，此时径流通道较标高−250m 时明显减弱；二是在 F2 断裂附近，岩浆岩与灰岩接触带以南的灰岩岩溶水补给，位于山东师范大学（千佛山校区）。

（2）岩体边界

在标高−300m 时，岩浆岩边界整体往北和东西两侧推移 0～720m 不等，主要为中生代早白垩纪的辉长岩、闪长岩，此时区内仅剩纬二路以西存在部分岩体。

6）标高−400m 水平切片

标高−400m 电阻率水平切片见图 5.2-26，中心城区的电阻率较标高−300m 时有所提高，此时研究区内整体电阻率较高，推断此时岩溶普遍不发育。在山东大学（趵突泉校区）和山东师范大学（千佛山校区）位置电阻率有明显提高，高阻区域范围增加，推断此时该位置岩溶普遍不发育，含水性较差。四大泉群中五龙潭、黑虎泉位置表现为相对高阻，表明富水性较差，珍珠泉位置电阻率相比标高−350m 切片有所提高；千佛山断裂、文化桥断裂沿线电阻率均有所增加，表明此时区域富水性一般，推断在标高−400m 时研究区内岩溶不发育；主要径流通道处均表现为高阻，表明此时四大泉群泉水无补给。

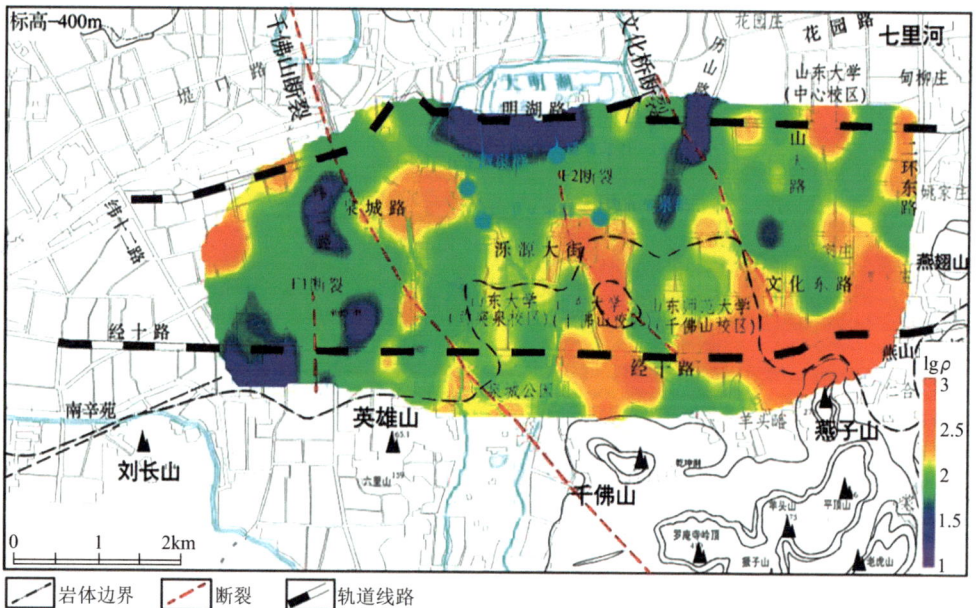

图 5.2-26　标高−400m 电阻率水平切片图

7）其他深度水平切片

标高−500m、−600m、−800m、−1000m 电阻率水平切片见图 5.2-27～图 5.2-30，中心城区的电阻率整体表现为相对高阻，推断在标高−500m 及以下深度时，整体岩溶不发育，富水性差。仅少部分区域呈现相对低阻，推断富水性较好，岩溶相对发育。四大泉群位置均表现为相对高阻，表明富水性较差，且随着深度增加电阻率逐渐提高；千佛山断裂、文化桥断裂沿线均表现为高阻，表明富水性差；在标高−500m 及以下深度主要径流通道处均表现为高阻，表明四大泉群泉水无补给。

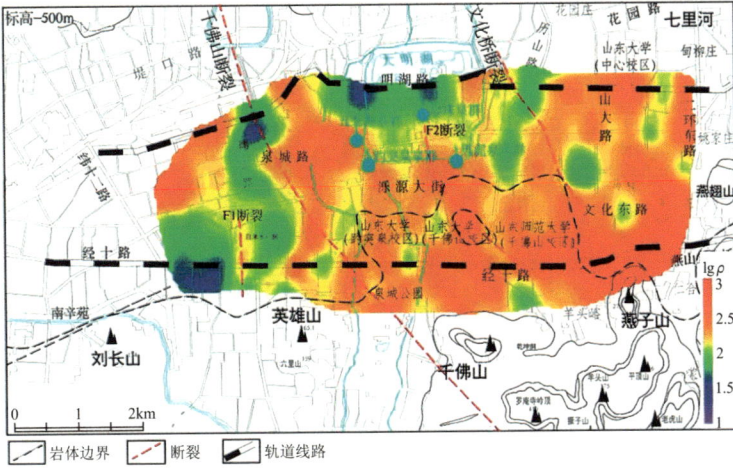

图 5.2-27　标高−500m 电阻率水平切片图

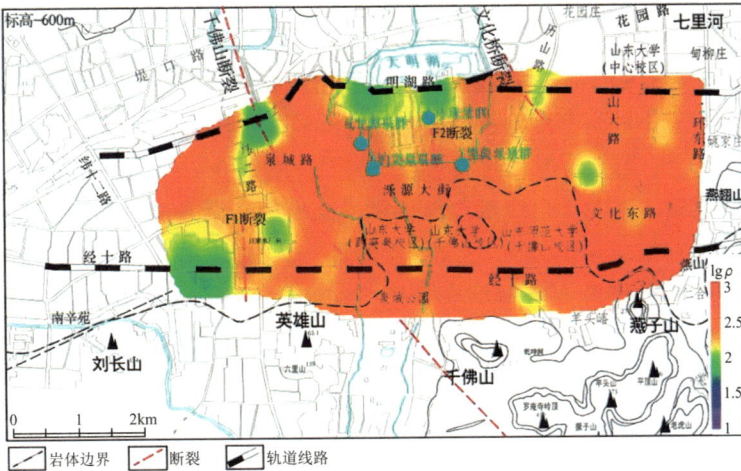

图 5.2-28　标高−600m 电阻率水平切片图

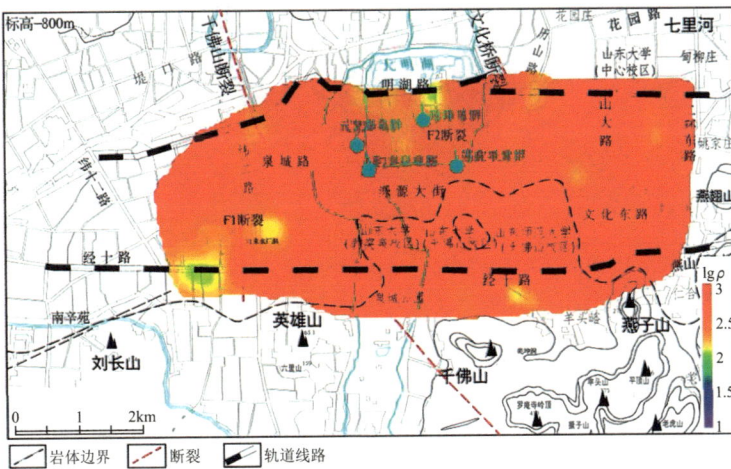

图 5.2-29　标高−800m 电阻率水平切片图

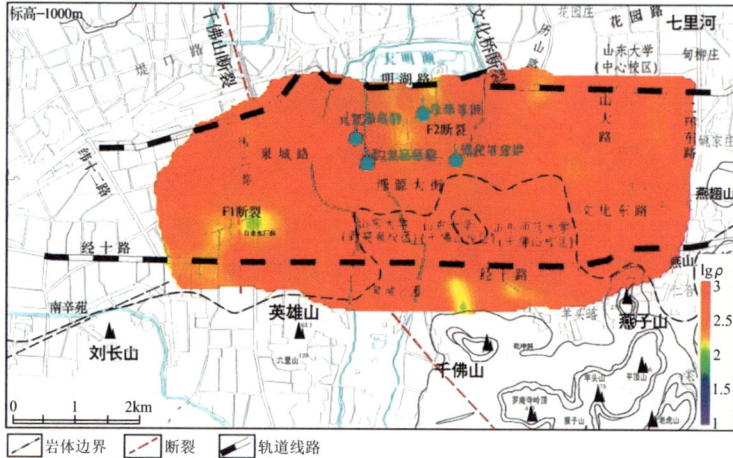

图 5.2-30　标高−1000m 电阻率水平切片图

5.2.3　高密度电法成果解译

本次工作目的是查明千佛山广场岩溶发育区分布情况，为千佛山广场建设提供理论支撑，共计完成实物工作量高密度电法物理点 92 个，测线总长度为 460m。

G01 线位于经十一路上，近东西向布设，剖面长度 200m。由图 5.2-31 可以看出，剖面视电阻率值变化明显，纵向上自浅部至深部视电阻率值逐渐升高，显示了第四系、基岩电性分布特征。

结合地质资料及前期勘探资料综合分析，在测线位置 55～90m、AB/2 为 35～50m（24.5～35m）及测线位置 102～163m、AB/2 为 30～45m（21～31.5m）处视电阻率较低，呈 V 形异常，推测为岩溶发育区。

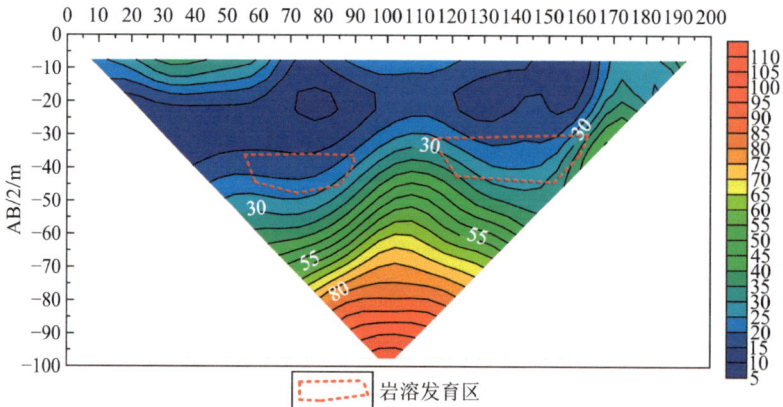

图 5.2-31　G01 线视电阻率等值线图

G04 线位于千佛山上，近南北向布设，剖面长度 260m。由图 5.2-32 可以看出，剖面视电阻率值变化明显，纵向上自浅部至深部视电阻率值逐渐升高，显示了第四系、基岩电性分布特征。

结合地质资料及前期勘探资料综合分析，在测线位置 30～45m、AB/2 为 18～25m

（12.6～17.5m），测线位置 80～106m、AB/2 为 50～65m（35～45.5m）及测线位置 160～
205m、AB/2 为 40～55m（28～38.5m）处视电阻率较低，呈 V 形异常，推测为岩溶发育区。

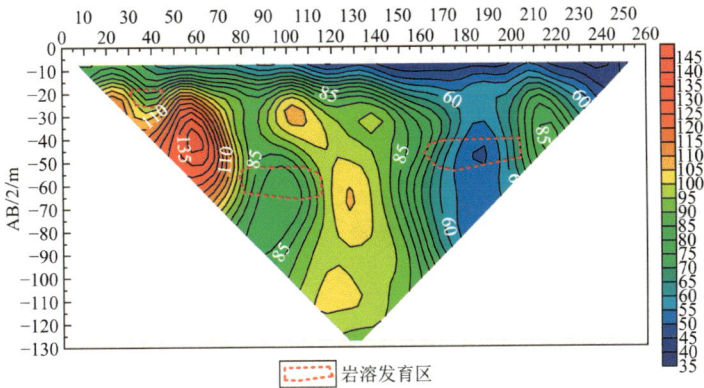

图 5.2-32　G04 线视电阻率等值线图

5.2.4　浅层地震法成果解译

本次工作目的是查明千佛山广场岩溶发育区分布情况，为千佛山广场建设提供理论支
撑，共计完成实物工作量浅层地震法测线总长度为 3000m。

D01-1 线资料解释：由图 5.2-33 可以看出，T1 轴测线位置 14～26m、时间 15～30ms
（埋深 12～24m），测线位置 126～148m、时间 15～40ms（埋深 12～32m），测线位置 190～
210m、时间 15～45ms（埋深 12～36m），测线位置 288～322m、时间 40～55ms（埋深 32～
44m），测线位置 422～500m、时间 40～50ms（埋深 32～40m），测线位置 640～682m、时
间 45～60ms（埋深 36～48m）及测线位置 804～820m、时间 20～25ms（埋深 16～20m），
同相轴明显缺失、错段，推测该区域为溶蚀发育区；T2 轴测线位置 10～36m、时间 40～
50ms（埋深 33～42m），测线位置 270～310m、时间 70～90ms（埋深 53～71m），测线位置
410～460m、时间 60～80ms（埋深 49～58m），测线位置 650～720m、时间 90～105ms（埋
深 71～89m），及测线位置 804～816m、时间 50～60ms（埋深 42～52m），同相轴明显缺
失、错段，推测该区域为溶蚀发育区。

D03 线资料解释：由图 5.2-34 可以看出，测线位置 4～20m、时间 30～70ms（埋深 24～
56m），测线位置 146～164m、时间 50～75ms（埋深 40～60m）及测线位置 240～304m、
时间 25～50ms（埋深 20～40m），同相轴明显缺失、错段，推测该区域为溶蚀发育区。

D04 线资料解释：由图 5.2-35 可以看出，T1 轴测线位置 200～228m、时间 45～60ms
（埋深 36～48m）范围内，同相轴明显缺失，推测该区域为溶蚀发育区；T2 轴测线位置 60～
70m、时间 60～70ms（埋深 49～58m），测线位置 90～120m、时间 60～70ms（埋深 49～
58m）及测线位置 200～228m、时间 70～90ms（埋深 58～76m）范围内，同相轴明显缺失，
推测该区域为溶蚀发育区。

D06 线资料解释：由图 5.2-36 可以看出，T1 轴测线位置 116～120m、时间 20～30ms
（埋深 16～24m），测线位置 158～170m、时间 25～30ms（埋深 20～24m）范围内，同相轴
明显缺失，推测该区域为溶蚀发育区；T2 轴测线位置 102～124m、时间 75～80ms（埋深
50～67m），同相轴明显缺失，推测该区域为溶蚀发育区。

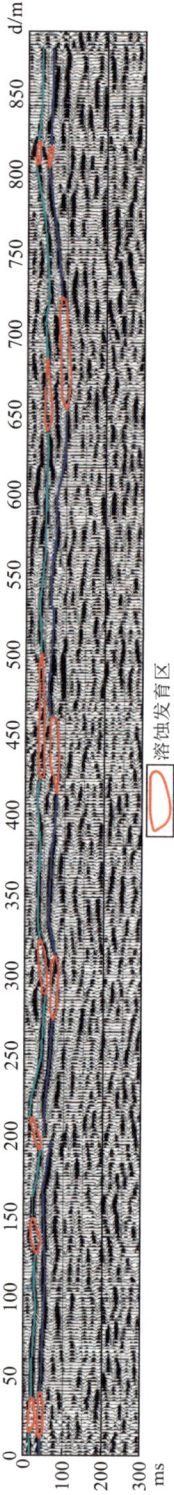

图 5.2-33
D01-1 线地震剖
面图

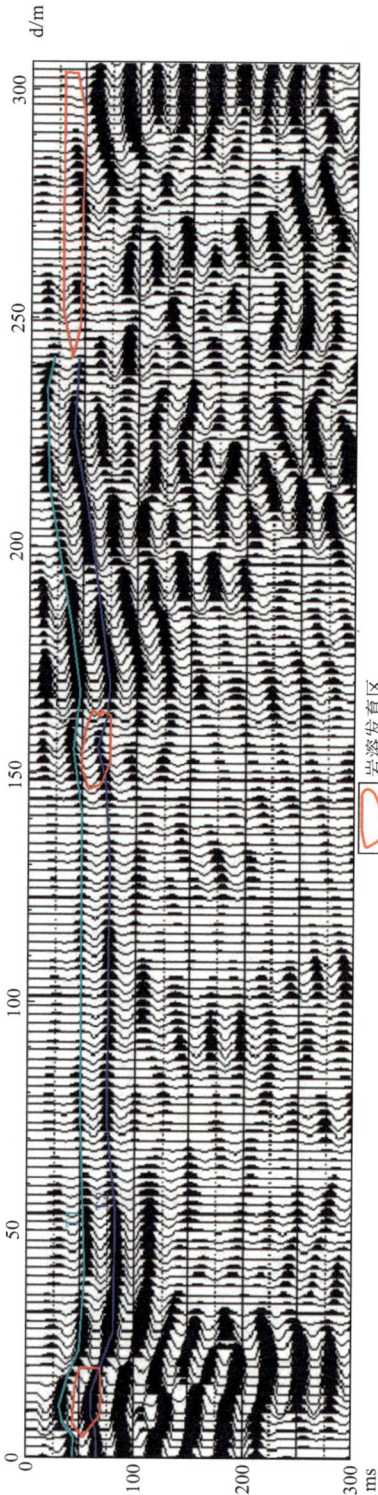

图 5.2-34　D03 线地震剖面图

图 5.2-35　D04 线地震
剖面图

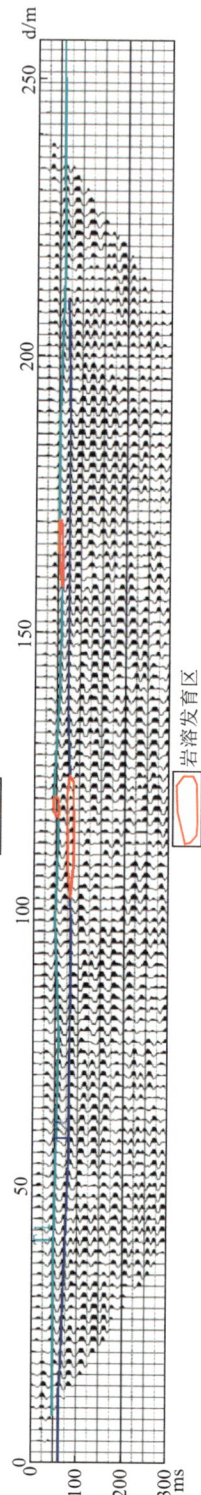

图 5.2-36　D06
线地震剖面图

5.3　本章小结

1. 岩体分布情况

根据钻孔揭露,研究区中部零星分散埋深 5m 以浅的侵入岩,主要位于山东大学(千佛山校区)附近,多为全风化和中风化的辉长岩,原岩结构构造基本破坏,成分已蚀变,下部混较多白云质灰岩,岩芯多呈砂状,少量呈碎块状。

2. 断裂分布情况

研究区内推断有千佛山断裂和文化桥断裂两条主断裂,F1 断裂和 F2 断裂两条小断裂,均为正断层。

F1 断裂位于研究区西部,自八一立交桥西侧穿过经十路至建国小经三路,为第四系覆盖的隐伏断层,推断断层导水性较好。推断断裂走向为近南北向,倾向西南,倾角 30°～40°,为正断层,断裂延深约 700m,断距 30～50m。

千佛山断裂自泉城公园往北至山东大学(趵突泉校区)西侧、玉函立交桥东侧和山东省济南中学东南角穿过,东侧浅部为隐伏的九龙群三山子组,西侧浅部为侵入岩体。推断断裂走向为北西向,倾向西南,倾角 65°～70°,为正断层。推断断裂延深超过 1000m,断距 150～200m,错断了奥陶纪-寒武纪各群组,导致浅部马家沟群至炒米店组的含水地层与深部张夏组、馒头组等地层连通。

F2 断裂自经十路以南穿过泺源大街至芙蓉巷,为第四系覆盖的隐伏断层。推断断裂走向为北西向,倾向北东,倾角 35°～45°,为正断层,推断延深 700m,断距 40～60m,错断岩浆岩、奥陶纪马家沟群、九龙群及长清群地层。

文化桥断裂在研究区内自山大路与经十路交汇处东侧穿过,经山东省人民警察培训学院北侧延伸至大明湖东侧并向北延伸,为第四系覆盖的隐伏断层,东侧浅部为侵入岩体,西侧浅部为隐伏的三山子组。推断断裂走向为北西向,倾向北东,倾角 60°～65°,为正断层。推断延深约 700m,断距约 80m,错断奥陶纪马家沟群、九龙群及长清群地层,连通了浅部马家沟群至炒米店组的含水地层与深部张夏组和馒头组地层。

3. 径流通道

研究区四大泉群及附近、千佛山断裂和文化桥断裂沿线、岩浆岩与灰岩接触带、千佛山断裂和文化桥断裂之间的部分灰岩地层等位置在标高 0～−250m 时岩溶发育。在标高 −300m 时,仅剩西侧岩浆岩与灰岩南北向接触带、文化桥断裂沿线北部等位置岩溶相对发育。在标高−400～−1000m 时,研究区电阻率整体表现为高阻,推断此时岩溶不发育。

Chapter 6

第 6 章

基坑原位降水回灌
关键技术及装备

基坑工程中，基坑降水会降低基坑周围地下水位，引起周围地基中原水位以下土体的有效自重应力增加。地基土体固结过程会造成周围地面和建（构）筑物产生不均匀沉降，导致周围土体和支护结构的强度与稳定性变化。基坑降水极大浪费水资源，容易造成地下水资源渐渐枯竭。同时，地下工程建设改变了原始的地质环境，故而会对城市地质环境及地下水渗流条件造成影响。

为了消除基坑降水对基坑周围环境的影响以及水资源严重浪费的情况，近年来多采用回灌法来消除此类危害。回灌法以其经济、简便、可行的特点优于其他方法，该法借助于工程措施，将水引渗于地下含水层，补给地下水，从而稳定和抬高局部因基坑降水而降低的地下水位，防止地下水位降低产生不均匀沉降。由于地域及地质条件的差异性，不同地区常采用不同的降水回灌方法与设计方案。

6.1 基坑降水回灌概述

6.1.1 基坑降水回灌技术发展背景

城市的建设过程中，基坑工程大量涌现，导致基坑工程的安全问题不断增多，严重时将引起突涌、地面塌陷等问题，造成人力、物力和财力的损失。据统计发现，近一半的基坑安全事故与地下水有关，为了避免地下水对基坑施工过程产生消极影响，往往在基坑土方开挖前进行预降水。如今，基坑周围避免不了地下结构的存在，而基坑周围的地下结构必然会对基坑施工产生影响，这无疑对基坑变形及周围环境的控制提出了新的要求。

基坑工程分为预降水和开挖两个阶段。研究发现，仅开挖前的预降水就能引起围护结构和土层一定的变形。特别地，当围护结构未完全截断含水层时，基坑降水不仅可导致坑外水位下降并引发土体固结沉降，还可通过引发基坑围挡偏转并进而诱发坑外土体联动沉降，为此在基坑降水阶段对基坑变形进行控制，是对后续工程安全施工的保障。为控制这一变形，工程中一方面通常采用设置止水帷幕来隔断坑内外的水力联系，控制坑外的水位变化，进而达到对坑外土体沉降的控制；另一方面通过布置支撑或内隔墙方式来对围护结构的变形进行控制，同时阻止坑外土体发生联动运动。但对于深基坑来说，设置止水帷幕成本过大，对于基坑内外存在水力联系的工程，墙顶第一道支撑对坑外地表沉降的控制效果相对较差。为此，许多学者提出了地下水回灌控水控沉的概念。

6.1.2 地下水回灌方法与作用

回灌是指为了某种目的采用一定的工程设施将地表水（或其他来源的水）引入地下含水层，增加地下水资源量的过程。回灌的主要目标有两个：补充地下水资源，增加地下水可开采资源量和地下水资源的储备量；稳定地下水位，缓解、控制或修复由地下水过量开采导致的环境负效应，如地面沉降、海水入侵等。

回灌可分为直接回灌和间接回灌两大类。直接回灌法是以完成地下水回灌为直接目的，包括地面入渗法和地下灌注法；间接回灌法指那些除达到工程设施本身的兴建目的外，同时也起到补充或增加地下水储量作用的方法，包括农田灌溉、造林绿化以及水库调流等。

地面入渗法又称浅层回灌法，是利用天然的河道、沟槽，较平整的草地，以及人工的池塘、水库等，常年或定期引蓄地表水，借助地表水和地下水之间的天然水头差，使之自然渗漏补给含水层，以增加含水层中地下水的储量。地面入渗法可因地制宜地利用自然条件，投资少、收益大、易管理，可作为景观，但占地面积大、效率低，控制不当会产生环境问题，故适用于地形平缓、坡度不大、渗透性较好的地层。

地下灌注法又称深层回灌法，是将回灌水源通过钻孔、大口径井或坑道等直接注入含水层中，除天然注入外，也经常采用人工加压注入。地下灌注法不受地形条件、地面弱透水层分布以及地下水位深度的限制，占地面积小，可向指定含水层集中回灌，但工程投资大、管理费用高、易发生堵塞问题，尽管如此，其在补给地下水源、建造阻止海水（或其他污水）入侵的地下水屏障以及为控制地面沉降等方面，仍然得到广泛使用。

随着城市地下空间资源利用程度的不断提高，城市基坑开挖的面积和深度也随之加大。为保障基坑工程的施工环境，基坑开挖常需进行降水施工。基坑降水虽然可以提高基坑的整体稳定性，但容易引起基坑周围建筑物产生不均匀沉降、开裂、倾斜，甚至坍塌，也容易造成地下水资源的极大浪费，进而加剧城市地下水资源的短缺。回灌把基坑降水抽出的地下水回补到下部含水层或工程场地外围的含水层中，不但可以减少对地下水资源的浪费，而且还可以局部抬高基坑周边因降水而降低的地下水位，控制土体变形，最大限度地减少其对邻近建筑物的影响。

6.2 基坑原位降水回灌关键装备技术组成及功能

针对传统回灌技术存在的抽灌分离、回灌效率低、运维成本高等缺点，研发了基坑降水回灌一体化系统及配套装备，如图 6.2-1 所示。基坑降水回灌一体化系统由抽水系统、综合处理系统、回灌系统三部分组成，其中综合处理系统主要由压力控制系统、净化过滤系统、回灌分流系统、自动监测系统、智能电控系统 5 个子系统组成（图 6.2-2）。各个系统连接降水井和回灌井，可以实现自动化控制管理，达到基坑降水与回灌一体化，减小基坑降水对周边环境的影响。

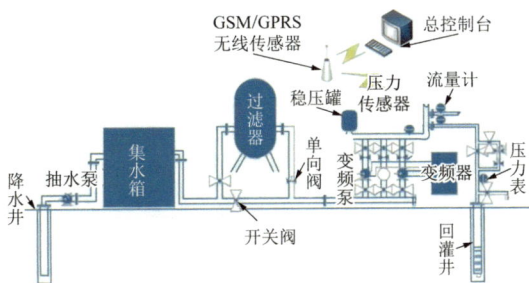

图 6.2-1 基坑回灌系统

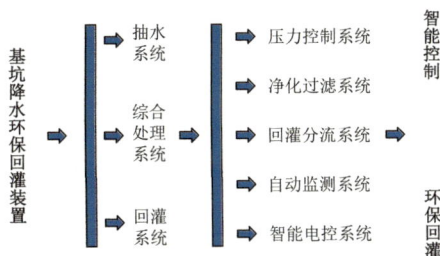

图 6.2-2 基坑降水回灌系统组成图

6.2.1 基坑原位降水回灌装备关键技术

1. 回灌水水质处理关键技术

根据基坑回灌工程的回灌水特点，一般水质处理分为物理处理和化学处理两种方式。物理处理，主要设置三级沉淀池，并结合粗、细滤网进行过滤，实现对白色垃圾、腐叶、砂石颗粒、泥土等大颗粒杂质的截留；化学处理，主要通过设置添加化学成分的过滤层（图6.2-3），依次截留回灌水中的颗粒悬浮物、胶体、铁锈、硅、锰、铝等杂质。

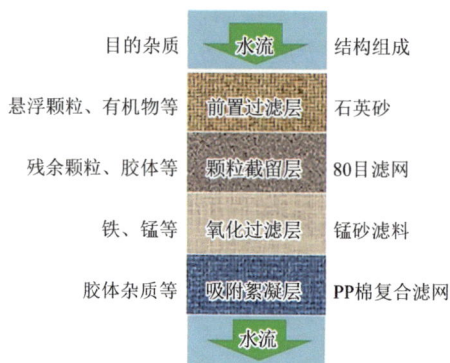

图 6.2-3　水质净化过滤原理

2. 水位联动回灌关键技术

为更精确地控制回灌井的回灌量，实现对周围环境的"无干扰式"回灌，减少回灌量过大而导致的地表隆起，防止因回灌量不足而导致的差异沉降，在观测井设置水位自动观测系统（图6.2-4），根据基坑周围的观测井水位变化趋势，动态调整回灌井的回灌量，实现单个回灌井的精细化、智能化控制。

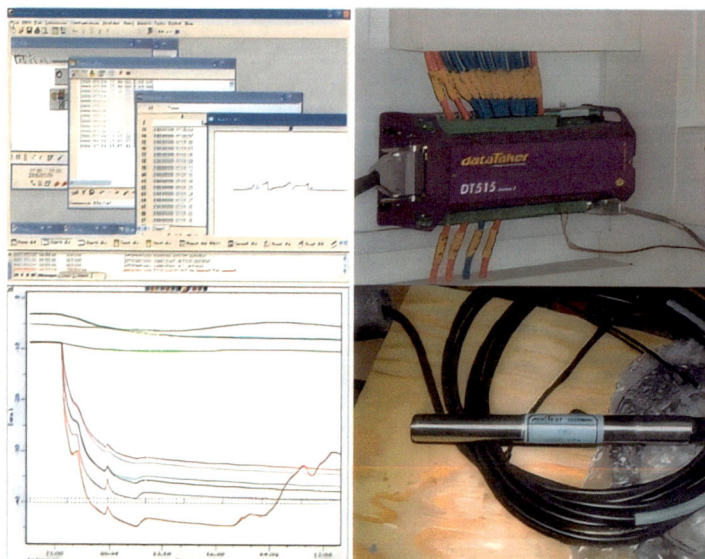

图 6.2-4　水位自动监测系统

3. 自动加压回灌关键技术

当需要加压回灌时，通过变频式恒压泵、压力传感器建立恒压自动控制系统，可实现指定压力下回灌的自动控制，实现自动化加压回灌。自动加压回灌系统如图 6.2-5 所示。

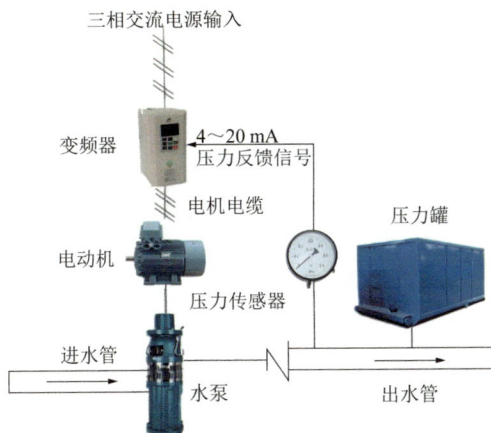

图 6.2-5　自动加压回灌系统

4. 回灌井施工关键技术

回灌井的成井质量直接影响回灌系统的回灌能力。为实现良好的回灌效果，首先应根据地质条件，优化回灌井结构，设置合理的过滤器长度、直径及材质等，然后严格控制填料级配，精细化止水段施工，确保止水抗压效果。过滤器一般选用桥式滤水管或双层缠丝过滤器（图 6.2-6）；过滤器上部止水段回填时，宜选用优质黏土球封堵，厚度一般约 5m；黏土球上部至地面部分一般采用袖阀管注浆并回填，控制袖阀管注浆压力不超0.2MPa。

图 6.2-6　双层缠丝过滤器

6.2.2　基坑原位降水回灌装备功能

基坑工程降水回灌一体化装置可以实现以下功能：

（1）水质净化

基坑工程降水回灌一体化装置充分考虑回灌地下水水质的要求，可通过净化过滤系统，实现水质净化功能，确保地下水不受回灌水污染。净化过滤系统包括集水沉淀箱（图6.2-7）和全自动净化过滤器（图6.2-8）两部分，通过集水沉淀箱的自动沉淀排污功能和全自动净化过滤器的净化过滤功能，满足水质净化的要求。

图6.2-7　集水沉淀箱

图6.2-8　全自动净化过滤器

（2）压力控制

压力控制系统有手动和自动两种模式，自动模式下，压力控制系统可以根据参数设置、自动监测系统的反馈结果以及回灌压力的大小，自动控制回灌量，从而实现某个压力下的稳定回灌。当回灌量较小时，回灌压力相对较小；当回灌量较大时，回灌压力相应增大。通过压力控制系统的自动协调，本设备可以根据回灌量的大小实现有压和无压的一体化，使回灌效率增大。

（3）回灌分流

基坑降水通过集水总管汇集到本装置内，经过水质净化、加压等处理后，可以通过回灌总管连接到多个回灌井（图6.2-9～图6.2-11），使回灌井及回灌水均匀分布，不至于使某一区域地下水位过度上升或压力过大，从而对该区域的地层结构造成影响。

图6.2-9　回灌分流器

图6.2-10　井口分流

图6.2-11　井口安装

（4）自动监测

通过自动监测系统，基坑工程降水回灌一体化装置可以实现自动监测功能（图6.2-12、图6.2-13）。自动监测的主要内容有回灌量、回灌速率、地下水水位变化、回灌压力、设备故障等，以上内容不但可以自动存储于设备内，而且可以自动上传到云端控制系统，实现远程监测。

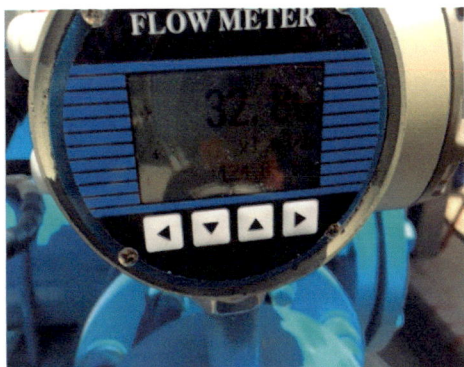

图 6.2-12　水位监测

图 6.2-13　流速、流量监测

（5）软件全过程控制

一种基坑工程降水回灌一体化装置可根据自动监测系统反馈的数据，通过智能电控系统（图 6.2-14、图 6.2-15），实现智能自动化控制，包括水泵的开关、回灌压力的调整、水泵转速的调整、全自动净化过滤系统的开关等。通过智能电控系统能够保证降水环保回灌装置在一个稳定、可视、可控的状态下运行，实现降水与回灌一体化，有压与无压的一体化。

图 6.2-14　智能电控箱

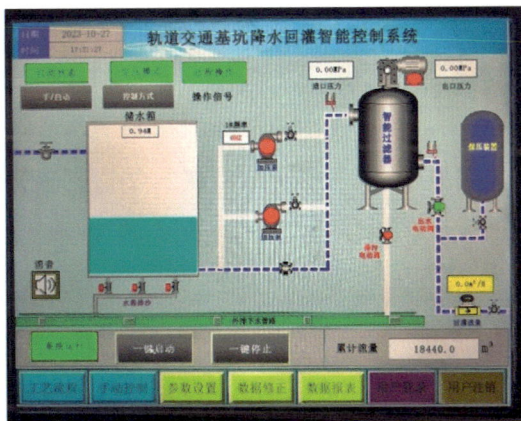

图 6.2-15　智能电控系统

6.3　济南地区基坑原位降水回灌装备应用效果

6.3.1　回灌试验分析

基坑原位降水回灌技术装备成功应用于济南轨道交通一期、二期工程建设。以二期工程 6 号线某车站为例，为查明工作区含水层的回灌量及回灌速率，通过回灌试验对回灌井进行综合评价。

济南轨道交通 6 号线工程某车站属冲洪积倾斜平原地貌单元，地形相对平坦，地势变化不大，地面标高 26.5～28.5m，附近为拆迁农庄、施工场地等。

1. 单井回灌试验

1）单井回灌试验范围

本次单井试验选取 HG-39（观测井 HG-38）、HG-42（观测井 HG-41）和 HG-44（观测井 HG-43）3 个回灌井作为单井回灌试验井，具体位置如图 6.3-1 所示。

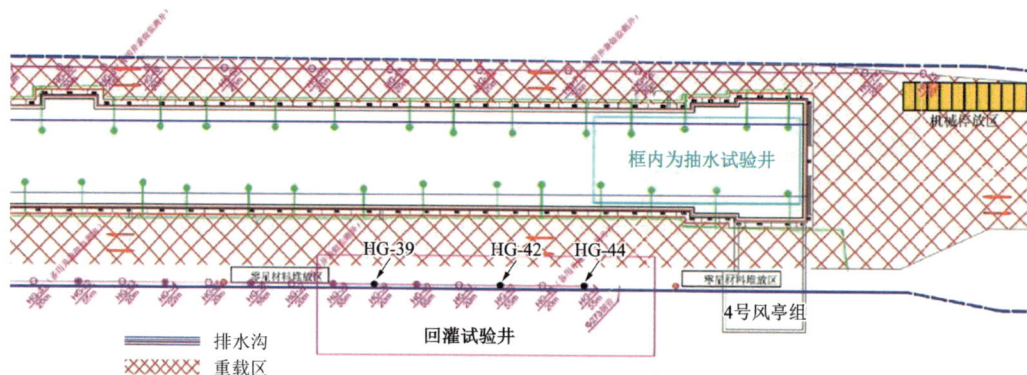

图 6.3-1　某车站单井回灌试验井位置

2）回灌井布置

回灌井布置在地下水流下游方向，沿基坑东西两侧布置，西侧井间距约 9m；深浅井交替布置 32 口；东侧井间距约 18m，布置 32 口；东西两侧共布置 64 口。回灌井的布置应避开地下管线。

3）单井回灌控制指标

（1）单井回灌压力

采用加压回灌时，井中回灌压力 p_w 应小于引起井外壁与土体接触发生井壁处水力劈裂破坏的压力，并按下式计算：

$$p_w = k_0 \frac{\sigma_z'}{F} \tag{6.3-1}$$

式中：F——井壁抗劈裂安全系数，可取 1.5；

k_0——回灌含水层上覆隔水层静止侧压力系数，取 1.0；

σ_z'——回灌含水层上覆隔水层底面处有效竖向压力，计算得 $\sigma_z' = 0.15\text{MPa}$。

经计算，回灌压力 $p_w \leqslant 0.1\text{MPa}$。

（2）单井回灌量

在获取回灌压力设计值后可求取相应的管井回灌量。回灌井的最大可回灌量是评估回灌井能力的一个关键参数。回灌井的可回灌量由下式计算：

$$Q_p = q_h(H_{saf} - h_0) \tag{6.3-2}$$

式中：q_h——单位设计回灌量［L/(h·m)］，回灌井内水位抬升 1m 时的回灌流量值；

H_{saf}——最大安全回灌水头；

h_0——无回灌状态下的地下水水位埋深值，为负数值（m）。

4）单井回灌试验流程

（1）确定回灌试验井和水位观测井，校核水表的读数。

（2）进行无压回灌，待测得稳定回灌量及回灌速率后，再进行加压回灌。

（3）第一次井口压力值为P_1，待压力回灌量稳定后，可继续加压，每次加压 0.01MPa，最高压力不得超过 0.1MPa。

（4）回灌试验前和回灌试验时，必须同步测量观测孔的自然水位和动水位及回灌试验井的压力读数和回灌量。

注：回灌稳定标准为连续 2h，每 30min 的回灌量差值不超过 10%。本次单井回灌试验进行 3d，每天试验时间不得少于 12h。

2. 群井回灌试验

1）群井回灌试验范围

回灌井共布设 64 口，本次群井回灌试验范围如图 6.3-2 所示。

2）群井回灌试验流程

（1）逐一打开 64 口回灌井，记录水表的读数；

（2）回灌压力设置为 0.01MPa，即自然回灌状态；

（3）开始后间隔 0、5、5、5、10、10、10、20、20、20、30min 各测一次，以后每隔 30min 测一次，记录试验数据。

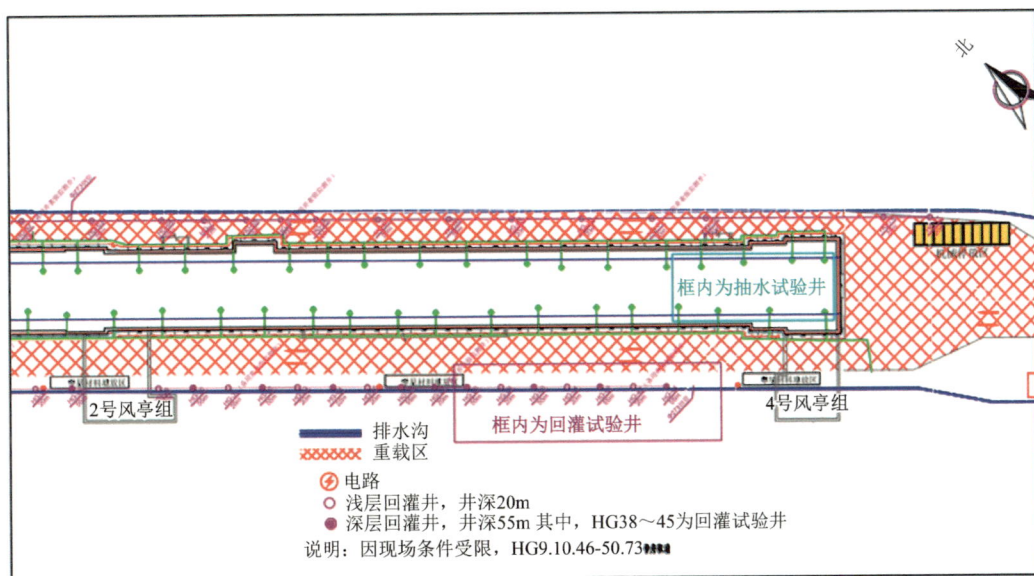

图 6.3-2　群井回灌试验范围

3. 试验成果

1）HG-39 回灌井单井试验结果

由图 6.3-3 和表 6.3-1 可以看出，HG-39 单井回灌量随着时间呈现出先缓慢增加，后线性增大的变化趋势。自然回灌条件下，每小时的回灌量为 22.48m³；当回灌压力增大到 0.04MPa 时，每小时的回灌量增大至 40.38m³。

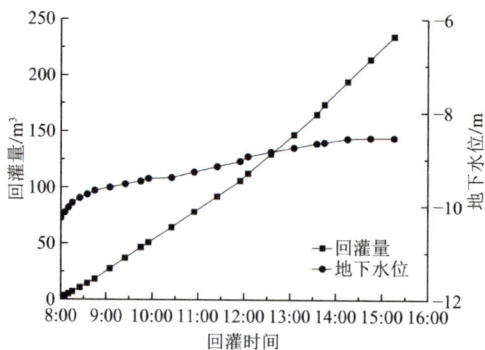

图 6.3-3　HG-39 回灌井回灌量随时间的变化曲线图

HG-39 单井回灌试验结果　　　　　　　　　　　　　表 6.3-1

井号	回灌压力/MPa	平均流量/（m³/h）	回灌时间/h	回灌量/m³	观测井水位抬升/m
HG-39	0	22.48	2.0	44.96	0.85
	0.02	27.63	1.9	52.50	0.37
	0.03	35.00	1.7	59.50	0.28
	0.04	40.38	1.7	68.65	0.20

2）HG-42 回灌井单井试验结果

由图 6.3-4 和表 6.3-2 可以看出，HG-42 单井回灌量随着时间呈现出先缓慢增加，后线性增大的变化趋势。自然回灌条件下，每小时的回灌量为 23.37m³；当回灌压力增大到 0.04MPa 时，每小时的回灌量增大至 44.30m³。

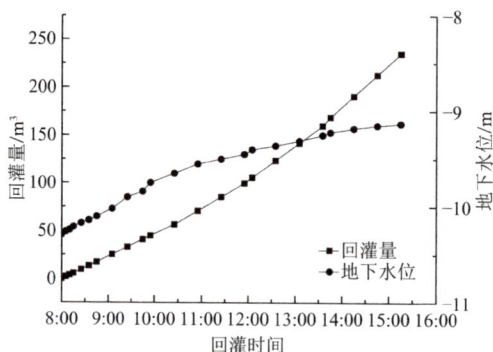

图 6.3-4　HG-42 回灌井回灌量随时间的变化曲线图

HG-42 单井回灌试验结果　　　　　　　　　　　　　表 6.3-2

井号	回灌压力/MPa	平均流量/（m³/h）	回灌时间/h	回灌量/m³	观测井水位抬升/m
HG-42	0	23.37	2.0	46.74	0.64
	0.02	27.35	1.9	51.97	0.25
	0.03	36.17	1.7	61.49	0.18
	0.04	44.30	1.7	75.31	0.12

3）HG-44 回灌井单井试验结果

由图 6.3-5 和表 6.3-3 可以看出，HG-44 单井回灌量随着时间呈现出先缓慢增加，后线性增大的变化趋势。自然回灌条件下，每小时的回灌量为 29.19m³；当回灌压力增大到 0.04MPa 时，每小时的回灌量增大至 61.20m³。

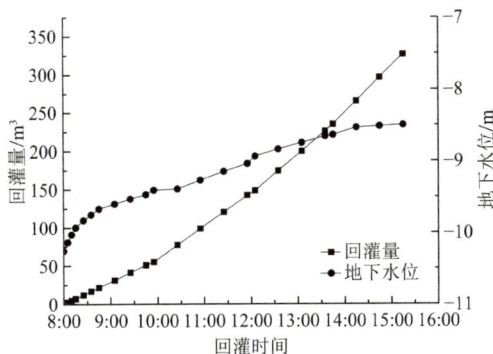

图 6.3-5　HG-44 回灌井回灌量随时间的变化曲线图

HG-44 单井回灌试验结果　　　　　　　　　　　　表 6.3-3

井号	回灌压力/MPa	平均流量/（m³/h）	回灌时间/h	回灌量/m³	观测井水位抬升/m
HG-44	0	29.19	2	58.38	0.85
	0.02	43.65	1.9	45.9	0.43
	0.03	51.75	1.7	69.3	0.28
	0.04	61.20	1.7	72.9	0.14

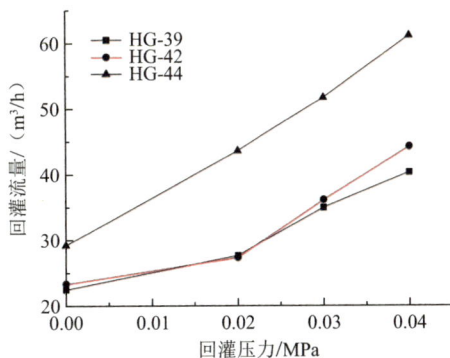

图 6.3-6　单井回灌量与回灌压力的关系曲线图

由图 6.3-6 可以看出，单井回灌量随着回灌压力的增大基本呈现线性增大趋势。于自然回灌条件，回灌能力为 22.48～29.19m³/h。回灌能力如表 6.3-4 所示。

单井回灌量与回灌压力关系　　　　　　　　　　表 6.3-4

回灌压力/MPa	回灌井回灌量/（m³/h）		
	HG-39	HG-42	HG-44
0	22.48	23.37	29.19
0.02	27.63	27.35	43.65
0.03	35.00	36.17	51.75
0.04	40.38	44.30	61.20

4.群井回灌试验数据分析

由图 6.3-7 可以看出，群井回灌流量在前期随着回灌时间逐渐增大，在这个过程中，所有的回灌井逐一开始回灌，并随着时间回灌量逐渐增大，最终每口井的回灌量达到峰值，因此群井的综合回灌能力达到最大，之后群井每小时的回灌量保持稳定。同时可以看出，群井的回灌能力与回灌压力有关，回灌压力越大，回灌能力越强，群井回灌能力在 344～630m³/h 之间，回灌能力比较强。

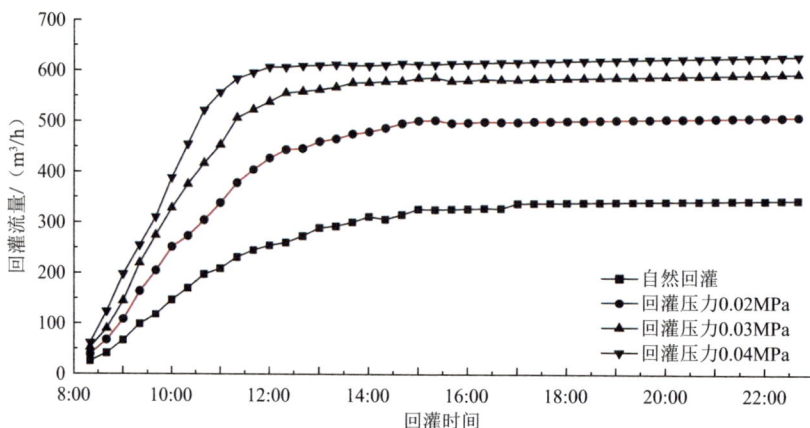

图 6.3-7　群井回灌量随时间变化曲线图

6.3.2　应用效果

自 2022 年车站基坑开挖以来，同步对车站的降排水、回灌情况进行相应的调查、记录。期间获取的车站降排水量、回灌量如表 6.3-5 所示。

根据施工进度，2022 年 11 月 8 日车站主体结构封顶，大规模降排水工作停止，后续主要是附属结构等施工时产生的少量降排水量和回灌量，累积降水量和回灌如图 6.3-8 所示。

6 号线某车站降排水量、回灌量　　　　表 6.3-5

监测日期	排水量/m³	回灌量/m³	回收利用量/m³	外排量/m³	累计排水量/m³	累计回灌量/m³
2022.4～2022.6	83820	62937	10200	10683	83820	62937
2022.7～2022.9	72577	57094	9327	6156	156397	120031
2022.10～2022.12	9470	8237	661	572	165867	128268
2023.1～2023.3	0	0	0	0	165867	128268
2023.4～2023.6	10412	9216	1196	0	176279	137484
2023.7～2023.9	4520	3829	691	0	180799	141313
总计	180799	141313	22075	17411	180799	141313

如图 6.3-8 所示，在主体结构封顶的初期，附属结构开始施工，累积的降水量和回灌量增加较明显，在 2022 年 3 月之后，枯水期来临，地下水水位显著下降，降排水量也逐渐减

少至停止，后续随着 8 月份雨季来临，地下水位显著升高，降排水和回灌水量随之增大，随着附属结构的施工接近尾声，2022 年 8 月后的降水回灌量趋于稳定。

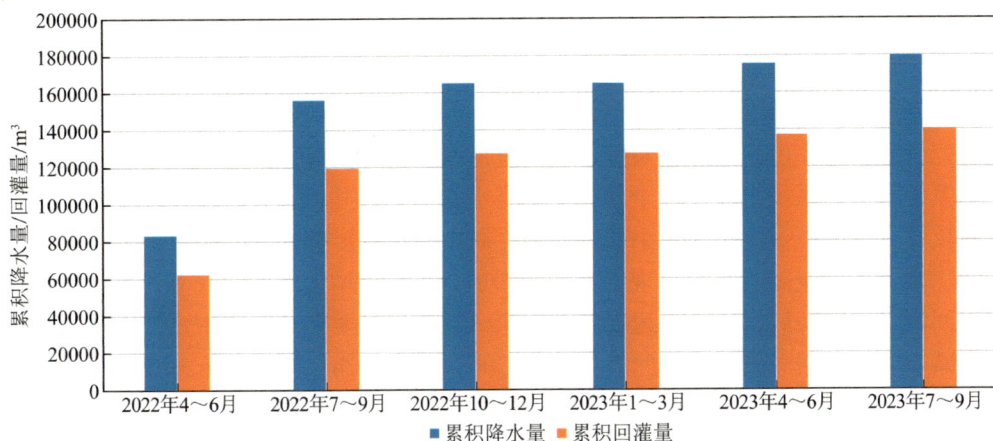

图 6.3-8　6 号线某车站累积降水量和回灌量情况

6 号线某车站的累积降排水量为 180799m³，累积回灌量为 141313m³。如图 6.3-9 所示，车站的回灌率逐渐增大，从 75.09%逐渐增大到 88.51%，平均回灌率为 78.16%。

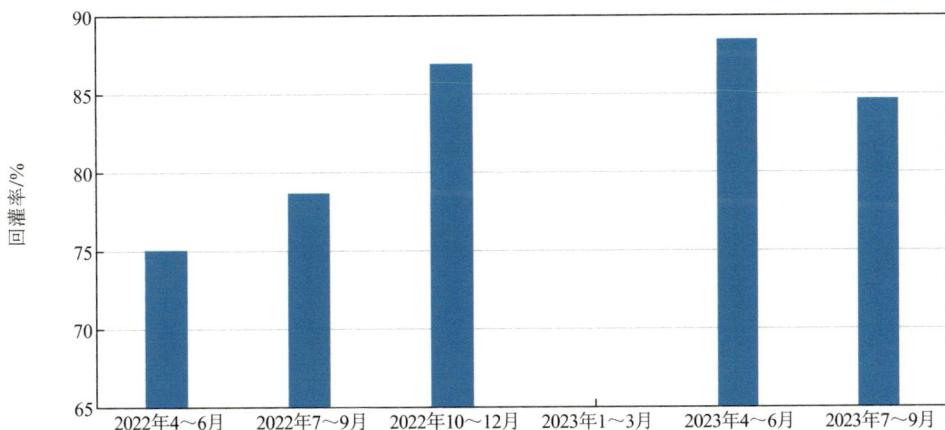

图 6.3-9　某车站回灌率情况

济南轨道交通 6 号线某车站项目应用基坑工程降水回灌一体化装置加压回灌，可提升回灌效率，最大限度减小了基坑降水对泉水正常喷涌产生的影响，达到保泉要求。此外，基坑原位降水回灌关键技术及装备在济南轨道交通二期工程大规模推广，受到中央电视台、山东电视台、济南电视台、齐鲁晚报等媒体的广泛关注，取得了良好的环境效益和社会效益。

6.4　本章小结

本章结合济南地质条件及地铁车站具体情况，深入分析了基坑降水回灌的设计理论、关键装备组成及其应用效果。主要得出以下结论：

（1）基坑工程降水回灌关键技术及装备可以有效增加回灌水量，使泉域系统内工程建设排泄、补给达到一个平衡状态，保护泉水的稳定喷涌量；可以保持泉域系统补给、径流、排泄的平衡，有效减小工程建设对泉水水位的影响，减少工程建设对已有水文地质环境的破坏，保护泉域范围的地下环境。

（2）基坑降水回灌一体化系统由抽水系统、综合处理系统、回灌系统3部分组成，其中综合处理系统主要由压力控制系统、净化过滤系统、回灌分流系统、自动监测系统、智能电控系统5个子系统组成。各个系统连接降水井和回灌井，可以实现自动化控制管理，达到基坑降水与回灌一体化，减小基坑降水对周边环境的影响。

（3）单井回灌量随着时间呈现出先缓慢增加，后线性增大的变化趋势，回灌能力保持稳定。回灌一段时间后，地下水运动趋于稳定，地下水主要在含水层中水平运动，垂直变化逐渐减小。自然回灌条件下，回灌量为 $22.48\sim29.19\text{m}^3/\text{h}$；当回灌压力增大到 0.04MPa 时，回灌量增大至 $40.38\sim61.20\text{m}^3/\text{h}$。群井回灌流量在前期随着回灌时间逐渐增大，随后达到峰值，之后群井每小时的回灌量保持稳定。群井的回灌能力与回灌压力有关，回灌压力越大，回灌能力越强，群井回灌能力在 $344\sim630\text{m}^3/\text{h}$，回灌能力优秀。

（4）基坑原位降水回灌关键技术及装备在济南轨道交通二期工程大规模推广，最大限度减小了基坑降水对泉水正常喷涌产生的影响。

第 **7** 章

地下水壅高
关键问题及技术研究

济南轨道交通 4 号线一期是一条贯穿主城区的东西向骨干线，全长约 40.2km，全线均采用地下敷设方式。千佛山断裂以西的济南主城区西部地下水含水层主要由第四系松散岩类孔隙水含水层和岩溶水含水层组成，根据区域水文地质图以及现场钻孔勘察结果，轨道交通 4 号线规划线路中，地铁整体呈东西走向，与济南市南北流向的地下水流影响关系明显，在轨道交通工程运营阶段，将可能侵占或改变地下水补给、径流和排泄路径，阻挡地下水流动，在一定程度上影响原有地下水流场，进而引发地铁沿线地下水壅高风险。因此，本章分析地铁沿线区域的地下水壅高规律及其原因，提出具有针对性且行之有效的防护措施及相关研究展望，以期为济南城市轨道交通工程建设规划及风险管控提供科学依据。

7.1 地下水壅高问题概述

7.1.1 地下空间开发对地下水流场的影响

地下工程对地下水流场的影响不可忽视，地下构筑物的存在妨碍了地下水的自由流动，会导致迎水面水位上升，背水面水位下降。Pujades 等将地铁工程对地下水流场的影响定义为"阻挡作用"。这种作用势必导致迎水面水位升高，背水面水位下降，地下水在入流侧出现侧向流，或围绕设施形成环向流。这些变化会产生一系列不利影响：包括浅基础承载力减小、基础之下夯实填土的扩散、不充分夯实的湿填土沉降、承载系统或者地下墙的承载力增加、存在于部分饱和区域的污染物发生扩散等。而背水面水位下降则会引起地面沉降、井泉干涸等问题。

由于地铁隧道等地下结构物的存在影响了地下水的正常渗流，改变了地下水的径流条件，使得地下水位、流速、流向、水力梯度等发生变动，区域地下水环境发生改变，进而反过来影响地铁隧道的结构安全。数值模拟是区域水文地质研究的关键手段，近年来被逐步应用于定量分析地下空间工程引发的地下水壅高现象。地铁隧道等构筑物的存在将导致缓慢、长期的地下水位变化，虽然变化较为缓慢，但一旦出现将会产生持续性影响，且在短时间内难以恢复。地下构筑物的存在会影响地下水位、地下水渗流方向，而且地下构筑物的不同长度、厚度，对地下水流场产生的影响也不同。熊志涛等通过 GMS 数值模拟软件分析武汉轨道交通 3 号线对地下水流场的影响时，发现地下水壅高存在一定空间差异：在地铁走向与地下水流向基本一致的区段地下水壅高不明显，而在地铁阻隔作用强烈的区域，地下水壅高值可达到 0.35～0.77m。以我国台湾省台南市地区大范围内地下连续墙对水的阻挡（图 7.1-1）为例，隧道的建设对区域地下水的影响是长期的，而且不会恢复到原本的水位。对于地下工程对地下水流场的影响而言，尚无相关公开技术资料。

7.1.2 地下水位壅高对构筑物的影响研究

在地下环境中，地下水频繁活动的部位对岩土层以及建筑工程会产生不利影响。在建筑工程基础压缩层内，水位上升会软化岩土，降低地基土强度，使压缩性增大，如若上升过程遇湿陷性黄土、膨胀岩土、盐渍土时，则会更为严重，导致建筑物严重变形甚至失稳。地下水在自然波动或人工扰动影响下形成较大水力坡降时，其动力作用不可忽视。动力作用不同于静力作用之处在于动力作用是有方向的，即指向水力坡降最大的方向。根据资料，

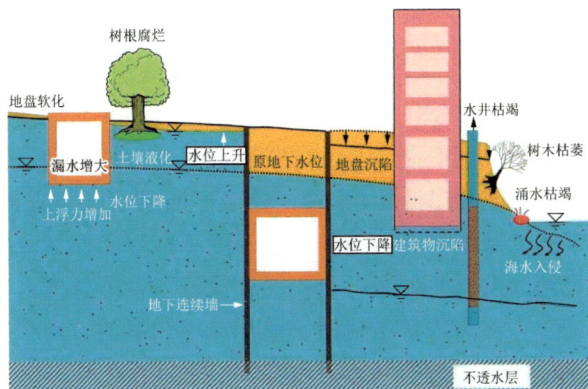

图 7.1-1　地下连续墙对地下水的影响

长江下游地区、华北平原的大部分城市地下水未来存在着明显的回升趋势。但对于在建和已建的建筑物和构筑物，这种地下水位的上升会对地下结构产生何种影响，目前尚无较多研究。一般认为，地下水的下降会引起隧道的变化，但实际上地下水水位的上升同样引起隧道的变化，尤其对于运营中的地铁隧道，地下水改变了地铁隧道周围土体的原有应力场，加上地下水中的离子对混凝土的侵蚀作用，缩短了地铁的运营使用寿命，这些都对人们的生命安全和工作生活产生了重大危险和严重影响。根据有效应力原理，随着地下水水位的改变，土体骨架受力亦发生改变，隧道周围土体也随之发生变形，改变隧道结构原有的受力效应，从而使隧道结构产生新的变形，而隧道的局部隆起或下沉容易使隧道结构发生应力集中现象，进一步对隧道结构产生影响，使隧道结构发生破坏。在城市地铁隧道快速发展过程中，地下水的存在已经发展成为威胁地铁安全的重要因素。然而国内外目前不仅对于设计和施工过程中地下水荷载的问题尚无成熟经验，而且对于地铁运营过程中的地下水问题研究也较为滞后，尤其是在计算理论、计算模型和本构关系等方面还有待进一步的研究。沈小克采用数值分析，研究了对于大直径的浅埋隧道在水位逐步回升作用下，其变形和内力的量化规律。指出水位上升引起隧道的灾害包括 3 个方面，结构整体上浮、应力状态变化和结构变形与位移。当隧道直径较大、埋深较浅时，需要考虑其结构的整体抗浮稳定性问题。其中，目前对于隧道上浮的研究主要集中在盾构施工期间的管片上浮研究，主要的计算模式有三种，即考虑上覆土重、上覆土的摩擦力，还有楔形破坏。由于水位上升引起的隧道变形一般在结构上都在可接受范围内。但衬砌的变形会引起地铁轨道变位，而且不均匀变形会引起结构开裂。罗富荣采用 FLAC 数值模拟方法，发现在地下水水位明显回升的情况下，隧道发生整体上浮、结构整体破坏的可能性不大，但会使隧道结构的内力（弯矩和轴力）发生变化，并且产生变形，会对地铁结构产生一定影响。地下水能够对水中的建（构）筑物产生浮力作用，当浮力足够大时，会导致水中建筑局部隆起或整体发生位移等后果，引起建筑物的受力发生变化，甚至会造成建筑物的局部损坏，产生局部损伤和缺陷。

综上，地铁隧道对地下水渗流场的影响不可忽略。地下水水位变化产生的荷载变化会对隧道结构及地质环境产生影响，通过将理论分析、室内及现场试验、数值模拟三者相结合，可以进一步明晰相关规律，为地铁建设及后续运营提供理论及技术支撑。

7.1.3　济南市地下水壅高问题

为妥善处理轨道交通与泉水保护的关系，科学解决轨道交通建设问题，济南市先后深入开展了各阶段的轨道交通线网编制和泉水保护专项研究，按照平行研究、反向论证的原则，深入研究了泉水保护和地铁建设的相互影响关系。此后，在充分搜集、分析济南60年来已有保泉研究成果资料的基础上，有针对性地开展了地质勘探和试验工作，建立了长期地下水观测网络，对泉水的赋存条件和补径排关系进行了系统分析，验证了泉水的形成机理，划定了泉水核心区。在济南市城市轨道交通建设规划早期，众多研究者便针对济南泉域复杂条件下的地铁建设进行了数值模拟分析，预测了地铁施工、运行区间的泉流量，定性分析了不同工况对泉水喷涌情况的影响。济南西部平原区地铁工程引发的地下水壅高现象具有空间分布规律，其规律性主要受控于地铁走向-地下水流向夹角、含水层厚度，地铁-地下水流向夹角为关键主控因素；极端降雨情景下地铁沿线各区域间的壅高幅度差异有所增大，而壅高现象的空间规律与正常降雨情况下保持一致。这些研究成果可为济南市地下水保护提供切实可靠资料，也将为地下工程扰动地下水流场这一过程对极端降雨事件的响应形成突破性认识。此外，基于详细的水文地质调查资料，众多学者在通过数值模型分析地铁建设对济南区域地下水系统的影响时提出，地铁工程对地下水流的阻挡壅高将成为地铁工程的关键风险之一。

7.2　地下水流数值模型的构建及校验

7.2.1　水文地质概念模型

作为对地下水系统的科学概化，水文地质概念模型是为适应数学模型的要求而对实际复杂地下水系统的近似处理，因此建立水文地质概念模型是区域地下水流数值模拟预测的基本环节。水文地质概念模型以水文地质条件为基础，根据系统工程技术要求概化而成，其核心为边界条件、地质体结构、地下水流态三大要素，本研究中将研究区域地下水流系统的地质体结构、水文地质参数、边界条件及补径排条件等进行重点概化，从而建立研究区水文地质概念模型。

7.2.2　水文地质概化基础

研究涉及的轨道交通4号线研究区段位于千佛山断裂以西的济南西部黄河冲洪积平原及山前平原，地貌类型较为单一，仅南部山区地势相对较高，地下水主要赋存于松散岩类孔隙水含水层及岩溶水含水层中，地下水流总体呈东南-西北流向。根据研究区域的水文地质资料及相关研究成果综合研判，研究区域地下水主要接受大气降水补给、东南部山区地下水侧向径流补给，以向小清河、玉符河等河流排泄为主要排泄方式。

1. 地下水补给

来自东南部山区的地下水侧向径流补给、大气降水补给是研究区域最主要的地下水补给来源。济南市气候四季分明，雨量集中于夏季，且降水量存在空间分布差异，南部山区平均降水量大于北部平原，加之南部山区基岩出露面积广，灰岩地下岩溶裂隙发育好，大气降水入渗大量补给南部山区岩溶地下水。地下水在由南部山前地带向北补给下游的过程中，形成对研究区域内地下水的侧向径流补给。

地表水渗漏是济南岩溶泉域地下水补给的重要组成部分，尤其在玉符河上游河段，地表水强烈渗漏补给地下水，多年平均渗漏量可达 $7.3 \times 10^4 \mathrm{m}^3/\mathrm{d}$。但在本研究涉及范围内，玉符河主要为下游平原河段，该河段距离山区中的东渴马至崔马段强渗漏带较远，且近年来由于玉符河上游建立了水利枢纽，尤其是卧虎山水利枢纽工程的建成使得其下游较为干涸，故近期多数研究中玉符河的渗漏补给仅考虑卧虎山水库以上河段。此外，灌溉回渗同样是济南市地下水的补给来源之一。灌溉回渗补给主要分布于泉域北部的平原地区、玉符河流域及东坞断层至千佛山断层间，在农灌季节回渗量可观，但根据前人研究，济南泉域山前地带地下水的年平均农业回灌补给量仅占大气降水补给量的 3%左右，且研究区域内土地利用类型以城市建设用地为主，农业用地面积占比为 10%。综上，玉符河下游河段在水文地质概念模型中可充当排泄边界，研究区域内不涉及地表水重点渗漏带，以大气降水、侧向径流为地下水的主要补给方式。

2. 地下水径流

研究区域地下水流向主要呈东南向西北流动，在研究区范围以南的山区丘陵地带，出露的古生界寒武系、奥陶系地层作为岩溶地下水的直接补给区接受大气降水补给，地下水总体沿地层走向由南向北径流，受地形影响，从南部山区至山前地带水力坡度逐渐变缓，从 0.6%~0.8%减小为 0.1%~0.2%，径流速度也逐渐变缓。在研究区范围内，山区来水侧向径流一部分补给岩溶含水层并向玉符河等河流排泄，另一部分补给松散岩类孔隙水含水层，并向小清河排泄。

3. 地下水排泄

本研究中，地下水排泄条件包括向小清河、玉符河等河流排泄以及第四系潜水蒸发，其中河流为主要排泄途径。

虽然泉水排泄是济南市岩溶地下水的主要排泄方式之一，但在千佛山断裂以西的本研究区范围内岩溶含水层分布有限，不存在较大的岩溶泉群，且由于地下水位下降、地下水降落漏斗扩大等人为因素影响及气候条件变化，济南泉水经历了从大流量到间歇性断流再到小流量持续喷涌的过程，泉水排泄对地下水排泄的贡献已经大为减少。

此外，人工开采地下水逐渐成为济南泉域地下水的主要排泄途径之一，在研究区范围内涉及腊山水源地开采。腊山水源地以岩溶水为主要开采源，但近年来已处于停采状态，根据 2021 年正式实施的《济南市人民政府关于加强水资源管理工作的意见》，原则上关停建成区内全部自备井，故模型不考虑腊山水源地开采量。

7.2.3　研究区范围

本研究选取济南轨道交通 4 号线在千佛山断裂以西路段（即省体育中心站以西路段）作为模拟研究区段，区段内共涉及 11 个站点，总长约 16km，研究区段沿线长度占轨道交通 4 号线全线规划长度的 40%。

围绕上述轨道交通 4 号线研究区段划定本研究区范围如图 7.2-1 所示，研究区跨越济南市历下区、槐荫区、天桥区、市中区，大部分位于槐荫区辖区范围内。研究区西、北边界紧靠玉符河、小清河，东侧为千佛山断裂，东南部靠近低山丘陵区域，地势较高，其余区域地势均较为平缓。根据济南市水文地质条件及研究区实际情况，参考济南泉域已有相关研究进行概化，并建立水文地质概念模型。概念模型北部以小清河为河流界，西部以玉符河为河流界，南部以山区山前带为流量边界，东部以千佛山断裂为导水边界，模型的东西最长距离约为 17.70km、南北最长距离约为 10.37km，模拟区面积约为 100.66km^2，济南轨道交通 4 号线千佛山断裂以西的研究区地形示意图如图 7.2-2 所示。

图 7.2-1　研究区卫星影像及范围示意图

图 7.2-2　研究区周边地形三维示意图

7.2.4　边界条件的确定

图 7.2-3 所示为研究区边界示意图，根据济南轨道交通 4 号线研究区段所处区域的水文地质条件，将研究区边界条件概化如下：

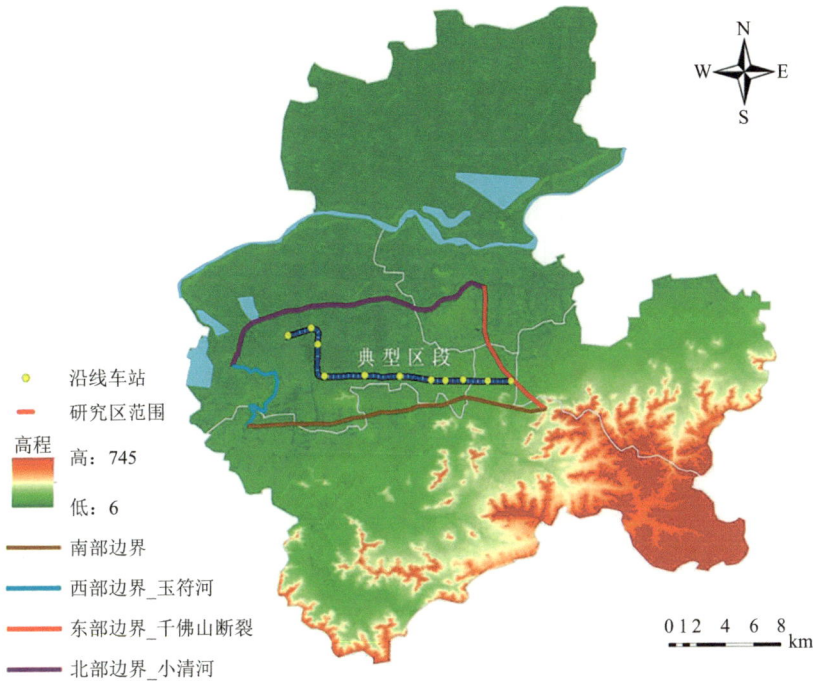

图 7.2-3　研究区边界示意图

（1）北部河流边界

研究区北部以小清河为河流边界。小清河位于济南市郊北部，黄河以南，全长共232km，由济南西郊流入，流经济南市槐荫、天桥、历城、章丘等区县，向东北方向流入寿光市羊角沟莱州湾，是黄河流域渤海水系河流。小清河在研究区范围内主要汇集大气降水和排泄的地下水，是黄河冲积平原及山前平原区地下水的主要排泄途径之一，由于第四系松散岩类孔隙水含水层以下存在越流层，故在本研究中将其概化为第三类边界。

（2）西部河流边界

研究区西部以玉符河为河流边界。玉符河发源于历城南部山区的锦绣、锦阳、锦云、三川，三川汇入卧虎山水库，流出水库后始称玉符河，全长 70.2km，流域面积 751.3km²。玉符河流经地貌类型从南到北主要为丘陵、残丘、山前倾斜平原及黄河冲积平原，其上游河道多年平均渗漏量达 $7.3 \times 10^4 m^3/d$。而在平原区的下游河段长 26.2km，占玉符河全长约37%，孔隙水与岩溶水含水层水力联系密切，为研究区内地下水的主要排泄渠道之一，在本研究水文地质概念模型中将其概化为第一类边界。

（3）南部流量边界

研究区南部以山前带为流量边界。山区地下水侧向径流补给是研究区内的岩溶水及第

107

四系松散岩类孔隙水的重要补给来源之一，山前带是济南市南部丘陵山区地下水向中部山前平原补给的重要纽带，由于济南地下水孔隙水和岩溶水的径流方向与其地形及岩层的倾斜方向大体一致，总体由南向北运动，所以在本研究水文地质概念模型中，将南部山前带概化为第二类流量边界。

（4）东部千佛山断裂边界

研究区东部以千佛山断裂为边界。千佛山断裂位于济南泉域中部，南部隔水，北部透水，轨道交通4号线于省体育中心和省广播电台之间穿千佛山断裂，断裂该段被第四系地层覆盖，断裂总体走向北10°~30°西，断裂面倾向南西，倾角60°~80°。由千佛山断裂体育中心一带地质剖面图（图7.2-4）可以看出，断裂错断济南岩体的辉长岩和下伏的九龙群三山子组白云岩和炒米店组灰岩，断距约70m。

根据前期水文地质勘察和济南泉城水文地质资料，在研究区范围内，千佛山断裂仅在南郊宾馆以北存在一段导水断裂，其余均作为岩溶地下水的阻水断裂，在第四系松散岩类孔隙含水层中则可视为导水边界。综上，在水文地质概念模型中，同样将千佛山断裂边界概化为第二类流量边界。

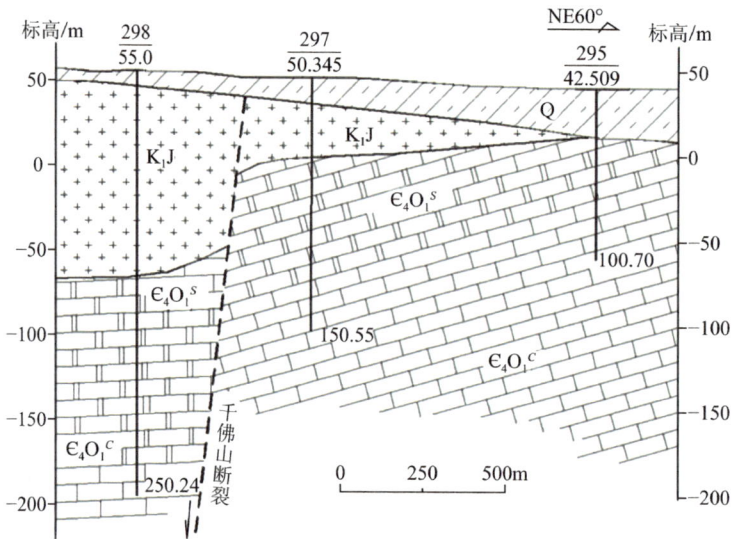

图 7.2-4   千佛山断裂体育中心一带地质剖面图

7.2.5   含水层结构概化

含水层结构概化主要包括对模拟区含水层组、含水介质、地下水运动状态以及水文地质参数的时空分布等进行概化。根据研究区水文地质条件以及前人研究中对研究区附近水文地质条件的认识，本研究区范围地下水受地层产状、地形、地貌及构造等因素影响，主要流向为北西向，未受地铁工程影响时地下水径流通畅，具有统一的水面形态，研究区内岩溶水在考虑地铁工程的影响时可概化为三维流。综上，本研究中将主要涉及的含水层概化为三层结构（图7.2-5），三层具有水力联系：（1）第1层经概化后，主要由第四系上更新统松散岩类孔隙水含水层组成，含水介质包括上更新统的杂填土、砂土、碎石土等，为本研究涉及的地铁工程构筑物侵入影响的主要层位，含水介质概化为非均质各向同性，地下水流概化为三维非稳定流。（2）第 2 层经概化后，主要由相对弱透水的越流层与南部岩溶含水层组成：越流层主要分布于第 1 层第四系松散岩类孔隙水层底板以下，含水层介质以粉质黏土为主；第 2 层中研究区东南部山区至玉符河一带概化为岩溶含水层，地下水流概化为三维非稳定流，以使模型中玉符河一带孔隙水与岩溶水之间具有密切水力联系，且符合东南部山区以岩溶水为主的水文地质特征。（3）第 3 层经概化后为岩溶含水层，该层主要是寒武系的张夏、炒米店组上部和奥陶纪地层，岩性以全风化岩浆岩、强中风化灰岩为主，含水介质概化为非均质各向同性，地下水流概化为三维非稳定流。

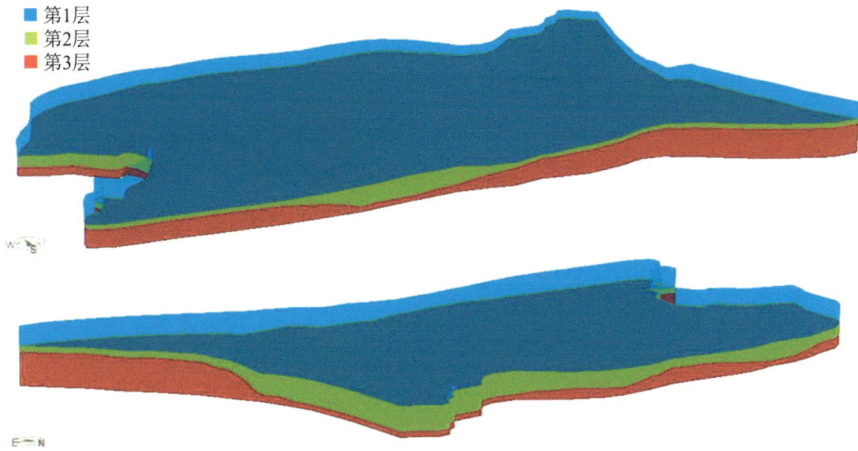

图 7.2-5　含水层三层结构示意图

7.3　地下水流数值模型

在上述水文地质概念模型基础上，建立研究区三维地下水流数值模型，其实质为利用目前较为先进的数值算法和处理工具求解数学模型，继而对所求得的数值解进行识别的过程。本研究选用有限单元法及 FEFLOW 数值模拟软件进行济南轨道交通 4 号线研究区域地下水壅高问题的求解。

7.3.1　有限单元法基本原理

有限单元法是求解数学和物理问题的一种数值方法，具有编程容易、运算速度快、适用性强等优点，是现有求解复杂地下水问题的有效方法之一。其基本思想为：采用插值近似使控制方程通过积分在不同意义上得到近似满足，把整个渗流区转化为有限个单元，即将连续体进行离散处理，进而对各单元进行近似计算，最终得到整个渗流区的解。

7.3.2　数值模拟软件选择

综合考虑研究区实际情况和地下水流场数值模拟研究软件特性，本研究主要基于FEFLOW 数值模拟软件进行模拟。FEFLOW（Finite Element subsurface FLOW system）是由德国水资源规划与系统研究所（WASY）开发的地下水流动及物质迁移模拟软件系统，采用以伽辽金法为基础的有限元法来求解和控制优化求解过程，其内部集合了若干先进的数值求解方法模块。

FEFLOW 软件提供图形人机对话功能，具备地理信息系统数据接口，能够自动产生空间各种有限单元网，具有空间参数区域化快速精确的数值算法和先进的图形视觉化技术等特点，对含水层的分层、单元剖分、离散点插值、数据转换、边界条件概化和赋值、河流边界以及含水层均衡项等环节能够进行高效处理，进而使其适用于区域地下水流场问题的模拟分析。目前 FEFLOW 软件应用主要集中在地下水流模拟、地下水量模拟、地下水质模拟及温度模拟 4 个方面，在地下水流方面又集中应用于通过建立模拟区域水流模型进行相应的三维模拟、饱和非饱和带地下水流动模拟、稳定流非稳定流潜水承压水以及潜水含水层上层滞水模拟等问题。

FEFLOW 软件自问世以来，在理论研究和实际问题的处理上经过不断的发展扩充日趋完善。本研究应用 FEFLOW7.0 版本，通过优化模型构建流程，在软件中对耦合地铁工程构筑物形态的含水层三维结构进行精细刻画，建立研究区三维地下水流数值模型。采用有限单元法控制求解研究区地下水流场，对模型进行拟合、校正，进而模拟分析轨道交通 4 号线研究区段可能引发的地下水壅高问题。

7.3.3　网格剖分及地铁刻画

1. 水平网格剖分

FEFLOW 软件中常用三角形网格单元伽辽金法求解渗流区水头问题，本研究同样选用不规则三角形网格法对研究区进行水平网格剖分，剖分时遵循的原则为：三角形网格的任一角均不大于 90° 且三条边长尽量接近、三角形顶点不落在其他三角形的边上、充分考虑实际的水文地质条件灵活剖分。根据场地实际水文地质条件及研究区几何形状，对模型进行水平网格剖分，模型水平方向网格剖分结果如图 7.3-1 所示。

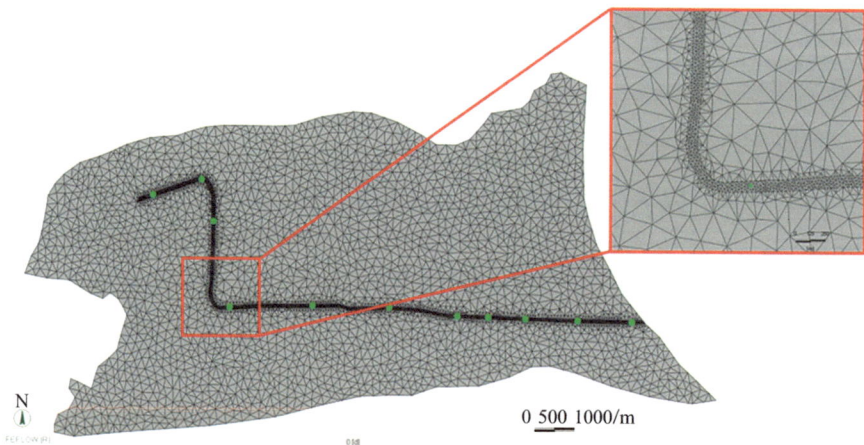

0 500 1000/m

图 7.3-1　研究区水平网格剖分及地铁沿线加密剖分示意图

模型重点针对轨道交通 4 号线沿线单元格进行加密剖分，以优化模型后续对地铁工程结构的刻画流程与精度。经加密剖分后，轨道交通 4 号线沿线区域内水平网格剖分精度普遍为边长 20～30m，精度最高可达边长 15.726m，而 4 号线沿线区域以外水平网格剖分边长为 200～300m。水平网格剖分后，每层共有 11305 个单元格、5742 个节点。

2. 建立三维地质体

在概化的三层含水层结构基础上，本研究根据相关工程资料，采用收集到的 141 孔钻探孔资料建立三层结构的三维地质体数据，图 7.3-2 为研究区三维地质体建立过程示意图。三维地质体建立后，整理得到三层结构中各层顶底板高程-坐标数据，其中地面高程数据则采用研究区 30m 分辨率数字高程 DEM 数据整理获得。

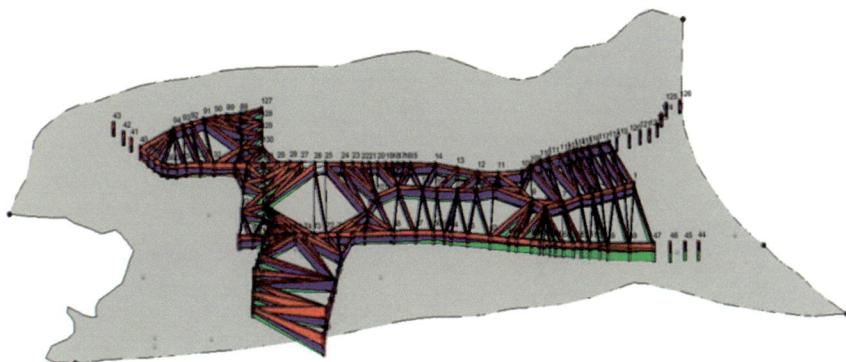

图 7.3-2　研究区三维地质体建立过程示意图

3. 构建耦合地铁工程的含水层结构

为刻画包含地铁工程构筑物的三维含水层结构，本研究基于上述原有三层结构优化模型构建流程，具体构建思路如下：（1）在水平网格剖分结果、三维地质体数据基础上，垂向上首先按照含水层概化结果设计层位分层，在 FEFLOW 软件中建立工程文件，导入地面高程-坐标数据、各层顶底板高程-坐标数据，构建未包含地铁工程构筑物的含水层结构三维基础模型；（2）另建立一个 FEFLOW 工程文件，仍基于上述水平网格剖分结果，在软件中导入地铁沿线构筑物的顶底板高程-坐标数据，通过反距离加权插值法（Inverse Distance Weight）将地铁工程由线状构型插值扩展为面状层构型，由此得到地铁工程层位的三维基础模型；（3）对比两基础模型的相对位置关系，将地铁工程层位高程数据插入含水层结构的对应坐标位置处，得到包含地铁工程层位的地下水流场模型高程赋值数据。由于含水层结构基础模型、地铁工程层位基础模型均基于同一水平网格剖分结果构建，因此可实现同一网格节点下对应数据的快速对比。

经对比，上述构建的地铁工程层位，其顶底板均位于原三层结构的第一层范围内，故地铁工程层位插入原三层结构后，共得到 5 个 Layers。如图 7.3-3 及表 7.3-1 所示，Layer1～Layer3 为第一层，主要由第四系松散岩类孔隙含水层组成，第一层平均厚度为 20.15m，符合研究区第四系地层厚度实际情况，其中 Layer2 为地铁工程层位，平均厚度为 5.82m，在此基础上对 Layer2 中的地铁沿线单元格进行参数赋值后，形成的构筑物形态将符合地铁侵入含水层实际情况；Layer4 为第二层；Layer5 为第三层。

模型垂向剖分情况表   表 7.3-1

Layer	节点高程范围/m	平均厚度/m
1	52.033～11.748	11.138
2	36.845～6.374	5.825
3	31.238～4.163	3.187
4	29.712～−20.752	15.792
5	21.635～−22.000	23.124

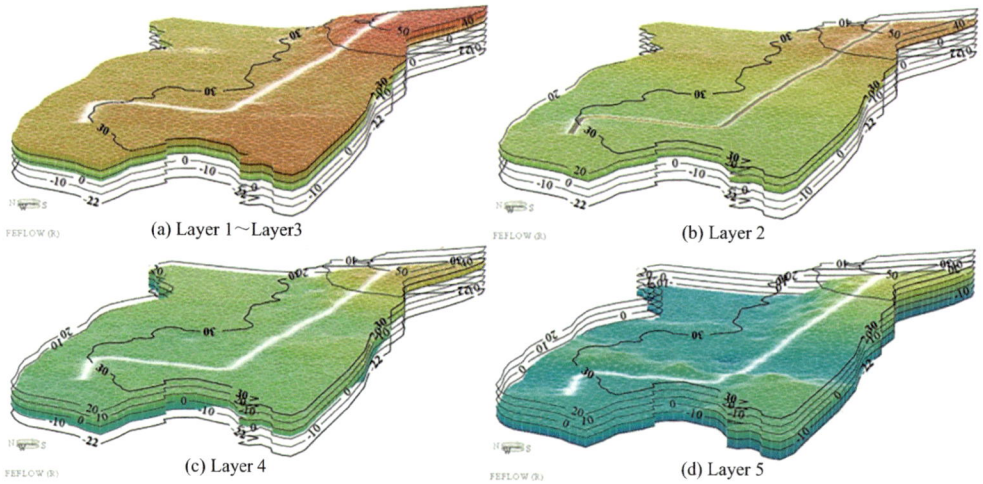

(a) Layer 1～Layer3

(b) Layer 2

(c) Layer 4

(d) Layer 5

图 7.3-3　模型分层示意图

　　将上述模型高程赋值数据导入 FEFLOW 软件构建目标三维模型，模型中 5 个 Layers 共包含 56525 个有效单元网格、34512 个节点，其中轨道交通 4 号线加密剖分区域共有 4633 个有效单元网格、2305 个节点。模型建立后，选定地铁沿线区域的 4643 个单元网格（图 7.3-4），将其渗透系数、给水度、孔隙度等水文地质参数赋值为极小值，例如渗透系数赋值为 $1×10^{-30}$m/d，以模拟完全衬砌无排水的地铁工程构筑物（图 7.3-5）。

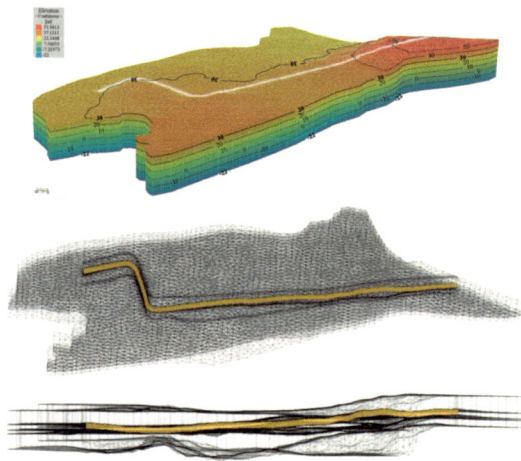

图 7.3-4　模型及地铁工程构筑物三维示意图（垂向比例略放大）

112

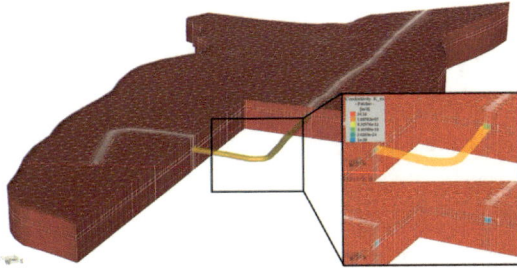

图 7.3-5 地铁工程单元格参数赋值示意图（垂向比例略放大）

7.3.4 模型定解条件处理

前述数学模型刻画研究区内地下水流特征，但由于数学模型偏微分方程本身不包含反映研究区地下水流场特有条件的信息，因此为获得与研究区地下水渗流问题相对应的特解，需在水文地质概念模型及网格剖分框架基础上，为模型添加区域定解约束条件，其中包括初始流场和边界条件。

1. 初始流场

本模型采用参数-初始水头迭代法确定初始地下水流场，具体方法为：首先基于济南市轨道交通 4 号线沿线区域的地下水位实际观测数据进行初步插值，而后在 FEFLOW 模拟软件中，通过稳定流模型进行识别并不断进行修正，最终得到合理的研究区初始地下水位分布，将其作为非均质-非稳定三维地下水流模型的初始水头分布，在后续进行模型校验及模拟计算。

图 7.3-6 为研究区初始地下水流场，由图可知地下水整体上从东南流向西北，即由南部山区流向北部小清河、玉符河等排泄边界，与研究区地下水流场实际情况吻合。研究区内初始地下水头最高点位于研究区东南端千佛山附近，为 30.51m，最低点位于小清河沿岸平原区，为 22.20m，水力梯度约为 2.43‰，亦符合济南市主城区西部地区实际水文地质情况。

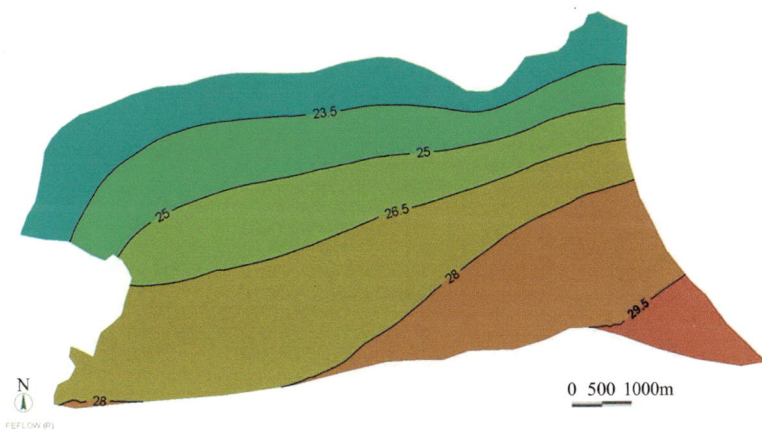

图 7.3-6 研究区初始地下水流场图

2. 边界条件

（1）北部——小清河边界

模型北部边界为小清河边界。小清河自睦里庄东流，经济南市 8 个县区后注入渤海，在研究区内河道平均比降为 0.15/1000，水流平缓，属于平原河道。根据水文地质概念模型所述，由于沿小清河的孔隙水层以下存在越流层，故将小清河边界概化定义为第三类边界。在 FEFLOW 模拟软件中赋值第三类河流边界（Fluid-transfer BC）时，需设置参考水位标高及水量交换速率（Transfer Rate）。首先基于小清河水文资料，在模型中赋值为动态水头标高，输入 Time-Series 水头数据如图 7.3-7 所示，数值范围为 18.87～23.22m；而对于小清河边界的水量交换速率，在 FEFLOW 模拟软件中需要结合越流层特性，在"介质属性"一栏中沿边界选取相关的所有单元格并根据以下公式定义赋值：

$$\varphi = K/d \tag{7.3-1}$$

式中：φ——交换速率（/d）；

K——越流层渗透系数（m/d）；

d——越流层平均厚度（m）。

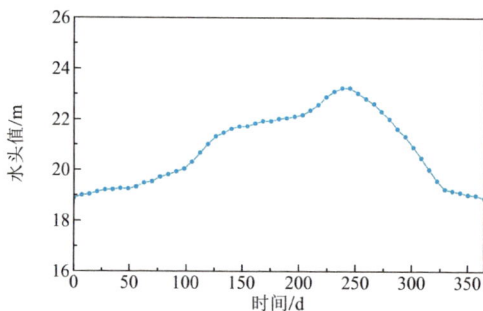

图 7.3-7　小清河边界输入地下水头值

经计算模型中赋值小清河边界水量交换速率（Transfer Rate）取近似值为 0.01m³/d。如图 7.3-8 所示，在模型中设置小清河边界时，水平方向上沿小清河河道选取节点，垂直方向上将边界节点选取在 Layer1～Layer3（第一层）范围内。

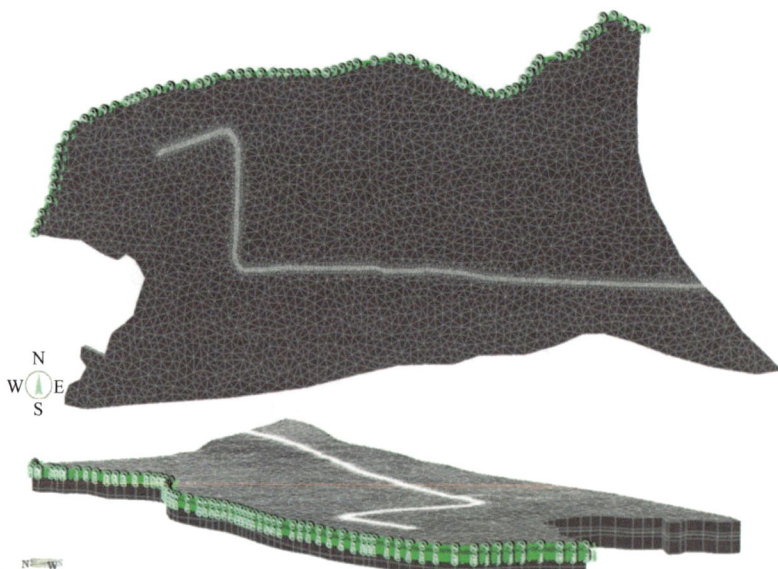

图 7.3-8　小清河边界示意图

（2）西部——玉符河边界

模型西部边界为玉符河边界。玉符河发源于研究区以南的山区，其中上游河段存在强渗漏带，而在研究区所处的平原区下游河段范围内无地表水渗漏，沿玉符河孔隙水与岩溶水存在水力联系。如水文地质概念模型所述，将其概化为带有一定水力梯度的第一类水头边界，故在本模型中按两段输入玉符河边界的动态水头标高。为实现此步骤，在 FEFLOW 模拟软件中赋值时，需首先选取两段各两端的 3 个节点（图 7.3-9）并输入各点动态水头数据，然后通过插值将两段其余节点完成 Hydraulic-head BC 赋值。如图 7.3-10 所示为 3 个节点输入的 Time-Series 动态水头数据，节点 2、节点 3 处动态水头分别基于与之相对接近的研究区内 11 号、13 号井孔实测水位数据，在模型识别校正过程中不断调整优化。

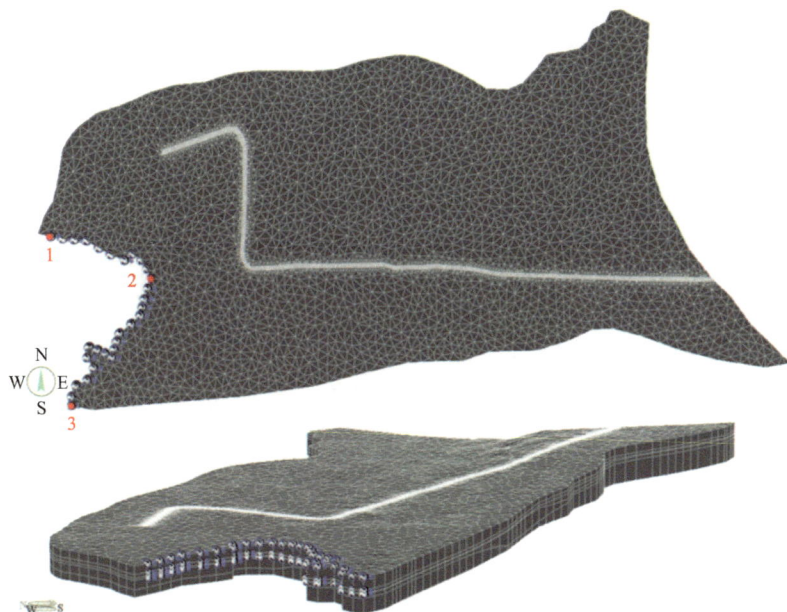

图 7.3-9　玉符河边界示意图

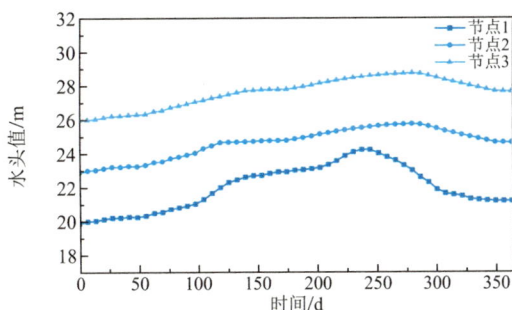

图 7.3-10　玉符河边界输入地下水头值

（3）南部——山前带流量边界

模型南部边界为山前地带，地下水经研究区以南的低山丘陵地区补给后向北流动，从南部边界进入研究区以侧向径流形式补给岩溶水含水层及第四系孔隙水含水层。如水文地质概念模型所述，将其概化为第二类流量边界。在 FEFLOW 模拟软件中设定南部流量边界

Fluid-flux BC 并通过 Time-Series 赋值实现动态补给流量的刻画。

根据济南地区水文地质资料，研究区南部山前地带的岩溶水含水层富水性为中等（井出水量范围为 $1000 \sim 10000 m^3/d$），根据南部流量边界全长 16.7km 推算该边界大致断面面积 S 为 $3.34 \times 10^5 m^2$，模型中输入值为补给水流通量 B（单位面积水的流量），按照 $B = Q/S$ 计算得到南部流量边界的补给水流通量范围为 $0.004 \sim 0.020 m/d$，而后在模型校正过程中不断调整，得到南部流量边界通量输入值如图 7.3-11 所示，其数值范围为 $0.00498 \sim 0.012 m/d$。

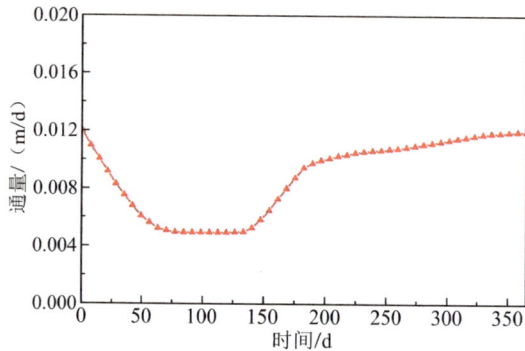

图 7.3-11 南部边界输入通量值

（4）东部——千佛山断裂边界

模型东部边界为千佛山断裂，如水文地质概念模型所述，千佛山断裂对于第四系孔隙水含水层来说为导水边界，对于岩溶含水层仅在南郊宾馆至明湖北路 4km 范围内具有透水性，在模型中将其概化为第二类流量边界，水流通量赋值为 0.014m/d。图 7.3-12 为模型中千佛山断裂边界的设置层位示意图，选取节点范围包括 Layer1～Layer5 中南郊宾馆以北一段的岩溶含水层区域、Layer1～Layer3 中的孔隙含水层区域。

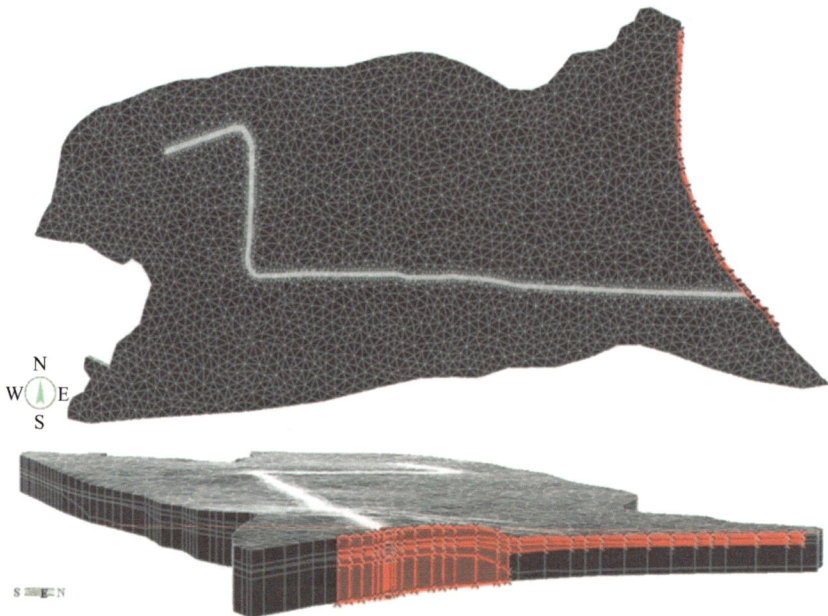

图 7.3-12 千佛山断裂边界的设置层位示意图

7.3.5 模型参数确定

数学模型中，水文地质参数同样是研究区地下水渗流问题相应特解的重要约束条件，也是对水文地质条件认识的归纳整理。用于地下水流模型的水文地质参数主要有两类：一类是含水介质参数，另一类是各源汇项参数及经验系数。

1. 源汇项

如水文地质概念模型所述，本研究根据实际情况确定源汇项包括：大气降水入渗、潜水蒸发、地下水开采，其中研究区内唯一涉及的腊山水源地已处于停采状态，实际地下水开采量难以概化，故在模型中暂不考虑。

（1）潜水蒸发

济南地区水位埋深大于 5m 时蒸发作用微弱，基本不再发生蒸发，本研究区大部分所处的槐荫区内，1997—2016 年的平均年内地下水位埋深变化范围为 4~5m，因此将其作为模型中一个源汇项。根据槐荫区地下水位埋深相关研究资料，水位埋深年内变幅小于 1m，3~5 月农灌时期大量开采地下水导致地下水埋深增大，而在 7~9 月汛期降水较多，地下水位呈现回升趋势，大致在 10 月至翌年 2 月，地下水开采量较少，地下水埋深基本维持在一年中的较低埋深状态（图 7.3-13）。在本模型中，根据收集到的槐荫区平均地下水埋深数据，计算获得输入年内潜水蒸发强度范围为 0.281~1.004mm。

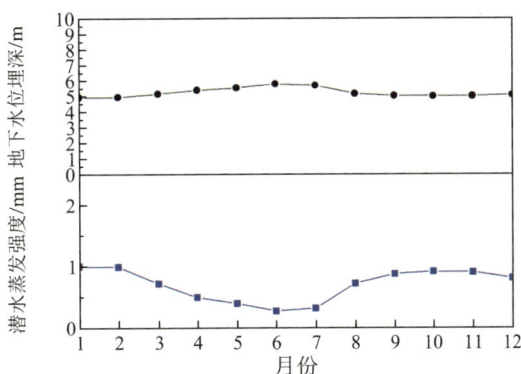

图 7.3-13 地下水位埋深变化及模型输入潜水蒸发强度

（2）大气降水入渗

大气降水入渗补给是研究区地下水的关键补给来源。避免因某一水文年降水特殊性带来的误差，基于收集到的符合研究区范围且有连续完整降水资料的东红庙、燕子山、刘家庄等雨量站的逐日降水量平均数据，在模型中进行降水入渗补给的赋值输入。

在 FEFLOW 软件中，将模型的第 1 层顶部 Slice1 设置为降雨补给层，根据研究区内土地利用类型、卫星影像资料等划定降水入渗系数的参数分区，分别划分为城市建设用地、城建空地、农田、山地及城市绿地，降水入渗分区如图 7.3-14 所示。根据《水文地质手册（第 2 版）》和济南市土地利用类型相关研究成果，降水入渗系数取值范围为 0.05~0.20，具体取值如表 7.3-2 所示。将一年内各周的输入降水量乘以各分区入渗系数，计算得到各分

图 7.3-14　降水入渗分区示意图

研究区降水入渗系数分区结果表　　　　表 7.3-2

分区	入渗系数
城市建设用地	0.05
城建空地	0.10
农田	0.09
山地	0.20
城市绿地	0.18

区在各周内输入模型的降水入渗补给值，图 7.3-15 所示为根据实测资料整理得到的正常降雨条件下研究区各周内降水入渗赋值数据及输入降水量，上述数据通过 FEFLOW 软件的 In/outflow on top/bottom 菜单项模块赋值到对应分区。

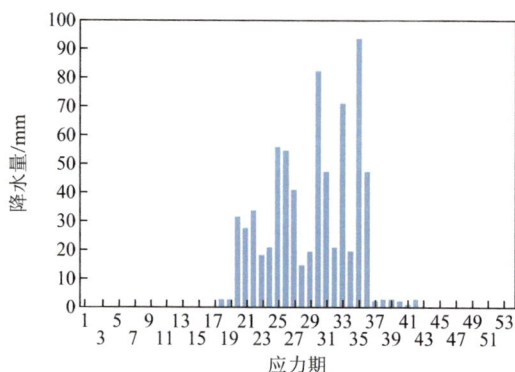

图 7.3-15　模型各应力期输入降水入渗补给量

2. 含水介质参数

含水介质参数是表征含水介质储水、释水能力以及地下水渗流速度的指标，一般通过前人研究中地层岩性与参数取值的经验关系给定。在构建上述水文地质概念模型、数学模型、区域地下水流场三维模型的基础上，本研究主要参考收集到的钻孔资料、济南轨道交

118

通工程详细勘察阶段的部分岩土工程勘察报告、水文地质资料中的岩性及富水性分区资料、相关水文地质报告等，综合分析水文地质条件，将研究区划分为若干参数分区，并确定各分区参数初始值及浮动范围，在模型识别校验阶段通过试估-校正法完成模型参数的确定。识别过程中主要遵循以下原则：（1）模拟地下水流场应与实际地下水流场基本一致；（2）模拟地下水动态过程应与实测动态过程基本相似；（3）模拟地下水均衡变化应与实际情况基本一致。

根据《水文地质手册（第 2 版）》及相关文献归纳可知：细砂、中砂岩性的松散岩类含水介质渗透系数K、给水度μ经验范围分别为 5.0～20m/d、0.08～0.13，作为本模型原第一层（Layer1～Layer3）中松散岩类孔隙含水层的渗透系数、给水度取值浮动范围；黏土、粉质黏土岩性的含水介质渗透系数K、给水度μ经验范围分别为 0.001～0.5m/d、0.01～0.045m/d，作为本模型原第二层（Layer4）中越流层的渗透系数、给水度取值浮动范围；碳酸盐类岩溶含水层的渗透系数K、给水度μ经验范围分别为 > 10m/d、0.03～0.10，作为本模型中 Layer1～Layer5 中岩溶含水层分布区域的渗透系数、给水度取值范围。本模型中确定最终参数分区如图 7.3-16～图 7.3-18 所示，经后识别、校验的各分区参数统计情况如表 7.3-3、表 7.3-4 所示。

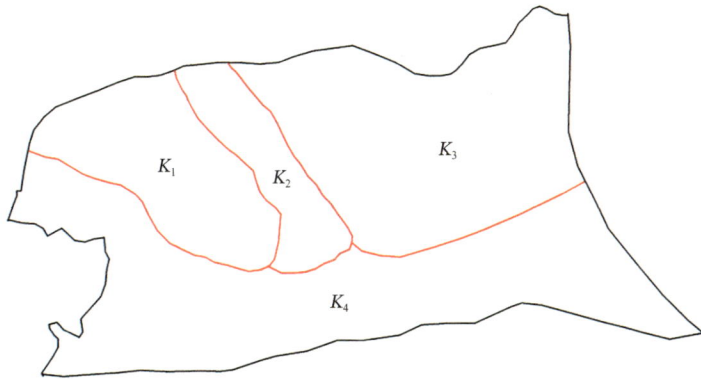

图 7.3-16　研究区第一层（Layer1～Layer3）参数分区示意图

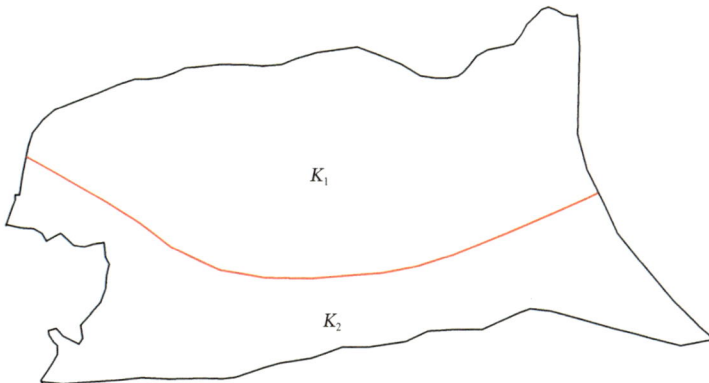

图 7.3-17　研究区第二层（Layer4）参数分区示意图

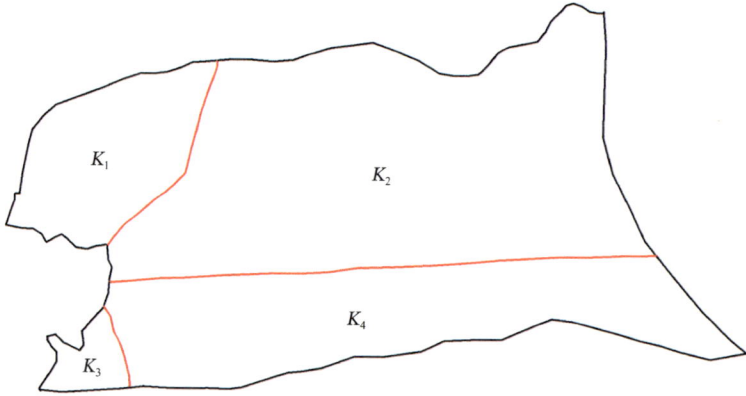

图 7.3-18　研究区第三层（Layer5）参数分区示意图

研究区渗透系数、给水度参数识别校正结果　　　　表 7.3-3

层位及参数		K_1	K_2	K_3	K_4
第一层 Layer1～Layer3	$K_{xx} = K_{yy}/(m/d)$	11.97	11.02	7.21	14.10
	$K_{zz}/(m/d)$	5.00	5.00	5.00	10.00
	μ	0.10	0.10	0.08	0.05
第二层 Layer4	$K_{xx} = K_{yy}/(m/d)$	0.16	34.16		
	$K_{zz}/(m/d)$	0.083	10.00		
	μ	0.01	0.05		
第三层 Layer5	$K_{xx} = K_{yy}/(m/d)$	32.25	30.91	33.02	34.16
	$K_{zz}/(m/d)$	10.00			
	μ	0.04	0.04	0.05	0.05

研究区孔隙度参数识别校正结果　　　　表 7.3-4

	K_1	K_2	K_3	K_4
第一层 Layer1～Layer3	0.31	0.34	0.33	0.33
第二层 Layer4	0.16	0.23		
第三层 Layer5	0.20	0.24	0.23	0.23

7.3.6　拟合校验情况

　　模型建立后需采用经过识别的参数，通过对模型的输入、输出结果进行对比分析，验证已建立的数学模型、定解条件的正确性，并观察模拟结果所得数据与实际观测数据的对应精确性。本模型基于收集到的 2020 年济南轨道交通 4 号线泉城公园站以西沿线地区的地下水位实际观测资料，以 7d 为一个应力期进行模型校验，模拟时间共有 365d，共包含 52 个应力期，以下为最终情况。

　　中国地质调查局《地下水数值模拟技术要求》中提出，对于降深较小（小于 5m）的地区，要求水位拟合绝对误差小于 0.5m 的时间节点必须占具有实际观测数据的时间节点 70% 以上；对于降深较大的地区（大于 5m）要求水位拟合绝对误差小于水位降深 10% 的时间节点必须占具有实际观测数据的时间节点 70%以上。对水文地质条件复杂的地区，地下水位的拟合精度均可适当降低。本模型以研究收集到的位于研究区范围内、有较为连续观测数据的济南轨道交通 4 号线建设区域 4 个观测井（9 号、10 号、11 号及 13 号）地下水位观测结果为基准对比拟合精度，各观测井位置如图 7.3-19 所示。由于 4 个观测井在验证时间范围内降深小于 5m，因此要求共 52 个应力期内至少 70%的应力期的模拟水位与实际水位绝对误差在 0.5m 以内即认为符合精度，具有一定可靠性。

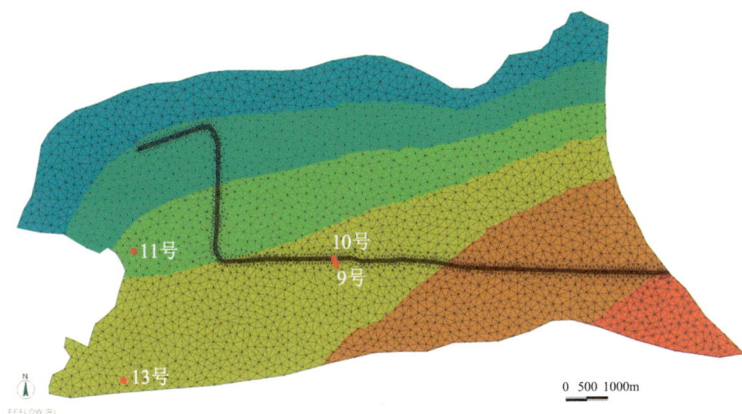

图 7.3-19　初始流场及观测井位置分布示意图

　　如表 7.3-5 所示为模型各应力期内各观测井水位观测值与模拟值对比，如表 7.3-6 所示为模型各月份水位拟合精度。图 7.3-20～图 7.3-23 分别为各观测井的模拟水位和观测水位的拟合曲线图。从地下水位角度检验模型拟合情况，最终拟合结果中，4 个观测井（9 号、10 号、11 号及 13 号）有连续地下水位观测数据作为对照的应力期数量分别为 44、50、50、42，符合 0.5m 绝对误差精度要求的应力期数量分别为 36、42、47、38。因此，模型 4 个观测井（9 号、10 号、11 号及 13 号）模拟水位中，符合精度要求的应力期数量占对照应力期数量的比例分别为 82%、84%、94%、90%，模型整体拟合度为 87.5%，即多数模拟计算值与实测值吻合良好，完全符合水位拟合精度要求。由各月份拟合误差百分比及均方根误差检验结果可知，9 号观测井平均拟合误差百分比、均方根误差分别为 0.97%、0.30m；10 号观测井平均拟合误差百分比、均方根误差分别为 0.51%、0.23m；11 号观测井平均拟合误差百分比、均方根误差分别为 0.32%、0.11m；13 号观测井平均拟合误差百分比、均方根误差分别为 0.61%、0.18m。综上判断通过本数值模型模拟得到的地下水位与研究区实际情况相符，可用于研究区地下水位的预测分析。

模型各应力期水位观测值和模拟值对比　　　　　　表 7.3-5

应力期	well-9		well-10		well-11		well-13	
	观测值/m	模拟值/m	观测值/m	模拟值/m	观测值/m	模拟值/m	观测值/m	模拟值/m
1	27.26	27.15	27.12	27.06	25.61	25.69	27.75	27.81
2	27.32	27.24	27.18	27.18	25.64	25.57	27.78	27.82
3	27.36	27.29	27.46	27.24	25.66	25.62	27.83	27.86
4	27.28	27.25	27.20	27.17	25.78	25.67	27.88	27.89

应力期	well-9		well-10		well-11		well-13	
	观测值/m	模拟值/m	观测值/m	模拟值/m	观测值/m	模拟值/m	观测值/m	模拟值/m
5	27.20	27.15	27.08	27.05	25.88	25.74	27.95	27.95
6	27.05	27.03	27.11	26.90	25.93	25.78	28.01	28.00
7	27.08	26.90	26.61	26.79	26.00	25.84	28.04	28.04
8	27.12	26.82	26.78	26.65	26.04	25.87	28.06	28.06
9	27.05	26.73	26.96	26.55	26.07	25.89	28.04	28.06
10	27.05	26.66	26.74	26.47	26.06	25.89	28.05	28.03
11	26.79	26.56	26.57	26.35	25.94	25.80	27.94	27.70
12	26.58	26.47	26.09	26.22	25.80	25.70	27.69	27.48
13	26.46	26.35	26.15	26.11	25.59	25.54	27.38	27.36
14	26.29	26.25	26.13	26.00	25.42	25.41	27.22	27.30
15	26.52	26.19	25.73	25.94	25.28	25.30	27.12	27.25
16	26.45	26.12	25.88	25.86	25.26	25.22	27.25	27.23
17	26.20	26.05	26.20	25.79	25.18	25.14	27.28	27.22
18	26.31	25.98	25.78	25.71	25.09	25.09	27.20	27.21
19	26.80	25.94	25.88	25.67	25.01	25.03	27.02	27.21
20	26.46	25.95	26.16	25.64	25.04	25.00	27.17	27.21
21	26.31	25.96	25.97	25.65	24.98	24.99	27.19	27.22
22	26.22	25.98	25.83	25.66	25.22	24.98	27.10	27.27
23	26.12	25.96	25.41	25.67	25.18	24.98	28.09	27.31
24	26.16	26.00	25.48	25.72	25.11	24.98	27.62	27.36
25	25.96	26.12	25.86	25.81	24.99	24.99	27.27	27.41
26	26.43	26.23	25.63	25.92	24.92	25.01	27.31	27.46
27	26.48	26.38	25.99	26.03	25.18	25.08	27.60	27.52
28	26.83	26.53	26.15	26.23	25.41	25.16		27.57
29	26.57	26.66	26.52	26.41	25.49	25.25		27.63
30	26.73	26.83	26.31	26.58	25.45	25.37		27.69
31	27.29	26.98	26.40	26.75	25.50	25.45		27.71
32	27.51	27.22	26.80	26.96	25.51	25.54		27.74
33	28.15	27.39	26.94	27.18	25.68	25.61		27.77
34	28.30	27.52	27.43	27.33	26.34	25.69		27.79
35	27.87	27.67	27.66	27.50	26.38	25.74		27.82

应力期	well-9		well-10		well-11		well-13	
	观测值/m	模拟值/m	观测值/m	模拟值/m	观测值/m	模拟值/m	观测值/m	模拟值/m
36	27.50	27.74	27.56	27.57	26.36	25.80		27.85
37	27.31	27.78	27.49	27.65	26.31	25.85	27.61	27.89
38		27.80	27.37	27.72	26.29	25.89	27.62	27.95
39		27.83		27.80		25.92		28.00
40		27.85		27.84		25.95		28.04
41	27.44	27.88		27.91		25.97		28.09
42	27.46	27.88	27.85	27.91	26.35	25.98	28.80	28.13
43	27.15	27.90	27.76	27.92	26.34	26.00	28.82	28.19
44	27.24	27.94	27.73	27.94	26.27	26.03	28.68	28.26
45	27.08	27.92	27.81	27.96	26.24	26.05	28.58	28.35
46		27.96	26.98	27.97	25.96	26.10	28.45	28.44
47		27.96	28.46	27.99	26.04	26.16	28.42	28.52
48		28.00	28.92	28.00	26.49	26.22	28.48	28.57
49		27.99	28.95	28.03	26.52	26.25	28.56	28.64
50		28.02	29.08	28.07	26.62	26.32	28.67	28.73
51		28.03	29.12	28.09	26.68	26.37	28.75	28.80
52		28.01	29.89	28.12	26.75	26.43	28.82	28.86

模型各月份水位拟合精度表　　　　表 7.3-6

月份	well-9		well-10		well-11		well-13	
	误差百分比/%	均方根误差/m	误差百分比/%	均方根误差/m	误差百分比/%	均方根误差/m	误差百分比/%	均方根误差/m
1	0.285	0.094	0.290	0.117	0.152	0.047	0.042	0.015
2	0.950	0.275	0.253	0.143	0.192	0.052	0.069	0.020
3	1.412	0.390	0.747	0.289	0.223	0.063	0.000	0.050
4	1.164	0.335	0.052	0.126	0.117	0.041	0.398	0.132
5	1.990	0.575	1.216	0.356	0.083	0.026	0.024	0.079
6	0.877	0.255	0.055	0.237	0.542	0.163	0.824	0.432
7	0.062	0.161	0.478	0.175	0.014	0.122	0.414	0.121
8	0.182	0.178	0.407	0.189	0.256	0.154		
9	0.827	0.480	0.246	0.185	0.660	0.281		
10	1.974	0.304	0.556	0.146	0.409	0.064	1.315	0.252
11			0.322	0.184	0.227	0.042	2.435	0.522
12			1.553	0.670	0.919	0.292	0.613	0.141

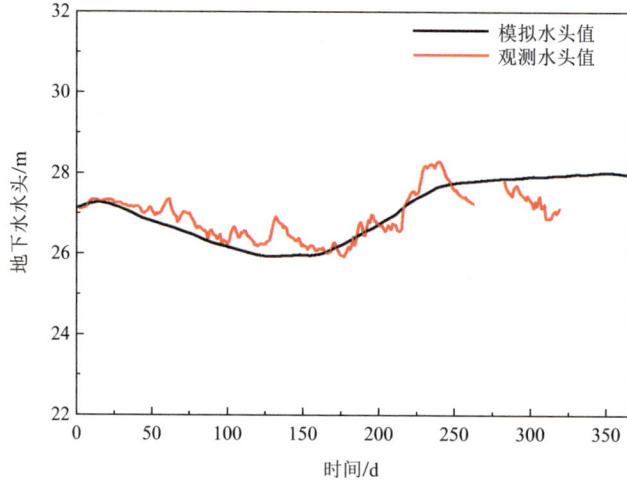

图 7.3-20　监测井 well-9 模拟值与观测值曲线对比

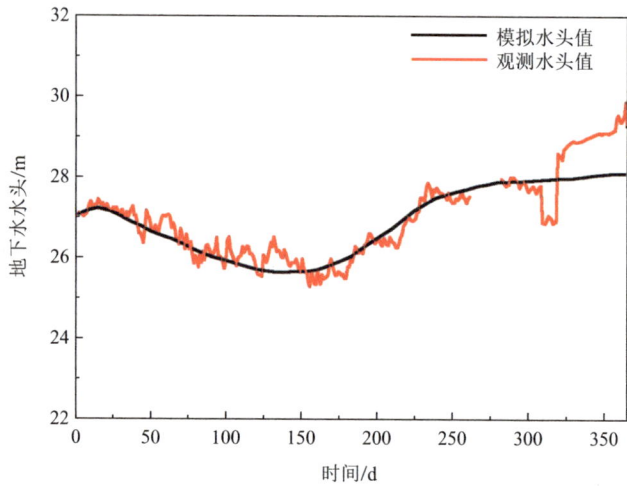

图 7.3-21　监测井 well-10 模拟值与观测值曲线对比

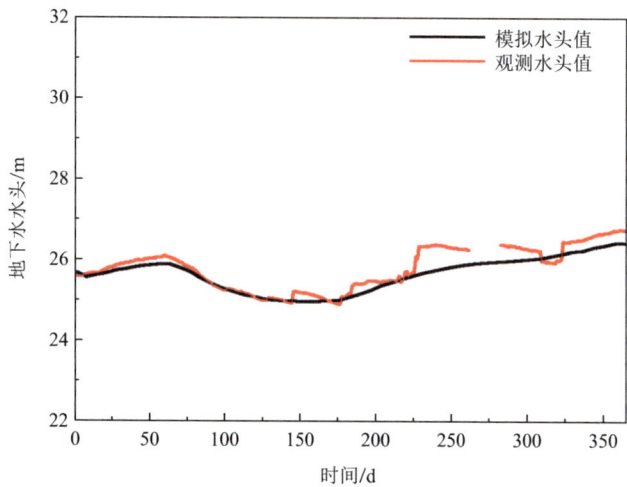

图 7.3-22　监测井 well-11 模拟值与观测值曲线对比

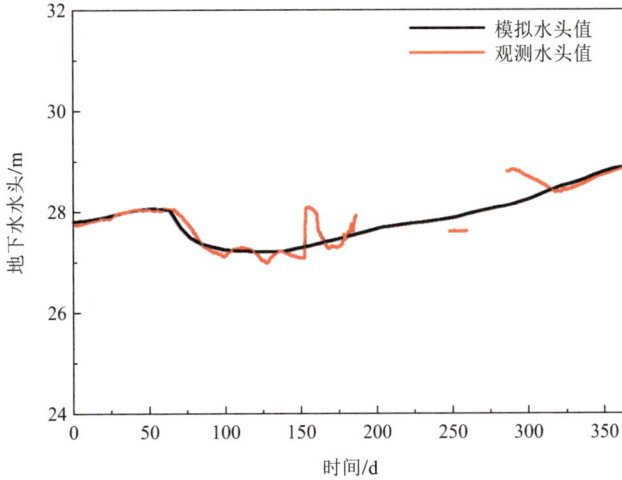

图 7.3-23　监测井 well-13 模拟值与观测值曲线对比

7.3.7　地下水均衡检验

均衡分析是模型可信度检验的重要指标，其结果可以作为模型定量检验的依据。如前文中的水文地质概念模型所述，研究区主要接受大气降水补给、东南部山区地下水侧向径流补给，以侧向边界排泄、潜水蒸发为排泄途径。在经过参数识别调整后的数值模型基础上，通过 FEFLOW 模拟软件中的 Rate Budget 菜单项模块导出并整理得到校验期内模型地下水均衡结果如表 7.3-7、图 7.3-24 所示。本研究区总面积约 100km²，由图表可知，在模型校验期内，研究区地下水年补给量为 65267.794m³/d，年排泄量为 6387.325m³/d，补排差为 58880.469m³/d，地下水在模型校验期内总体处于正均衡状态，符合实际情况。

研究区校验期水均衡计算结果　　　　　　　　　　　　　　　表 7.3-7

	补给项	m³	m³/d	百分比/%
地下水补给	南部山区来水	7077339.586	19389.971	29.70
	千佛山断裂导水带	1397555.607	3828.919	5.87
	大气降水入渗	15347849.708	42048.903	64.43
	合计	23822744.902	65267.794	100.00
	排泄项	m³	m³/d	百分比/%
地下水排泄	小清河排泄	−1712370.525	−4691.426	73.45
	玉符河排泄	−596688.364	−1634.763	25.59
	潜水蒸发	−22314.869	−61.137	0.96
	合计	−2331373.759	−6387.325	100.00
均衡差合计=58880.469m³/d				

模型各补给项中，大气降水入渗补给量为 42048.903m³/d，占总补给量比例为 64.43%，为研究区内最重要的地下水补给来源。参考济南泉域已有研究文献中的水均衡计算结果对

比验证本模型中降水入渗补给结果：由文献获知本研究区南侧某邻域约 1500km² 范围内的多年平均大气降水入渗补给量为 317000000m³（即 868493m³/d 左右），该结果与本模型地下水均衡结果中的大气降水入渗补给情况基本一致，差异之处在于：济南市降水量存在空间分布差异，南部山区平均降水量大于北部平原，且南部山区基岩出露面积广，故上述用于对比的研究区南侧某邻域内地下水接收大气降水入渗补给相对更多，总体上本模型大气降水入渗补给项结果可信。模型中占比次之的地下水补给项为南部边界的山区侧向流入补给量约 19389.971m³/d，占总地下水补给量比例接近 30%，由千佛山断裂流入研究区的地下水补给量为 3828.919m³/d，占比约为 6%。模型中，研究区地下水排泄以小清河、玉符河边界排泄为主，小清河边界地下水流出量为 4691.426m³/d，占总地下水排泄量比例为 73.45%；玉符河边界地下水流出量为 1634.763m³/d，占总地下水排泄量比例为 25.59%，而潜水蒸发仅占 0.96%，这一结果与研究区水文地质条件、水文地质概念模型及研究区内潜水蒸发实际情况一致。

综合含水层参数识别结果、水位动态模拟结果以及均衡项分析等方面信息，认为本研究三维地下水流数值模型达到精度要求，能够有效反映补给、排泄条件下的地下水运动规律及动态变化特征，可作为轨道交通 4 号线沿线地下水壅高问题的分析依据。

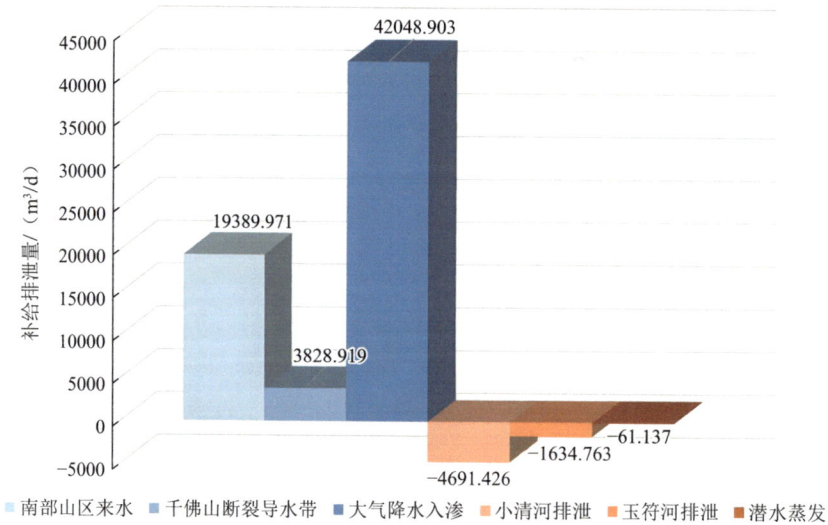

图 7.3-24　研究区地下水均衡结果图

7.4　轨道交通 4 号线壅水模拟预测及规律分析

7.4.1　正常情景下地下水壅高现象分析

如第 7.2 节所述，在构建并校验可行的地下水流场模型基础上，选定 4 号线研究区段内地铁工程单元网格，将其 x、y、z 方向的渗透系数、给水度、孔隙度等含水介质参数均赋值为极小值以代表完全衬砌无排水的地铁工程构筑物。模型中不设置异常降雨事件等影响因素，以此作为正常情景，用于定量分析地铁工程对地下水流场的影响及地铁沿线的地下水壅高情况。

1.地铁工程对区域地下水流场的影响

如图 7.4-1 所示为研究区初始时刻的地下水流场及地铁线路示意图,由图可知,研究区地下水整体上由南部山区流向北部小清河、玉符河等排泄边界,研究区内初始地下水头最高点位于研究区东南端千佛山附近,最低点位于小清河沿岸平原区。

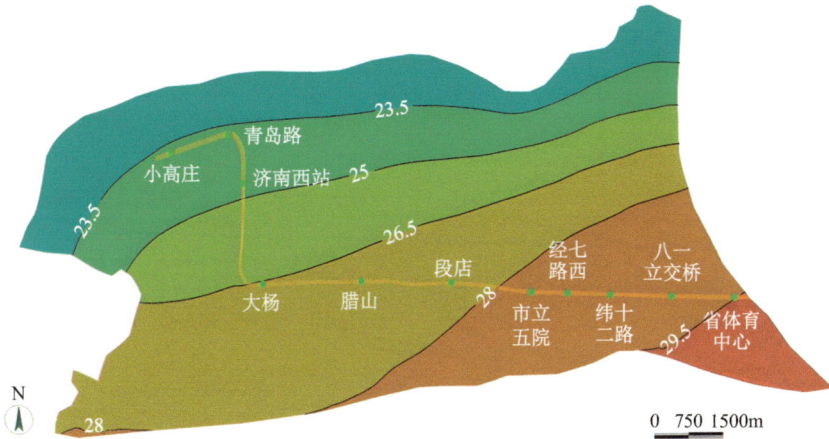

图 7.4-1　研究区初始流场-地铁位置关系示意图

轨道交通 4 号线研究区段不同区域在地下水流场中的位置关系存在差异:研究区东部的省体育中心站至纬十二路站区段地铁走向与地下水流向呈锐角(约 40°),含水层厚度相对较小,地铁工程侵入含水层比例相对较大。纬十二路站至市立五院站区段内,地铁走向与地下水流向夹角增大为 45°左右,阻水面积有所增大,该区段属于山地向平原的过渡地带,含水层厚度有所增大,地铁工程侵入含水层比例减小。由市立五院站往西,地铁走向与地下水流向夹角明显增大,至段店站、腊山站时,地铁走向与地下水流向夹角接近 70°,地铁工程对地下水径流的阻碍作用逐渐增强,含水层厚度进一步增大;至腊山站—大杨站区段,地铁走向与地下水流向夹角已接近 80°。轨道交通 4 号线研究区段中,仅大杨站—青岛路站约 3.6km 为南北向区段,与地下水流向夹角较小。此外,青岛路站—小高庄站区段长度约 1.4km,该区段接近小清河边界,地铁走向与地下水流向呈垂直相交,阻水面积最大。总体上,研究区内含水层厚度自东南部山区向西部平原区增大,在腊山站以西有所减小;轨道交通 4 号线研究区段除南北走向的一段外,其余区段地铁与地下水流向相交角度自东向西逐渐增大。

在正常情景下模拟得到含水层结构中存在地铁工程影响时的地下水流场,与未建成地铁工程时地下水流场相比,研究区北部(在整体上可视为地铁线路背水侧)地下水位有所降低:济南轨道交通 4 号线研究区段大部分位于研究区南部,地铁工程使研究区南部一定范围内的地下水位整体有所抬升,而研究区北部地下水位整体下降。例如,研究区东南部为地下水水头最高点,受地铁工程影响,该处水头值由 31.94m 上升至 33.04m,而研究区北侧小清河边界沿河一带为地下水水头最低点,水头值由 22.02m 降低至 18.86m。分析其原因为:由于地下水径流受阻,含水层过水断面面积下降,研究区北部地下水侧向补给减少,地下水位随之降低。此外,与研究区初始流场相比,地下水位等值线整体上变密,表明地铁工程使研究区地下水水力梯度总体呈增加趋势。叠加对比未建成地铁工程时地下水流场（图 7.4-2）可知，不论地铁存在与否，研究区地下水均由南部山区向北部平原区流动，地下水流整体上为东南—西北流向，表明济南轨道交通 4 号线研究区段未对研究区地下水流场的整体流向产生明显扰动。

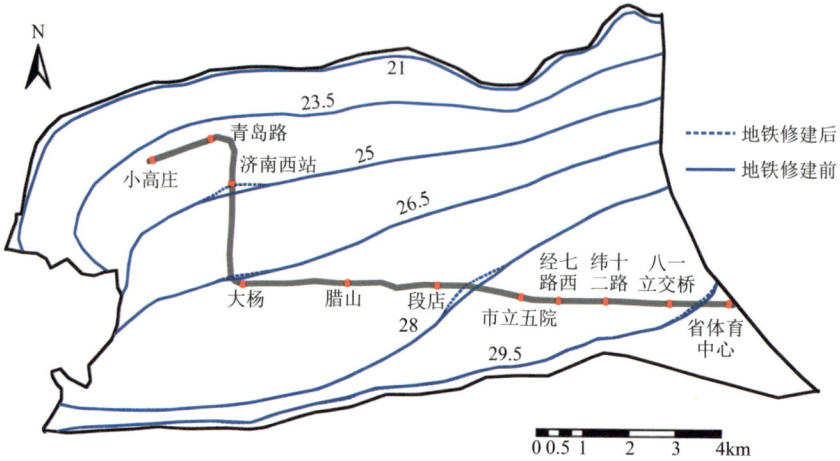

图 7.4-2　地铁建成前后研究区地下水流场对比示意图

　　就局部地下水流场而言，地铁工程势必造成不同程度的影响，例如地铁工程对腊山站—段店站区域以南一定范围内的地下水流向产生一定程度影响，使其由北偏西 28°左右增大至北偏西 44°左右，地下水流向与地铁走向的夹角呈现出减小的变化趋势，表明局部地下水流向在一定程度上受地铁工程阻碍影响。综上，地铁工程对研究区地下水流场的影响主要表现为阻挡作用，导致地下水在构筑物入流侧出现侧向流，并引发围绕构筑物形成的环向流，进而造成地铁沿线一定范围内出现地下水位壅高。

　　此外，正常情景模型中未设置强降雨事件，除通过改变地铁沿线单元格的介质参数形成地铁工程构筑物外，模型其余参数、源汇项均与未建成地铁工程时地下水流模型保持一致。如表 7.4-1 所示为地铁建成后 1 年模拟期内的研究区地下水均衡情况，由表可知，由于正常情景中无额外源汇项的加入，仅在含水层结构中形成了地铁沿线不透水结构，故正常情景中建成地铁后研究区地下水均衡变化较小，仍保持正均衡情况。但值得注意的是，各地下水排泄项所占百分比出现微小变化：小清河边界排泄占比减小约 0.11%，而通过玉符河及潜水蒸发的排泄量均有不同程度的增加。因此，地铁建成后的地下水均衡再次佐证了地铁工程将对南北流向的地下水渗流构成一定阻碍作用，但总体上并未对研究区地下水流场产生明显扰动。

正常情景下地铁建成后研究区地下水均衡　　　　　表 7.4-1

	补给项	m³	m³/d	百分比/%
地下水补给	南部山区来水	7077246.628	19389.717	29.71
	千佛山断裂导水带	1397132.534	3827.760	5.86
	大气降水入渗	15347835.022	42048.863	64.43
	合计	23822214.184	65266.340	100.00

	排泄项	m³	m³/d	百分比/%
地下水排泄	小清河排泄	−1709513.093	−4683.598	73.34
	玉符河排泄	−598351.594	−1639.319	25.67
	潜水蒸发	−22957.054	−62.896	0.99
	合计	−2330821.741	−6385.813	100.00
		均衡差合计 = 58880.527m³/d		

7.4.2　正常情景下的地下水壅高定量预测

1. 地下水壅高规律

由前人研究可知,地下空间工程对区域地下水流场的影响主要集中于工程运行前期,为分析济南轨道交通 4 号线研究区段运行前期的地铁沿线壅水规律,在数值模型中选取地铁沿线各站点迎水面附近观测点,在模拟期 1 年结束时导出数据,对比未建成轨道交通 4 号线时模型中各站点区域对应观测点的模拟结果,计算得到正常情景下各站点区域的地下水位壅高值如表 7.4-2 所示。由表可知,轨道交通 4 号线研究区段沿线各站点附近地下水位均出现不同程度上升,壅高值范围为 12.942～24.839cm,沿线各站点中,地下水壅高幅度最大处为大杨站附近,壅高值为 24.839cm;壅高幅度最小处为八一立交桥站附近,壅高值为 12.942cm。

正常情景下各站点区域地下水壅高值　　　　表 7.4-2

站点名称	X坐标	Y坐标	模拟水头值/m		壅高值/cm
			无地铁	有地铁	
小高庄	488018.6	4060569.7	23.700	23.871	17.022
青岛路	489261.3	4060948.6	23.736	23.904	16.801
济南西站	489571.3	4059916.9	24.755	24.981	22.566
大杨	489993.8	4057788.3	26.555	26.803	24.839
腊山	492129.9	4057838.8	26.999	27.196	19.651
段店	494076.4	4057803.4	27.622	27.801	17.908
市立五院	495811.6	4057600.5	28.328	28.485	15.647
经七路西	496591.2	4057577.7	28.599	28.752	15.375
纬十二路	497529.0	4057538.5	28.898	29.041	14.386
八一立交桥	498852.5	4057502.3	29.230	29.360	12.942
省体育中心	500220.0	4057469.8	29.558	29.689	13.064

轨道交通 4 号线研究区段沿线的不同区域地下水壅高幅度存在差异:济南西站—段店站区段地下水壅高幅度相对最大,平均 21.241cm;而研究区东部的市立五院站—省体育中心站区段内地下水壅高幅度相对最小,平均 14.281cm。地铁沿线地下水壅高的大致规律(图 7.4-3)可概括为:大杨站—省体育中心站这一东西向区段内,地下水壅高值由西向东逐渐减小,由大杨站处 24.839cm 减小至省体育中心站处 13.064cm,中间略有起伏,但整体规律保持一致;青岛路站—大杨站这一南北向区段内,地下水壅高值由北向南逐渐增大,由青岛路站处 16.801cm 增大至大杨站处 24.839cm。研究区段沿线的中、西部区域较其东

部区域的地下水壅高幅度整体更大，例如小高庄站—段店站区段内地下水壅高值相比其东侧的其余区段平均高出 38.6%。

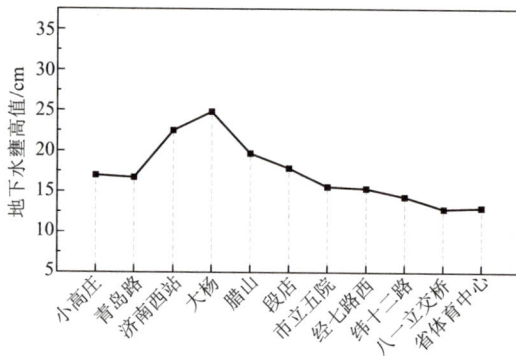

图 7.4-3　正常情景下研究区段沿线地下水壅高规律

如图 7.4-4 所示，地下水由南部山区向西北方向渗流过程中，首先受轨道交通 4 号线东西向区段（大杨站—省体育中心站）地铁工程构筑物阻挡，地下水发生绕构筑物渗流。在大杨站—省体育中心站区段内，地铁走向与地下水流向之间呈一定角度相交，夹角约 60°～67°，在该区段内引起地下水壅高平均 16.726cm，其中大杨站—市立五院站区域地下水流向较为集中，而东侧纬十二路站—省体育中心站区域的地下水位并未完全没过地铁工程构筑物（图 7.4-6），由此可能导致向构筑物底部绕流的地下水比例更大，故大杨站—市立五院站区域地下水壅高值相较大杨站—省体育中心站区段内东侧的沿线区域更大。

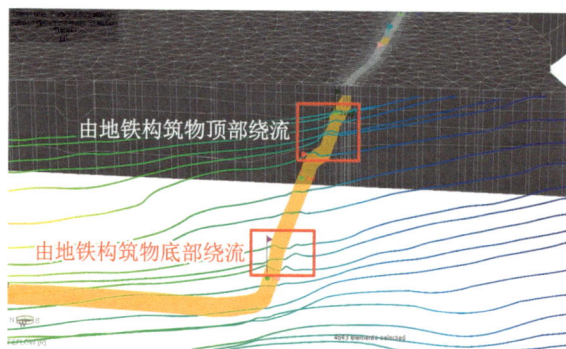

图 7.4-4　模型中地下水构筑物绕流部分迹线图

如图 7.4-5 所示，当地下水到达南北走向的青岛路站—大杨站区段时，由于地下水流向与地铁工程构筑物走向的夹角仍具有一定角度（10°～20°），引发济南西站迎水面附近产生地下水壅高现象，同时由于地下水流向与济南西站西北方向的小高庄站—青岛路站区段走向的夹角再次增大到接近 80°，地铁工程的阻挡作用导致小高庄站—青岛路站区段迎水面（即济南西站附近背水面）同样产生地下水壅高现象，由此在济南西站区域产生叠加效应，使得济南西站附近产生相对较高的地下水壅高幅度（22.566cm），同时引发小高庄站、青岛路站迎水面附近地下水壅高 17.022cm、16.801cm。

结合研究区水文地质条件、地下水壅高模拟结果分析，影响地铁沿线地下水壅高大小的主要因素包括：地下水流向与地铁走向之间的夹角、含水层厚度。地下水流向与地铁走向之间的夹角为主导因素，对地下水位壅高大小的影响程度最为明显：纬十二路站—市立五院站区段的地铁-地下水流向夹角相比其东侧的省体育中心站—纬十二路站区段增大约5°，阻水断面面积随之增大，在水文地质参数一致的情况下，即使其占含水层厚度的比例相比省体育中心站—纬十二路站区段更小，该区段内的地下水壅高值仍比省体育中心站—纬十二路站区段平均增大 12.4%。同样地，地下水由南向北流动过程中，虽然大杨站—段店站区段地铁在含水层中所占厚度比例相对较小，但由于该区段内地铁-地下水流向夹角相比东侧省体育中心站—市立五院站区段更大，故引起的地下水壅高值相比东侧区段平均增大 5.229cm。此外，由大杨站往北，南北向地铁走向对地下水径流阻挡作用减弱，但由于小高庄站—青岛路站区段的地铁走向与地下水流向呈完全垂直状态，对地下水的阻挡效应更为凸显，使得该区段迎水面南侧至济南西站附近仍维持一定壅高值。

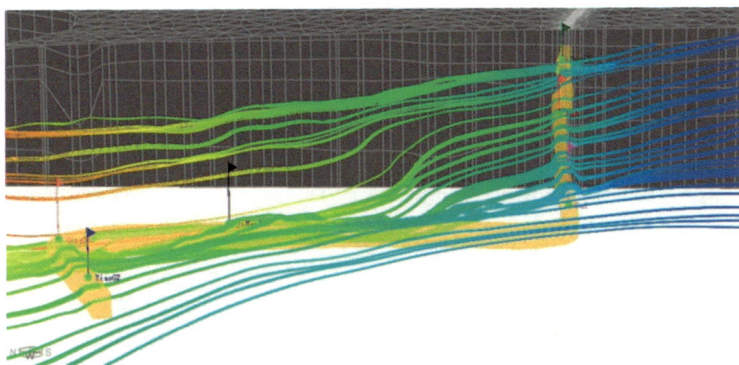

图 7.4-5　小高庄站—大杨站区段部分地下水迹线图

地下水壅高幅度还受含水层厚度影响：腊山站、段店站区域含水层厚度相比其西侧大杨站区域更大，据文献可知，厚度较大的含水层地下水壅高幅度相比厚度较小含水层的壅高幅度更小，这是由于厚度较大的含水层中，地铁工程侵入所占含水层厚度的比例更小，因此在地铁-地下水流向夹角近似、水文地质参数一致的条件下，腊山站、段店站区域的地下水壅高值相比大杨站减小约 6.059cm。综上，地铁-地下水流向夹角、含水层厚度均是决定地铁工程引发的地下水壅高幅度的关键因素，其中地铁-地下水流向夹角对地下水壅高的影响更为关键。各站点区域地下水位变化对比示意图见图 7.4-6。

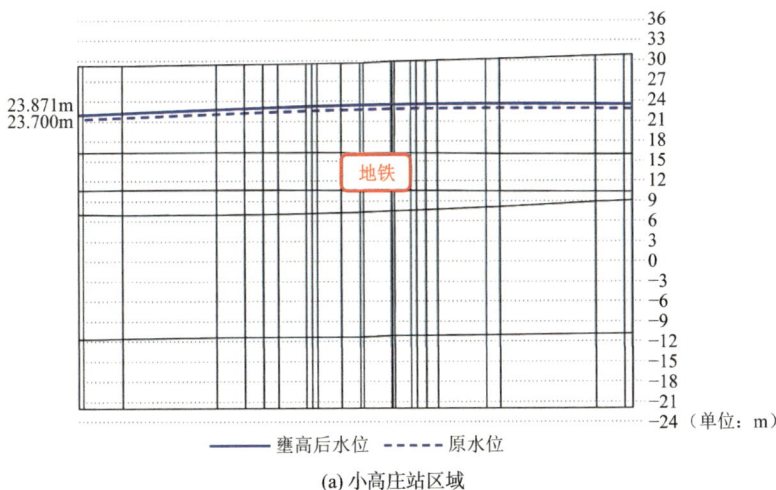

(a) 小高庄站区域

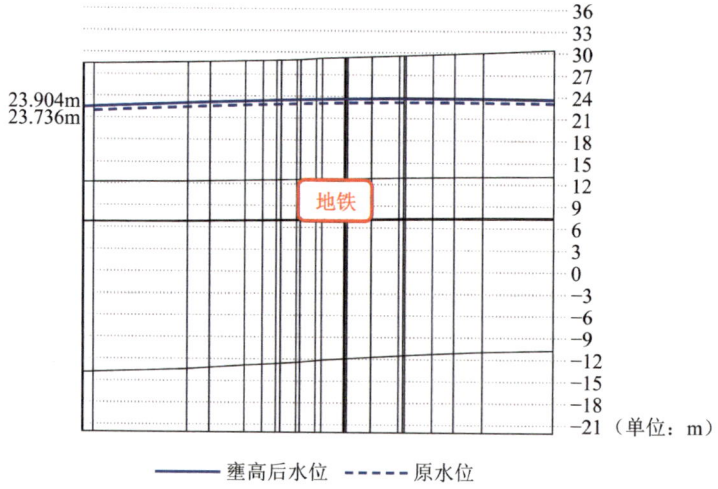

(b) 青岛路站区域

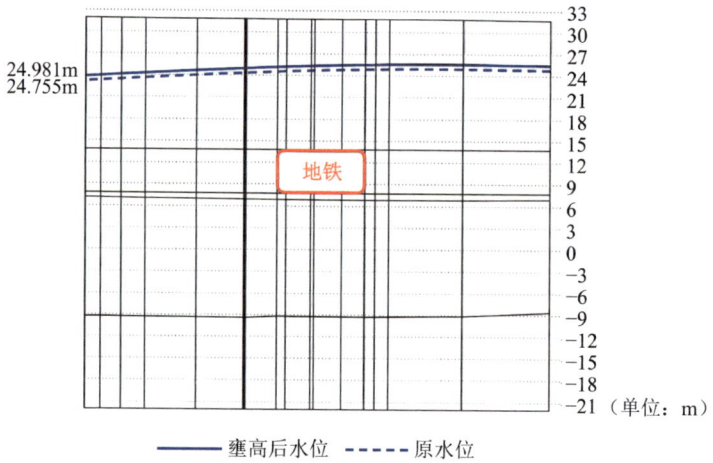

(c) 济南西站区域

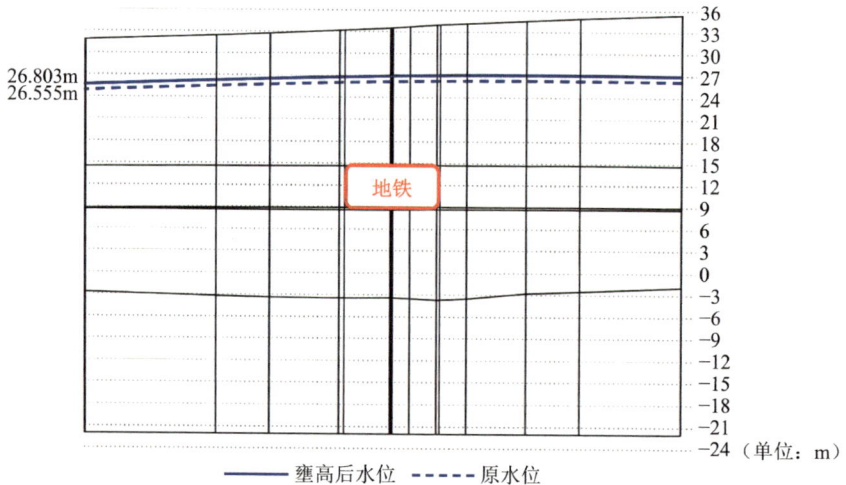

(d) 大杨站区域

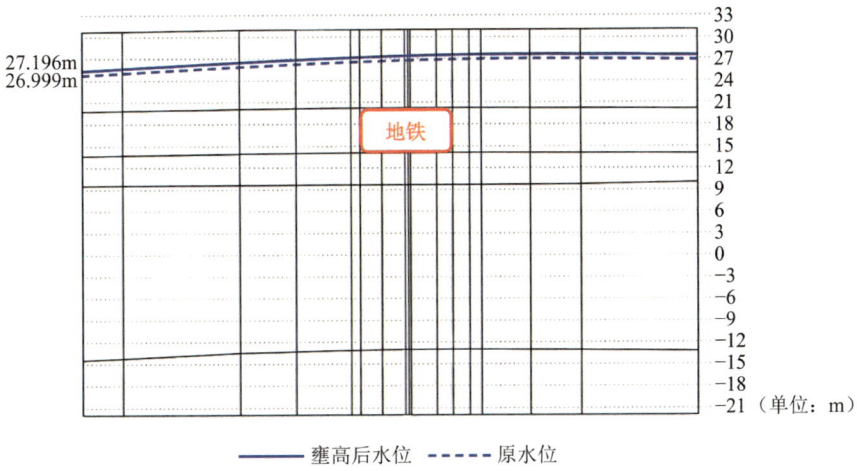

(e) 腊山站区域

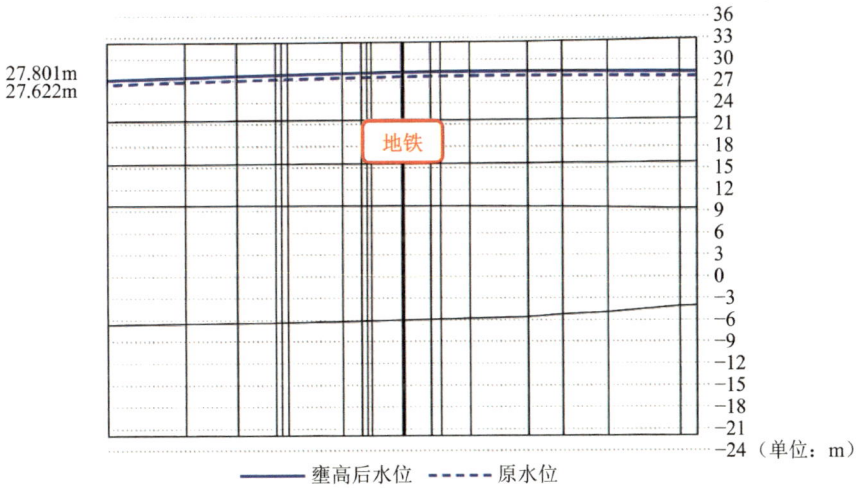

(f) 段店站区域

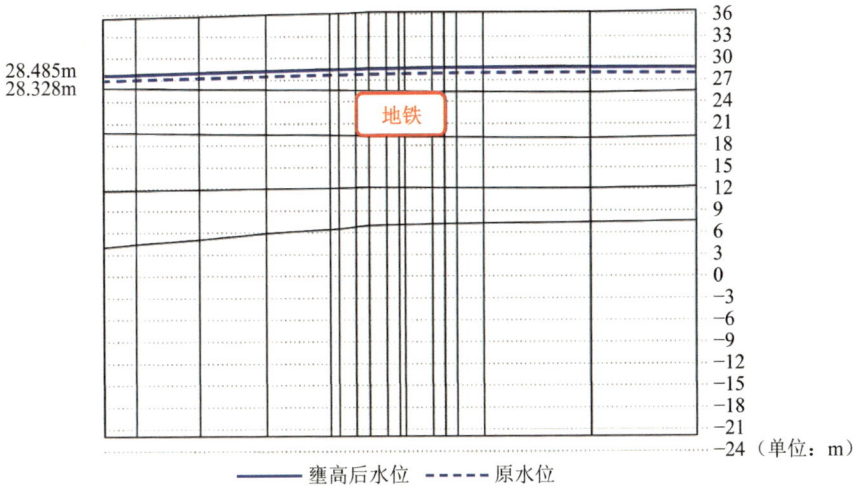

(g) 市立五院站区域

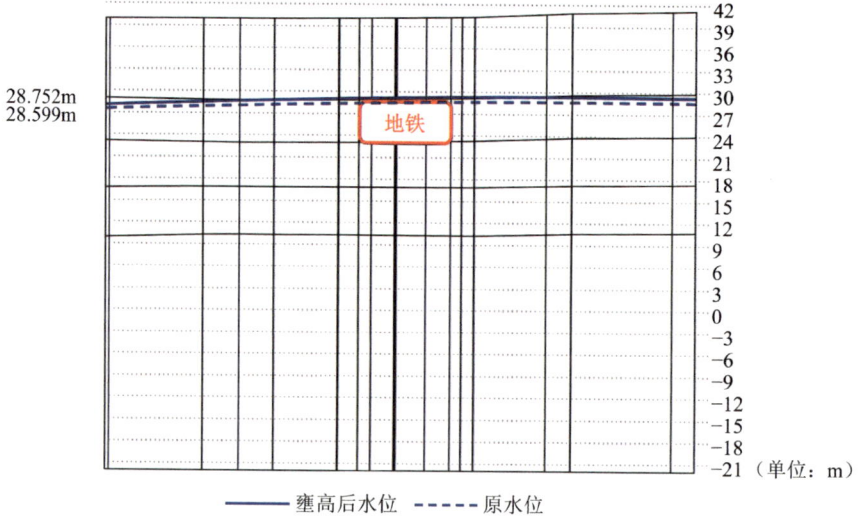

(h) 经七路西站区域

28.752m
28.599m

地铁

42 39 36 33 30 27 24 21 18 15 12 9 6 3 -3 -6 -9 -12 -15 -18 -21 （单位：m）

—— 壅高后水位　----原水位

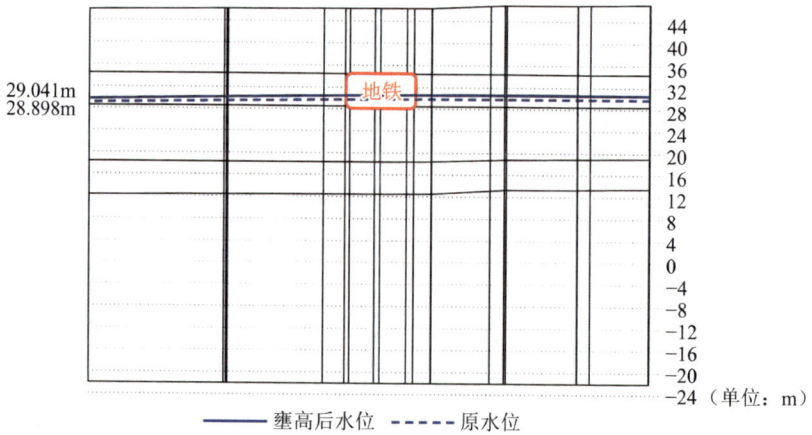

(i) 纬十二路站区域

29.041m
28.898m

地铁

44 40 36 32 28 24 20 16 12 8 4 0 -4 -8 -12 -16 -20 -24 （单位：m）

—— 壅高后水位　----原水位

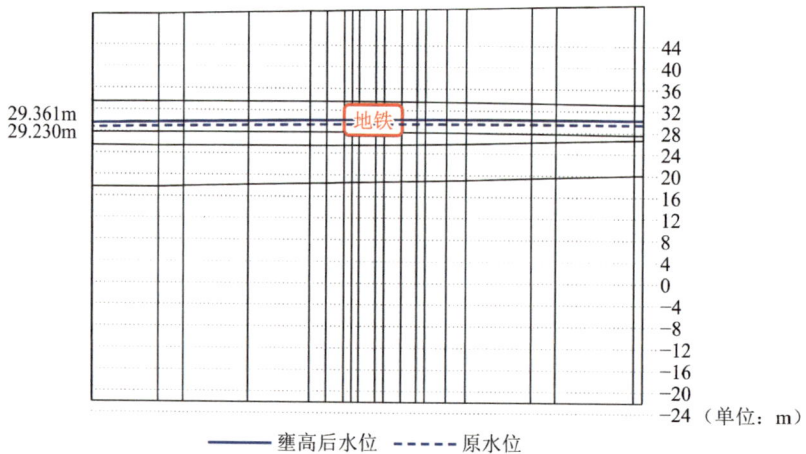

(j) 八一立交桥站区域

29.361m
29.230m

地铁

44 40 36 32 28 24 20 16 12 8 4 0 -4 -8 -12 -16 -20 -24 （单位：m）

—— 壅高后水位　----原水位

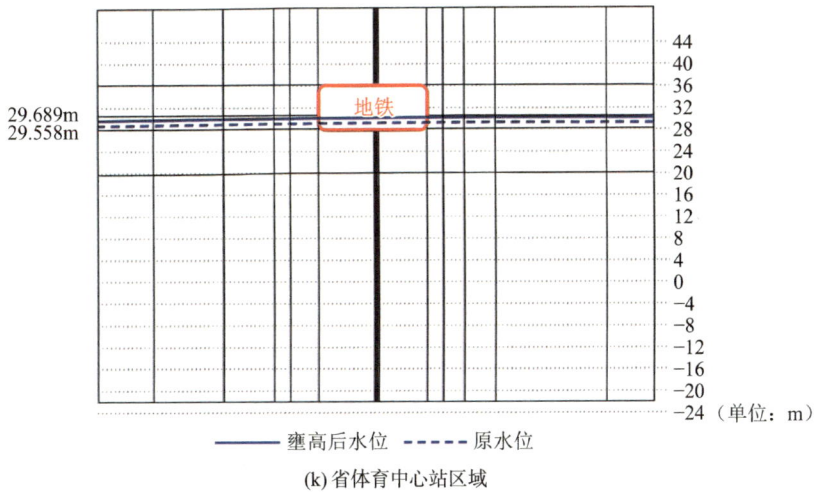

(k)省体育中心站区域

图 7.4-6 各站点区域地下水位变化对比示意图

2. 地下水壅高范围

在地铁沿线地下水壅高规律分析基础上，为确定研究区内轨道交通 4 号线修建带来的地下水壅高范围，在模型中布设选取 88 个观测点（图 7.4-7），用以获取各点地下水水头变化情况。具体做法为，从 FEFLOW 软件中导出数据并统计计算模拟结束时各观测点地下水壅高值，通过 ArcGIS 地统计分析中的克里金插值法，插值得到研究区内地下水壅高范围如图 7.4-8 所示。

通过 ArcGIS 地统计分析插值得到的正常情景下 4 号线研究区段沿线地下水壅高范围均为迎水面明显大于背水面，与已有地下水壅高现象的研究理论及实际均符合。结合各车站地下水水位壅高值及地下水壅高范围可知，研究区内地下水壅高值 > 0.00cm 的区域主要沿轨道交通 4 号线研究区段的沿线分布，其中济南西站以南约 1.5km 长度区段不存在较为明显的地下水壅高现象，其原因为该路段与地下水流向夹角较小，尤其在接近南北走向区段最南端大杨村附近时，与研究区地下水不存在影响关系，对地下水渗流不存在阻挡断面。研究区内产生地下水壅高现象的区域面积约为 12.645km²，占研究区总面积约 12.6%，其中小高庄站—济南西站区域地下水壅高面积约为 2.632km²，大杨站—省体育中心站区域地下水壅高面积约为 10.013km²。研究区内地下水壅高值较大（> 20.00cm）的区域主要分布于济南西站的迎水面及背水面、大杨站—腊山站区段迎水面附近，壅高值 > 20.00cm 区域总面积约为 1.465km²，约占总壅高面积的 12.21%。

沿线各区段中，大杨站—省体育中心站这一东西向区段是研究区内地下水壅高现象分布最为广泛的区域，地下水壅高幅度 > 0cm 的区域基本沿大杨站—省体育中心站区段呈带状分布，壅高带东西最长约为 10.7km，南北最宽约为 1.30km，分布面积约 10.0km²，占研究区总面积的约 10%，最北分布至大杨站—腊山站区段以北约 0.3km 处，最南分布至大杨站—腊山站区段以南约 1.0km 处，分布范围最南端位于大杨站东南方向约 1.50km 处、腊山站西南方向约 1.51km 处。大杨站—省体育中心站壅高带内，地下水壅高范围的空间分布规律与前述地下水壅高值规律一致，即大杨站—段店站区域地下水壅高范围较大，市立五院站—省体育中心站分布范围较小，雍高带最窄的区域位于八一立交桥站—省体育中心站区段，宽度约为 0.65km。

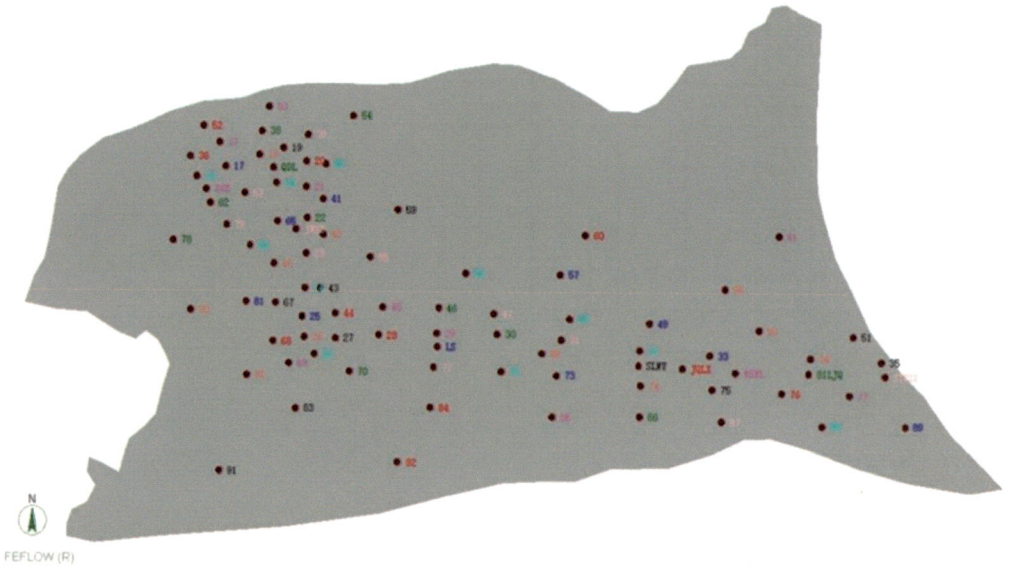

图 7.4-7　地下水雍高范围观测点布设示意图

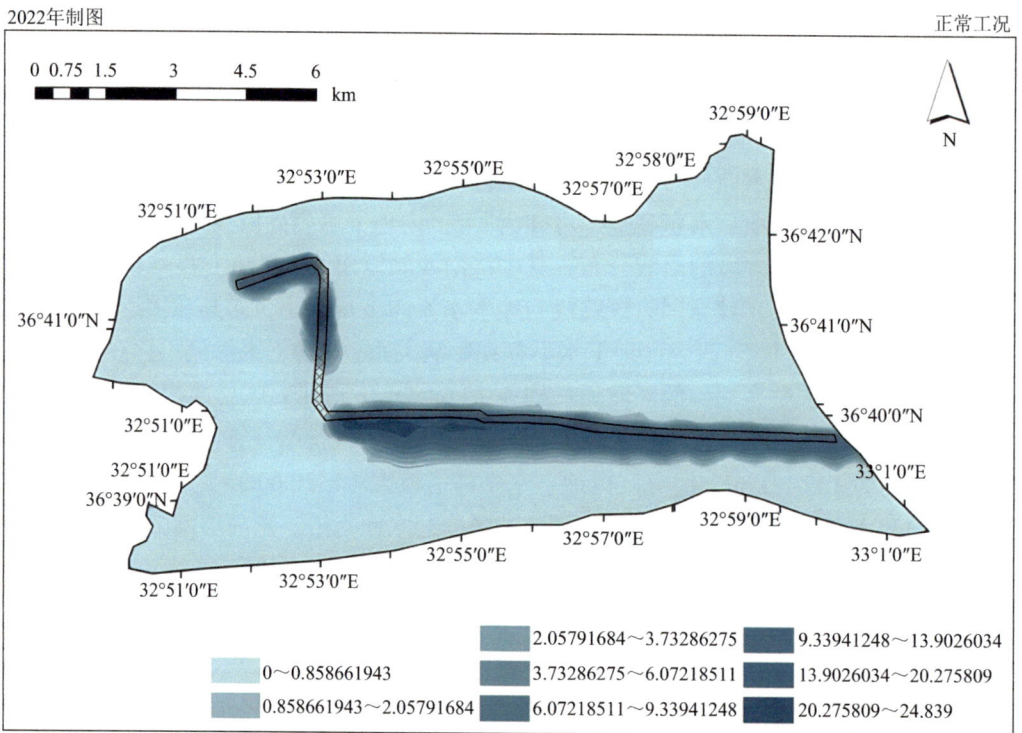

图 7.4-8　正常情景下轨道交通 4 号线地下水雍高范围图

　　济南西站附近的地下水雍高范围约为 1.171km²，未呈现出明显的带状分布。该雍水区域最北至青岛路站南侧，最南至济南西站以南约 1.0km 处，雍高范围南北长度约 1.81km，东西宽度约 0.91km，其中济南西站附近的壅高范围最西端位于地铁线路背水面约 0.47km 处，最东端位于地铁线路迎水面约 0.44km 处，此现象与上文分析的济南西站区域地下水壅高幅度叠加效应一致。济南西站以北的小高庄—青岛路站区段地下水壅高带面积约为 1.462km²，壅高范围亦基本沿小高庄站—青岛路站路段呈带状分布，长约 1.4km，宽约 0.71km，迎水面壅高范围明显大于背水面。

3. 丰水期壅高对比

为对比预测研究区在丰水期的地铁沿线地下水壅高情况，本模型将第 260d（即第 9 个月中的第 37 个应力期结束时刻）选定为丰水期对比时间点，在此时间点导出数据对比未建成轨道交通 4 号线时模型中各站点区域同一时间点的模拟结果，计算得到丰水期各站点区域的地下水位壅高值如表 7.4-3 所示。

由表可知，在丰水期轨道交通 4 号线研究区段沿线地下水壅高值范围为 16.949～29.077cm，因此在正常情景中，丰水期地铁沿线地下水壅高值相比枯水期平均高出 4.667cm。就地铁沿线各区域的地下水壅高规律而言，在青岛路站—大杨站这一南北向区段内地下水壅高值仍由北向南逐渐增大，由青岛路站处 22.218cm 增大至大杨站处 28.190cm。但在大杨站—省体育中心站这一东西向区段内呈现出一定差异：在大杨站—市立五院站区段地下水壅高值仍然由东向西逐渐减小，由大杨站处 28.190cm 减小至市立五院站处 16.949cm，但在该区段往东的经七路西站—省体育中心站一带，地下水壅高值到达平均 20.368cm，相比枯水期时平均高出 6.427cm，表明在丰水期，越接近东南部山区，地铁迎水面来水补给量越大，地下水壅高值相应的更大。

正常情景丰水期各车站地下水壅高值对比　　表 7.4-3

站点名称	X坐标	Y坐标	模拟水头值/m		枯水期壅高值/cm	模拟水头值/m		丰水期壅高值/cm
			无地铁	有地铁		无地铁	有地铁	
小高庄	488018.6	4060569.7	23.700	23.871	17.022	23.708	23.930	22.123
青岛路	489261.3	4060948.6	23.736	23.904	16.801	23.739	23.961	22.218
济南西站	489571.3	4059916.9	24.755	24.981	22.566	24.758	25.029	29.077
大杨	489993.8	4057788.3	26.555	26.803	24.839	26.560	26.842	28.190
腊山	492129.9	4057838.8	26.999	27.196	19.651	27.001	27.216	21.638
段店	494076.4	4057803.4	27.622	27.801	17.908	27.620	27.818	19.867
市立五院	495811.6	4057600.5	28.328	28.485	15.647	28.327	28.496	16.949
经七路西	496591.2	4057577.7	28.599	28.752	15.375	28.602	28.796	19.418
纬十二路	497529.0	4057538.5	28.898	29.041	14.386	28.899	29.073	17.351
八一立交桥	498852.5	4057502.3	29.230	29.360	12.942	29.235	29.440	20.526
省体育中心	500220.0	4057469.8	29.558	29.689	13.064	29.559	29.801	24.178

7.5 地铁车站地下水导流结构

由上述可知，在与地下水渗流通道垂向相交的地铁车站工程中，受基坑支护工程和车站结构的影响，地下水的渗流通道往往被局部阻隔，对地下水环境造成一定的影响，在水力坡度变化较大的地段可能局部形成地下水壅高现象，带来车站的抗浮安全隐患，甚至有可能引发工程渗水、涌水等安全问题。目前地铁车站设计方案已规避深部岩溶含水层，但对于浅层岩溶含水层地下水的渗流通道局部阻挡问题尚无有效的解决方案。因此，如何在保护地下水径流环境不受地铁车站阻隔影响的前提下进行轨道交通建设，已成为亟待解决的重大工程问题。针对壅高问题，提出一种地铁车站地下水导流结构，能将汇水系统、地下水补偿径流系统及排水系统有机结合，通过汇水系统将被车站结构堵塞的地下水流迅速汇集，经由地下水补偿径流系统将被车站结构堵塞的地下水导流到车站背水侧，通过排水系统将地下水流尽快疏散到原地层中，最大限度减小地铁车站建设对地下水环境的影响，以实现地铁建设与泉水保护的协调发展和共融共生。

地下结构如果位于地下水含水层中，须采取技术措施在围护结构中预留透水通道，减弱地下结构对地下水环境造成的不利影响。与全隔断式止水帷幕的工况相比较，采取通水措施连通上下游止水帷幕后的地下水位变幅要小得多。

7.5.1 卵砾石过水断面导流法

当地下水位位于地下结构顶板标高以上时，通过在结构顶板铺设卵砾石反滤层形成过水断面，确保从上游径流至轨道交通断面的上层滞水或第四系孔隙水可以顺利通过顶板上侧或底板下侧的砾石层迅速径流至下游，以确保径流至下游的地下水可以及时入渗，不会在轨道交通结构上游形成明显水位壅高，改变地下水径流场（图 7.5-1）。

当车站结构顶板不具备大范围铺设卵砾石层时，可采取盲沟过水断面导流方式进行地下水导流。在结构顶板以上沿线路走向每隔 15～20m 设置过水通道，通道宽 1.0～1.5m，高 1.5～2.0m，通道内铺设卵砾石反滤层并埋设过水管道，增强排水效果，地下水经过轨道结构断面后进行自然入渗径流。在反滤层顶铺设土工布，防止上部回填土经水浸泡形成泥浆填充卵砾石滤层孔隙。

该方法适用于地下水位高于结构顶板；结构顶板上部地层为强透水含水层的情形，导流措施发挥作用时需具备较高的水位条件，过水断面流量较小。

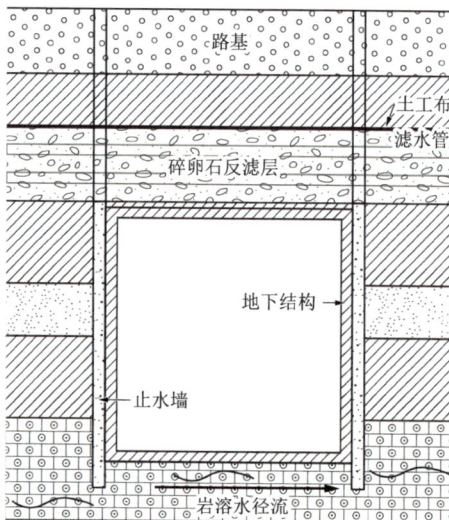

图 7.5-1　卵砾石过水断面导流法示意图

7.5.2 结构顶部管网导流法

当地下水位位于地下结构顶板标高以上时，且车站结构顶板上部地层渗透性一般而下部渗透性较强时，可通过在车站顶板上游一定范围内布置管壁有细孔的管网，使上层滞水或者第四系孔隙水通过管网进入导水通道，顺利进入下游，并同样使用管壁有孔的管网，使水再次入渗至地层中。

考虑轨道交通结构两侧上部地层渗透性较差时，可以采用导水通道与回灌技术相结合的导水方式，上游布设汇水井，下游布设渗井或回灌井，确保上游上层滞水或第四系孔隙水可以顺利通过导管，汇入下游渗井或回灌井，渗入下部渗透性强的地层中。汇水井和导水管可沿线路走向每隔 15～20m 布设（图 7.5-2～图 7.5-4）。

该方法适用于地下水位高于结构顶板、车站结构顶板上部地层渗透性一般而下部渗透性较强的地层，导流措施发挥作用时需具备较高的水位条件。

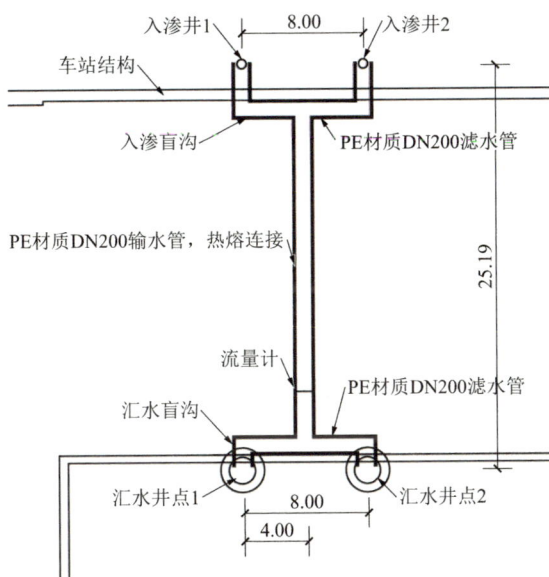

图 7.5-2 结构顶部管网导流法平面示意图

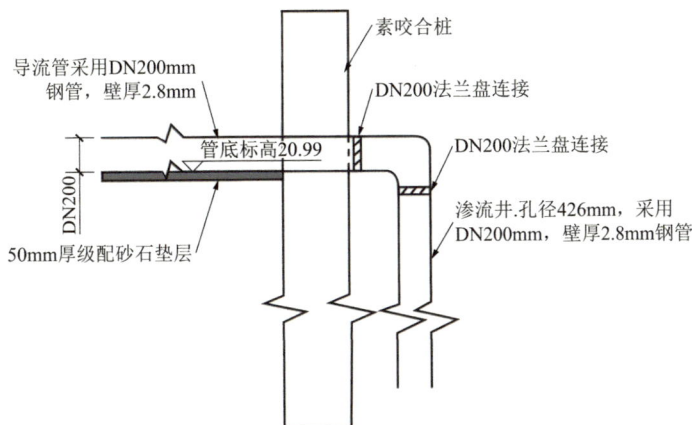

图 7.5-3 汇水井与导流管连接示意图

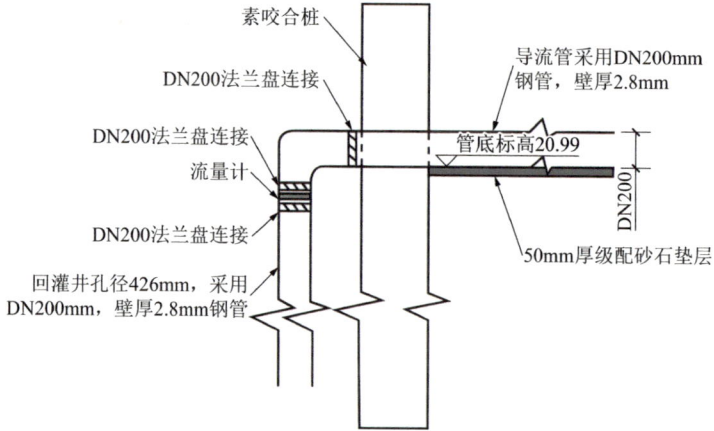

图 7.5-4　渗水井与导流管连接示意图

7.5.3　渗井井群导流法

当车站结构部位具有多层含水层，且车站结构阻隔上部含水层时，可在车站结构上游及下游分别布设相当数量的渗井井群，其深度应能达到连通两含水层的目的。结构以上上层滞水或第四系孔隙水可以通过汇集进入渗井，渗入下部渗透性强的地层中（图 7.5-5）。

该方法适用于车站结构部位具有多层含水层，车站结构阻隔上部含水层，下部含水层未被阻隔。

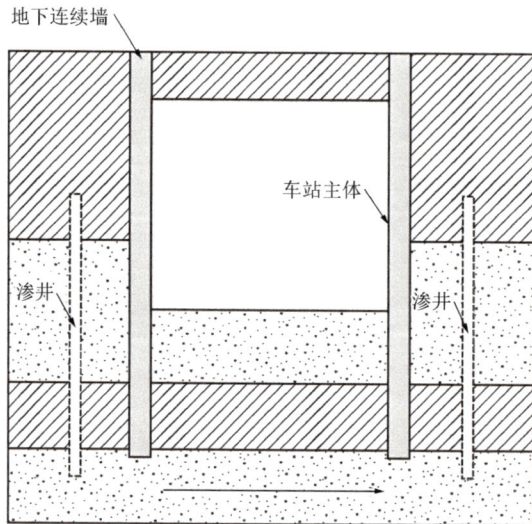

图 7.5-5　渗井井群导流示意图

7.5.4　灰岩区结构底部导流法

由于灰岩区地铁车站两侧岩土体强度较高，其支护方案一般采用间距 1.0～1.6m 的支护桩进行支护，而不是采取全封闭的地下连续墙方式施工。此外，支护结构与地铁车站结构间往往留有一定的空隙。因此，可充分利用其支护结构的桩间透水特性和预留空隙进行导流设计。

本方案在支护结构与地铁车站结构间预留空隙或桩间施工竖向渗井，周边填砂卵石透水层；施工车站结构前，在支护结构底部施工导流通道，使南北两侧地下水相连；竖向渗井应预留一定的沉淀段，防止泥砂堵塞导流通道（图 7.5-6）。

该方法适用于未采取全封闭形式支护结构的车站，支护桩间可透水，需具备一定的施工空间。

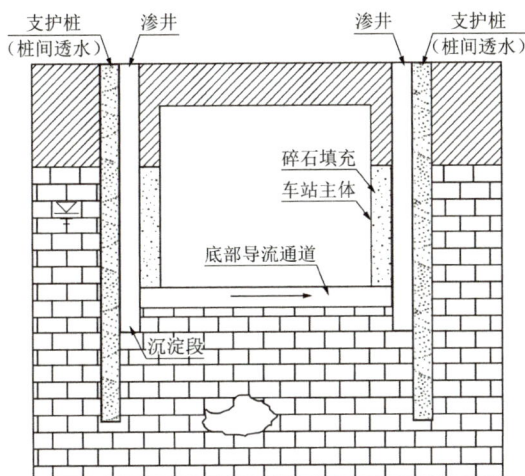

图 7.5-6　灰岩区结构底部导流示意图

7.5.5　地下连续墙结构底部导流法

由于地下连续墙围护结构在施工期间不但起到支护作用，而且具有隔水作用，如果施工期间在地下连续墙上修筑导水通道，必然会引起大量地下水涌入基坑对基坑安全产生影响。因此在地下连续墙修筑导水通道之前，需要在地下连续墙外相应部位先行进行止水帷幕施工。所述止水帷幕可以素咬合桩形式施工。然后在所形成的封闭空间内施工汇水井，汇水井周边充填砂卵石砾料，增大汇水面积。在车站结构底板修建完导水通道后，在地下连续墙开洞，使得导水通道与地下连续墙外侧汇水井相连。最后将外侧止水帷幕破除，使得围护结构外侧地下水能够通过汇水井进入到导流措施内（图 7.5-7、图 7.5-8）。

该方法适用于具有地下连续墙且需要在车站结构底部导流的车站，需要在地下连续墙外施工止水帷幕，需要一定的空间；施工造价及难度较高。

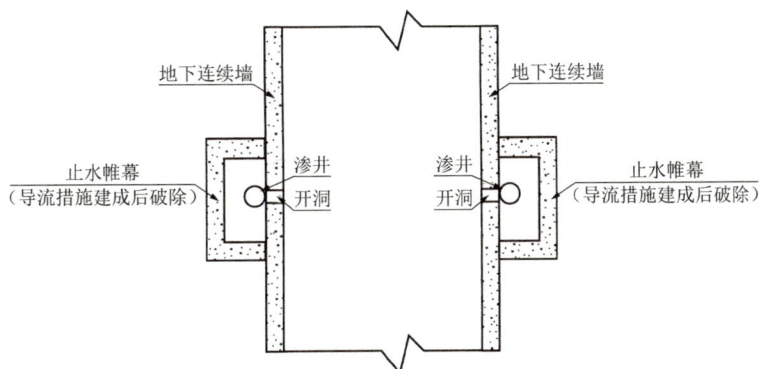

图 7.5-7　地下连续墙结构底部导流法平面示意图

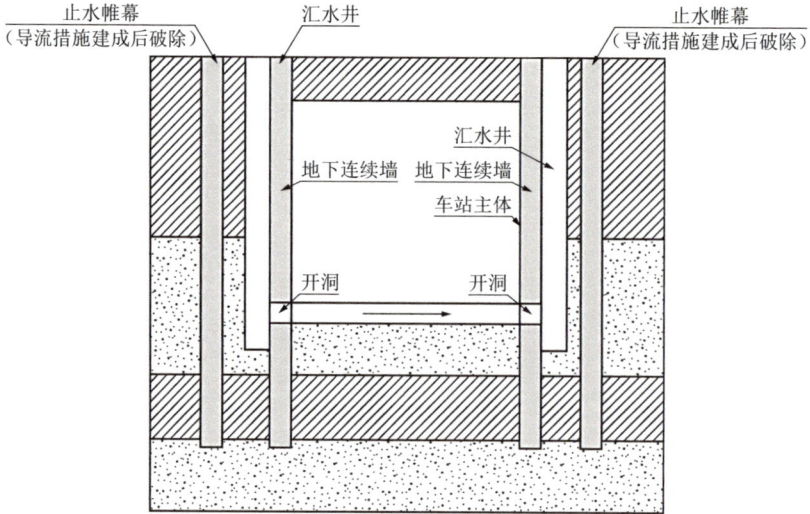

图 7.5-8　地下连续墙结构底部导流法剖面示意图

无论是地下工程开挖阶段的地下水控制技术和非降水开挖技术，还是在工程结构施工阶段预留恢复地下水径流通道，其本质均是保护特定水文地质区域地下水生态环境不受地下空间开发的影响。济南具有特殊的水文地质环境，地下水保护是全社会的共识，因此济南轨道交通建设针对不同的地质条件，结合轨道交通的对岩溶水补给的影响、不同埋深对径流的影响、不同埋深对水质的影响，采取地下水保护技术，保证技术效果达到预期地下水保护的要求。

7.5.6　应用案例

导流设计的"勘察—设计—施工—监测"理论体系和技术方法可在轨道交通、地下管涵、地下室等地下空间开发利用过程中的地下水环境保护领域推广应用，为规划、勘察、设计、施工及运营阶段提供地下水环境影响评价方法和保护技术支持。

结构导流技术目前已在济南轨道交通 4 号线一期工程岩溶区重点车站应用实施（图 7.5-9、图 7.5-10），通过设置导流通道以恢复地下水原始渗流状态，降低地铁车站对泉水径流区地下水环境的影响，使工程建设后的地下水渗流场与工程建设前的地下水流场基本趋于一致，实现了地铁建设与泉水保护的协调发展和共融共生。

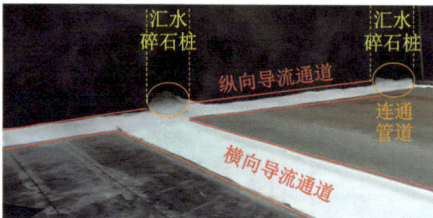

图 7.5-9　轨道交通 4 号线某车站导流措施

图 7.5-10　填充粗颗粒卵砾石层

以济南轨道交通 4 号线某车站为例，具体实施效果如下：

（1）地铁建设后，地铁车站建设后出现明显的"迎水面水位升高，背水面水位下降"现象。基坑迎水面边界位置水位较未建时有明显升高，水位壅高值介于 0.06～0.32m 之间，且中间位置水位壅高值最大（0.32m），基坑两端由于存在绕流，水位壅高值相对较小。为减小壅水对地铁站正常运行的影响，需要采用导流管进行疏导。

（2）采取卵砾石换填导流法和管涵导流法两种导流设计方法均可有效降低水位壅高，使地铁建成后的地下水渗流状态基本恢复至初始渗流场状态。

（3）提出在设计阶段采用欧式贴合度指标来评价导流效果，经模型试验及数值模拟验证，当导流面积恢复至被阻隔渗流面积的 20% 时，设置地铁车站后的地下水位与初始水位的欧式贴合度可大于 0.98，表明地下水壅高基本消失，导流效果良好，且可有效节省工程造价。

7.6　本章小结

地铁隧道对地下水渗流场的影响不可忽略。本章通过理论分析、室内及现场试验、数值模拟三者相结合，阐述地铁建设对地下水渗流的影响，并提出对应的技术研究，为地铁建设及后续运营提供理论及技术支撑。

（1）本研究基于有限单元法及 FEFLOW 数值模拟软件进行济南轨道交通 4 号线研究区域地下水壅高问题的求解，通过优化模型构建流程，建立研究区三维地下水流数值模型。综合含水层参数识别结果、水位动态模拟结果以及地下水均衡项分析等方面信息，本研究三维地下水流数值模型达到精度要求，能够有效反映补给、排泄条件下的地下水运动规律及动态变化特征，可作为济南轨道交通 4 号线研究区段沿线地下水壅高问题的分析依据。

（2）济南市轨道交通 4 号线研究区段在地下水流场中的位置特征明显且具有规律性，地铁走向与地下水流向之间的夹角整体上自东向西逐渐增大，地铁阻水面积随之增加，地铁构筑物占含水层厚度的比例整体上则呈现自东向西减小趋势。受济南轨道交通 4 号线研究区段工程影响，济南市西部平原区地下水的东南—西北向径流受阻，研究区南部山前地带与北部平原区地下水水力联系减弱，导致北部平原区地下水位略有所降低，区域地下水水力梯度有所增加，并在地铁沿线区域引发不同程度地下水壅高现象。但总体上，济南轨道交通 4 号线研究区段未对研究区地下水流场的整体流向产生明显扰动。

（3）针对壅高问题，提出一种地铁车站地下水导流结构，能将汇水系统、地下水补偿径流系统及排水系统有机结合，通过汇水系统将被车站结构堵塞的地下水流迅速汇集，经由地下水补偿径流系统将被车站结构堵塞的地下水导流到车站背水侧，通过排水系统将地下水流尽快疏散到原地层中，最大程度减小地铁车站建设对地下水环境的影响。

第 **8** 章

四维地质环境
可视化信息系统平台

8.1 建设背景

现阶段的信息平台无法为地下空间开发、地质环境四维评价、城市规划与管理方面提供更为详细、准确、多层次的地质信息支撑。为指导轨道交通线网规划与泉水保护，实现轨道交通智慧建设，在多位院士专家的建议下，济南轨道交通集团有限公司联合山东省地质调查院等多家单位，基于数字孪生理论，应用物联网、云计算、人工智能等先进信息技术，启动并建设了一套系统的（含地上建筑地理地貌特征、地下管线、空间开发、浅部工程地质、深部地层、浅部潜水、深部承压水）、多尺度的（模型的精度依据应用不同而区别处理）、四维的（三维空间地质环境随时间变化）、可视化（形象化展示是平台的核心任务）的信息系统平台。

四维地质环境信息平台通过整合城市三维地质结构、区域稳定性、工程地质和水文地质等多源数据，建立集地质模型和水流模型于一体的四维地质环境数据管理和服务信息系统，实现济南市超大规模地质环境数据的存储、集成、管理、展示和分析，为不同用户提供地质环境信息服务；为济南轨道交通全域线网编制、规划设计、施工建设和运营维护等各阶段工作提供决策支持，提高工程建设效率与安全性，规避地下不良岩土等风险，保障地铁建设的顺利进行。

8.2 技术支撑

8.2.1 四维地质环境耦合模型建模技术

精确界定泉域边界位置及其条件始终是一项极具挑战性的难题。通过深入探究泉域边界属性特征，以及地下水均衡状态的动态变化规律，创新性地提出了"半自动—交互—自动"三维地质建模方法。该方法有机融合了四维地质环境模型耦合技术，成功构建出覆盖面积近 2000km² 、具备可更新功能的高精度四维地质环境耦合模型。有效攻克了 20 余种大规模模型在同一视窗下耦合展示的技术瓶颈，为泉域轨道交通项目的水文地质动态监测工作提供了坚实可靠的模型指导依据。

1. 确定基于流域的泉域东西边界位置及性质

在区域地下水系统的研究体系中，边界条件的精准确定构成了整个研究的基石。目前济南泉域边界的认知存在两种主要观点，即断裂边界观点与断裂-分水岭边界观点。本研究运用数值模拟与水量均衡法，分别针对这两种边界观点下的泉域水均衡状况展开计算分析。研究结果显示，在两种边界设定下，趵突泉泉域均呈现正均衡状态，这一结论有力地印证了近年来济南所实施的保泉供水措施具备合理性与有效性。通过构建济南泉域断裂区域以及断裂-分水岭区域的数值模型（图 8.2-1），深入揭示了南大沙河流域（西部区域）的水流运动规律：大气降水在该流域转化为地表径流、孔隙水以及地下径流后，必然穿越马山断裂流出趵突泉泉域；同时明确了仅有南大沙河谷区孔隙水下渗补给形成的裂隙岩溶水，能够在寒武系单斜地层的控制作用下流入该泉域。在物理模型构建方面，对济南泉域南大沙河分水岭与马山断裂构造等关键水文地质条件进行了合理概化（图 8.2-2），并开展了降水条件下岩溶区土壤层—孔隙含水层—岩溶含水系统的动态变化模拟研究。此模拟研究成功揭示了降水入渗转化规律以及含水层储水量的动态变化规律，为协调地铁建设与泉水保护工作提供了坚实的理论支撑与科学依据。基于上述一系列研究成果，进一步发现泉域边界条件的改变会显著引发泉域水均衡状态的变化。具体表现为断裂边界泉域在补给量、排泄量以及均衡差等方面均大于断裂—分水岭边界泉域。综合考虑地表水与地下水之间紧密的水力联系及其相互转化关系，经严谨分析确定断裂-分水岭边界更契合趵突泉泉域实际的水文地质条件，从而精准界定了趵突泉泉域的东西边界范围。

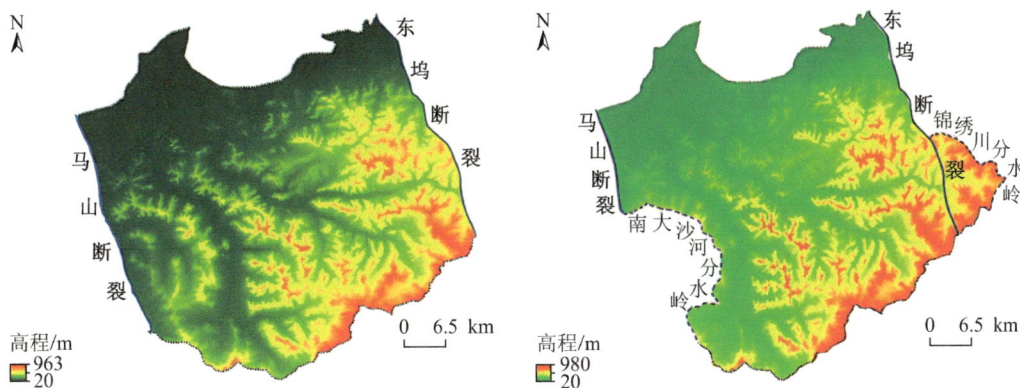

图 8.2-1　济南泉域两种边界示意图

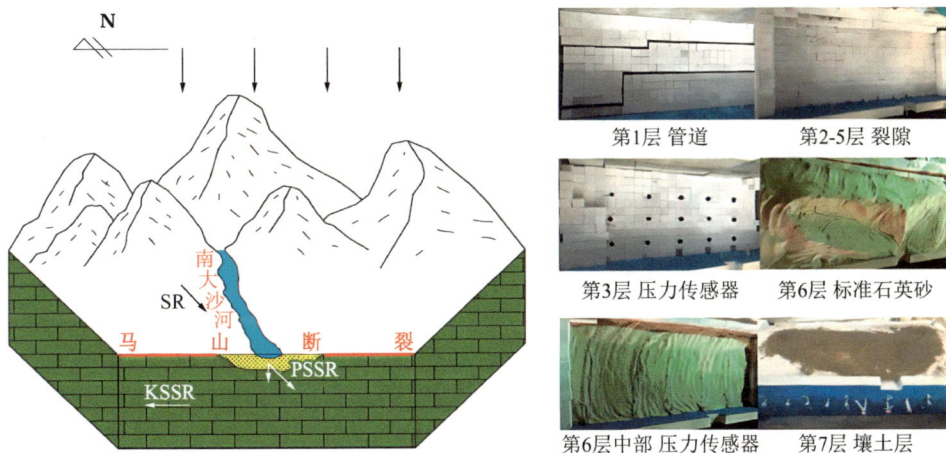

图 8.2-2　物理模型

2. "半自动—交互—自动"三维地质建模技术

大规模复杂三维地质建模核心是地质问题。过程模拟是地质建模的最终目标之一，不同的地质作用过程产生的地质体不仅形态上各异，而且特征属性也各不相同。仅就地层而言，沉积岩地层一般由沉积压实作用形成，一般为简单的层状地层；而岩浆岩地层一般由岩浆作用形成，其形状很不规则；这些岩石经过热液变质等变质过程后，其不规则程

147

度就很难从为数不多的数据推断出来；如果再经过地质构造运行，将形成极端复杂的褶皱和断层的复合体；对于计算机三维地质建模而言，应该能够提供可供选择的建模机制，以便处理不同地质过程产生的地质体。因此，复杂的大规模三维地质体模型目前只能在人工大量干预的情况下构建并实现自动更新。在充分收集整理了已有地质资料的基础上，引入标准化与分级建模思想，采用"半自动—交互—自动"建模方式，保证模型的准确性、开放性和可更新性。实际应用时，对于特定的建模区域，会有大量多个来源的钻孔、剖面数据，为了更好地融合利用这些数据，需专业人员整合整理钻孔原始分层数据、研究区其他资料、地质专业知识，制作标准地层分层表，实现钻孔分层和剖面绘制的半自动化处理。依据标准化后的钻孔和地质剖面进行人工干预交互建模，针对地质信息模拟与表达方法的不足和缺陷，借助计算机和三维可视化技术，直接从 3D 空间的角度、以数字化的形式去理解、表达和再现地质体与地质环境。最后通过虚拟钻孔、设置约束条件等方式保留交互建模的主要地质信息，实现对模型新增资料数据的开放的可自动更新功能，局部采用泛协克里格插值方法更新。绘制了地质剖面与单元格块体（64 条贯穿城市剖面，380 个单元格），最终建立了覆盖近 2000km² 的地质模型。具体建模方法总结，如图 8.2-3 所示。构建的三维地质模型实现了济南城区二/三维综合地质剖面、岩土属性剖面、地层等厚线沿任意线路范围的生成，同时可在局部钻孔密集地区进行自动建模更新。此技术成功应用于"透视山东"等省级三维地质建模中，已成为目前大规模地质建模最兼顾高效与模型精度的技术。

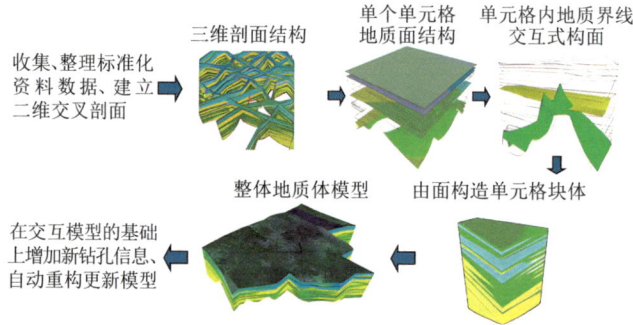

图 8.2-3 "半自动—交互—自动"建模方法

3. 四维地质环境模型耦合技术

对接 MapGIS 平台与 FEFLOW 系统，研发了模型方案管理、地质模型分层输出、数值模拟模型接入、参数对接、流场、水位可视化等功能，实现了水流模型与地质模型的耦合。结合远程调用及四叉树等技术，最终实现了对地下水模拟结果的直观、高效展示（图 8.2-4）。基于四维地质环境模型耦合技术，无缝集成数值模拟结果到四维地质平台，实现了三维地下水流场、水位在地质模型内的模拟可视化。同时，通过深度对接，提取封装传统数值模拟软件繁琐操作，结合实际应用场景，可在本系统中直接进行模拟参数设置与模拟计算，打破了地质模型与数值模拟之间的壁垒，开创了传统地质应用与数值模拟应用结合发展的新方向。开展了岩溶地层轨道交通建设的水文及工程地质风险分析研究，建立了岩溶地区地铁基坑流固耦合三维数值模型，结合实际施工步序进行了仿真模拟和风险分析，深入研究了基坑地下连续墙变形和周围地面沉降等工程风险问题，揭示了地铁换乘站基坑变形规律。突破了 20 余种大规模模型构建同一视窗下的耦合展示难题，特别是水流和地质模型耦合、属性模型和结构模型耦合、BIM 和 GIS 模型融合等，实现了地质环境从宏观到微观的仿真、耦合、分析、评价、模拟和预测，如图 8.2-5 所示。

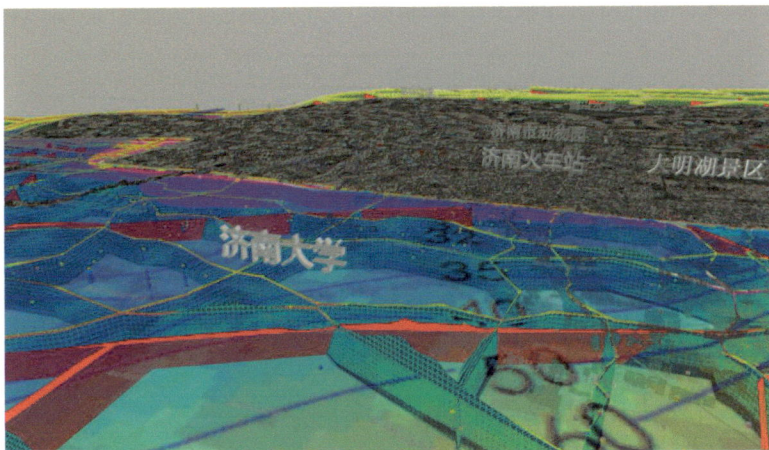

图 8.2-4　地下水位在三维地质模型中可视化

图 8.2-5　全空间一体化展示

8.2.2　环境可视化信息系统平台研发建设技术

通过开展多源数据自动关联、融合展示分析以及大数据共享技术研究，构建了济南城区四维地质环境可视化信息系统平台及数字档案，实现了四维、多源的地质环境大数据的应用与共享，为济南轨道交通各阶段规划建设提供了重要管理平台和决策支持。基于 GIS 基础平台建设了济南城区四维地质环境可视化信息系统平台，实现了地上景观模型（3DS）、建筑物模型（3DS）、地下三维地质结构模型、地下管线模型、地铁模型（BIM）、地下水流模型、地下水位模型等模型的融合。以四维地质环境数据库为基础，面向系统管理员、轨道集团专业技术人员、轨道集团管理层和社会公众，分别搭建了地学数据管理与维护平台、四维建模与可视化平台、四维地质环境决策服务平台和四维地质环境公共信息平台，为济南城市轨道交通全域线网编制、规划设计、施工建设和运营维护等各阶段工作提供决策支持。

1. 时空大数据归一化组织管理技术

针对不同类型的数据，使用 MapGIS、Oracle、MongoDB 等多种存储介质，根据数据特点建立了数据引擎之间的联系，采用大数据归一化组织管理技术构建了四维地质环境数据库，实现了多源数据的自动关联（图 8.2-6）。

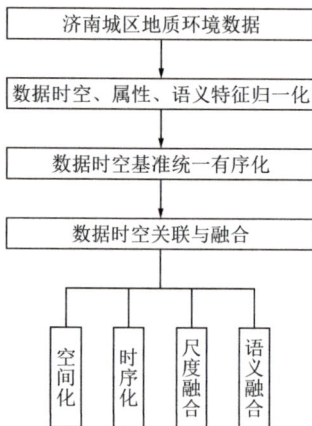

图 8.2-6　时空大数据归一化处理流程

（1）数据时空基准统一平台对数据的时间基准进行统一：对数据的采集日期采用公历纪元，采集时间采用北京时间；对数据的坐标基准统一到 2000 国家大地坐标系，高程基准统一到 1985 国家高程系统。

（2）数据空间化处理平台数据库建设过程中共收集整理了济南市 60 余年的相关成果，包括报告 200 余份，地质钻孔 3 万余个，水位数据 30 万余条，各类试验数据 10 万余条。需要对这些数据进行地名谱特征提取和空间匹配。

（3）时空数据"三域"标识平台将济南城区地质环境数据分为工程地质数据、水文地质数据、环境地质数据、倾斜摄影数据、三维模型数据、非结构化（文本）数据等形式，分别对其注入"三域（时间、空间、属性）"标识并将其时序化。用时间标识注记该数据的时效性，空间标识注记该数据的空间特性，属性标识注记该数据隶属的领域、行业、主题等内容。

2. BIM＋GIS 融合展示分析技术

基于 BIM（建筑信息模型）＋GIS（地理信息系统）融合技术构建了四维平台，实现了地铁几何结构与地质环境的一体化展示，满足了对宏观与微观地理空间信息查询、分析等需求，使轨道交通工程全生命周期的三维可视化管理更加合理、高效。本项目针对 BIM 模型数据量大的特点，开发了 BIM 模型轻量化导入功能，通过语义信息映射方法，首先对 BIM 的语义信息通过筛选、过滤、提取，进而得到 BIM 的几何信息，将 BIM 的几何信息转换为三维 GIS 的表达形式，最后将 BIM 中与几何信息相关联的语义信息映射到三维 GIS 中，在保证整体效果的情况下（图 8.2-7），经过轻量化处理后，BIM 数据简化了近 21 倍。

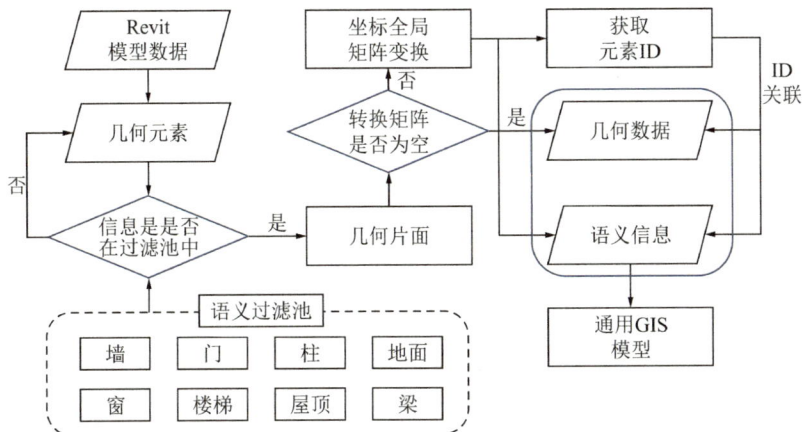

图 8.2-7　BIM 关键要素提取及数据转换流程图

3. 三维时空大数据高效共享技术

本项目通过对地质模型和地上建筑模型的分块处理，形成了三维模型的四叉树结构，以金字塔结构按照编码规则将不同粒度的数据存储于对应层级；引入 LOD 简化处理三维模型，减少了场景渲染的模型数据量，加快了显示速度，从而提高了平台渲染三维地物模型的流畅性；建立了面向三维模型数据组织的四叉树索引机制，最终实现了时空数据的高效共享（图 8.2-8）。

图 8.2-8　八一立交桥模型与实物对比展示

（1）模型的简化处理：①对地质模型进行分块处理，通过模型的经纬度来计算其所处的地形瓦片，从而确定每个模型与地形瓦片的空间关系，形成三维模型的四叉树结构。②对于地上建筑模型，按照一定的规则将分幅的行号和列号组成唯一编码，作为图幅的编号，最后以金字塔结构按照编码规则将不同粒度的数据存储于对应层级。

（2）三维模型 LOD 简化处理：LOD 技术主要应用于三维地质体中的实体建模，它的主要作用是消除视觉上的跳跃感，在良好渲染效果的基础上，加快显示速度。连续的 LOD 技术在显示的时候首先调用复杂模型，然后进行简化，减少表达该模型的数据量，从而加快了显示速度。

（3）建立三维模型四叉树索引：在三维模型分块处理时，每个子场景中可能包含多个模型，在可视化绘制过程中，需要大量的空间运算才能确定当前视域内三维模型数据集合，极大地影响绘制效率。针对这种情况，平台建立了面向三维模型数据组织的四叉树索引机制，并以其为支撑，提供三维数据模型的查询和下载等数据高效共享功能。

8.3 数字孪生城市四维可视化信息系统构建

8.3.1 系统总体框架构建

系统采用"1＋3"模式构建，即由1个中心和3个核心应用系统组成（图8.3-1）。1个中心是指地质环境数据中心，3个应用系统分别是专业版、管理版、公众版。地质环境数据中心是所有应用系统的数据支撑。

专业版基于C/S架构开发，由地学数据管理与维护平台（C/S）和四维建模与可视化平台（C/S）两部分构成，主要面向专业技术人员，解决专业技术人员数据建库、专业制图、评价及建模的需要。

管理版基于B/S架构开发，由四维地质环境决策服务平台（B/S）构成，主要面向集团管理层，为地铁规划建设及泉水保护提供信息服务。

公众版基于B/S架构开发，由四维地质环境公共信息平台（B/S）构成，主要面向社会公众，为社会公众展示济南地铁建设、泉水保护等信息。

图8.3-1 数字孪生城市全空间信息系统框架

8.3.2 数据库体系结构构建

数据库建设是数字孪生城市全空间信息系统建设的基础和前提，是集工作区监测与调查数据标准化处理、入库、服务、交换、共享于一体的数据处理与服务中心，包含基础地质、工程地质、水文地质、矿产资源、地球物理、地球化学、环境地质等多专题数据源。

数据库建设主要依赖地学数据管理与维护平台进行，技术人员可利用该平台进行数据导入、数据录入、数据导出、数据检查和权限管理等功能，对轨道交通建设与泉水保护相关城市地理空间数据、属性数据进行统一的组织管理。

1.数据库结构与功能

整个数据中心以存储工作区调查与监测数据为核心，为实现数据信息分析评价与应用及三维建模提供数据支撑。数据库由三部分组成，包括地质属性数据库、地质空间数据库和文档资料数据库，如图8.3-2所示。

地质属性数据库以数据表的形式表达，以.mdb格式存储，以现有数据为基础，预留未来可能产生的数据信息；空间数据库存储和管理地质结构模型、BIM模型、倾斜摄影资料及地质、水文地质平面图和剖面图，各种评价性图件和等值线图件、各种预测性图件等，以 MapGIS 专用储存格式.hdf 储存和管理；文档数据库存储和管理系列成果资料、钻孔和监测资料的原档数据，以 word、WPS、tiff、gpj、PDF 等格式存储和管理。

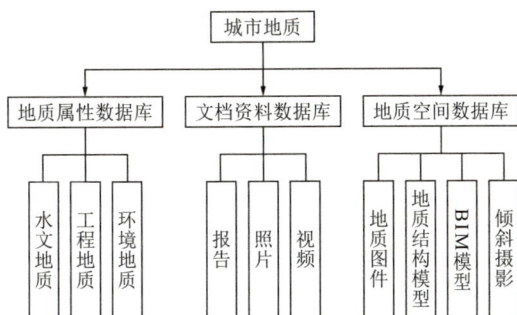

图 8.3-2　济南四维数据库结构图示

（1）地质属性数据库

为实现对各类城市地质信息的采集、标准化数字化处理、提取与建库等，需要提供基于 GIS 平台建立数据库必须的概念模型、数据模型、数据标准、数据代码和数据接口，以实现城市基础地质数据库与其他分布式数据库之间的信息传输与交叉访问。

对应批量数据和新采集数据开发数据导入或数据录入功能，实现各类数据信息的录入及批量导入，以及数据库数据的添加、删除、修改和更新等操作。

针对项目中收集到的已经电子化的地质数据，系统将提供地质数据的导入功能。包括工勘钻孔、地下水监测等属性数据的导入，实现 Access、Oracle、SQLServer、Excel 格式的属性数据之间的互导。属性数据支持的数据类型包括：钻孔基本信息及相关试验数据；地下水监测数据；野外地质调查数据（水文点、泉点、岩溶等）。

（2）地质空间数据库

空间数据主要包含各比例尺地质图、遥感影像以及矢量成果图件。由于项目工作涉及的范围广，部分资料可能来源于不同部门，地质资料数据存在格式不一致的现象，针对这一情况，系统提供多种空间数据格式的兼容和转换功能来保证数据建库格式的统一。

对于各种栅格影像数据，系统将提供多种影像数据格式的转换工具，确保影像能顺利导入 MapGIS 空间数据库。也支持将本系统遥感影像输出为常用的影像格式（如.jpg，.tif 等）。

对于各类矢量图件数据（如常见的 MapGIS6 文件），支持无损升级到 MapGIS10 格式进行数据入库，并可对相应的符号库进行升级挂接。除此之外还支持 MapGIS 矢量文件与 ArcInfo、AutoCAD 等文件之间的转换功能。

（3）文档资料数据库

文档资料管理模块提供照片、报告、表格等原始地质资料数据的入库、关联和检索功能。

针对轨道交通建设过程中以及以往地质工作中产生的工勘报告、野外照片、保泉报告等文档资料数据，平台提供单文件和批量上载工具，将数据统一上载到数据库服务器进行存储。

入库的专题属性数据和图文地质资料可相互关联与检索。属性数据与图文资料通过元数据建立关联，在数据查询时，可以实时查询关联的图文资料。

（4）标准地层管理功能

项目收集到的钻孔资料来源复杂，不同时期地层划分标准也有所不同，需要进行地层标准化管理。系统提供标准化地层管理功能，辅助专业人员根据工作区实际地层情况确定地层划分标准。钻孔入库时，技术人员综合钻孔原始分层数据、研究区其他资料、地质专业知识，在已完成编辑的标准地层表的基础上对入库的钻孔原始分层数据进行相应处理，将钻孔分层数据标准化后入库。

2. 数据库层次

数据库涉及的数据资料庞杂，具有来源广、类型多、数量大的特点，根据数据资料的作用、研究程度的不同，在纵向上可将数据划分为不同层次，如图8.3-3所示，即：原始数据层、基础数据层、模型数据层、成果资料数据层，其抽象层次依次由低到高，上层数据基于下层数据构建。在每一个数据层上即水平方向上，则参照专业分类和数据类型将本层数据进行分类。实际建库时，既可以按照每层一个库的方式构建，也可以将所有数据存放在同一个物理数据库中。

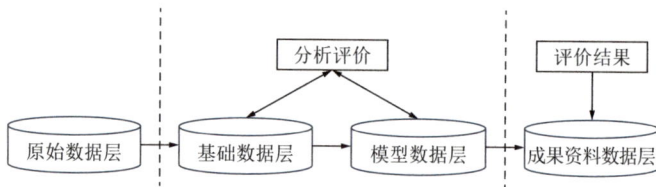

图 8.3-3　数据层次关系图

（1）原始数据层

原始数据层是指项目实施过程中通过各种途径收集来的钻孔原始分层资料、各类野外调查卡片、各种测试数据、水位数据、水质长期监测数据、各类地质环境资料等。这一层次的数据作为系统最原始资料保存一般不允许更改。这一层次的数据为搜集或采集到的第一手资料，涉及不同时期、不同来源的数据，格式复杂，收集的资料通过录入电子表格等形式进行规范化处理。

（2）基础数据层

基础数据层指系统进行常规分析评价、三维建模所使用的基础数据的集合，包括地理空间数据、遥感影像数据、钻孔数据、基础地质数据、水文地质数据、标准规范数据等。按数据类型分为矢量图形、属性数据表、栅格数据、影像数据、文本数据。这一层次的数据是基于原始数据层的数据，经标准化处理或重新解释后得到。

（3）模型数据层

模型数据层是指三维地质结构模型、属性模型的数据集合，其中各类模型都是基于基础数据层的数据构建，可根据需要进行修改。

（4）成果资料数据层

成果资料数据层是指系统生成的各类成果资料的数据集合，包括有关专业的成果图件、评价结果、三维模型分析结果，按数据类型分为矢量图形、三维空间数据、数据表、图片数据、视频数据等。这一层次的数据基于基础数据层数据和模型数据层的模型进行分析而得到。

3. 数据库维护与更新

数据的采集和更新是一个动态的过程，在数据库建设完成后，对新采集的资料和信息，通过一定的方式不断进入数据库中。

对于地理数据及成果图件类数据等，将旧的数据保存到历史数据库中，再以新的数据替换现势库中的地理数据；对于文档、图件、模型数据等，则将现有数据与已有数据进行比较，对于资料缺乏的地方，则增加新的数据，对于资料已经比较丰富的地区，根据规则进行筛选，然后进行更新或增加；对于动态监测数据、各类试验数据等，记录其数据采集时间、试验地点等信息，可直接增加到现有数据库相应表格数据中。

（1）属性数据维护与更新

属性数据包括地质钻孔数据、水质化验分析数据、土工试验数据、地质环境动态监测数据等。在进行数据更新前，根据数据现状进行筛选，对已有数据进行增加或替换。对于地质环境监测数据，增加到现势库中。

（2）空间数据维护与更新

空间数据主要包括地质成果图等，对这部分的数据更新是将旧的成果图导入历史库中，将新的数据替换进已有数据库中。

（3）文档资料维护与更新

文档资料的处理主要包括原件处理、扫描、栅格文件整饰、PDF 制作等，有些需要进行数据录入和图件矢量化。处理后的文档以 PDF 格式入库。文档资料入库方式主要为增量入库。

8.3.3　三维建模

三维可视化地质模型包括地质体模型、钻孔模型、岩溶模型和断层模型等，系统针对这些建模需求提供了对应的建模工具。对于地质体模型，系统提供自动建模和半自动交互建模两种建模工具。地质条件简单的地区使用自动建模功能，该功能以钻孔数据作为建模的强约束条件，以地表数据、地层等值线数据等作为建模的弱约束条件，最终生成一个多源数据耦合的三维地质模型。地质条件复杂地区使用半自动交互建模功能，允许地质专业技术人员根据建模区地质资料和地质专业认识，手动干预建模过程，实现精细化建模。在此基础上，研究基于虚拟钻孔、实际钻孔的三维模型自动更新技术。三维钻孔模型的建设以钻孔的分层、高程和坐标资料为主要依据，主要采用钻孔自动建模工具。断层模型能体现各断裂构造的产状，用连续面的方式表达，最终嵌入实体模型中。

1. 三维地质体模型构建

三维地质模型建设过程按一定的流程开展，如图 8.3-4 所示。根据济南地区以往地质成果，统一拟建三维地质体的地层划分标准，该标准是标准化处理钻孔分层、标准化绘制地质剖面图的重要依据；在工作区范围合理布置地质剖面线，确定地质剖面线的走向、间距，确定用于绘制剖面图的钻孔筛选原则。然后应用人工交互式生成地质剖面图的软件功能，以及地质专家的人工干预绘制标准地质剖面图；在三维视图中，结合带数字高程数据库（DEM）的地表地质图、一定网度的地质剖面图，采用人工交互的方式建三维地质模型。

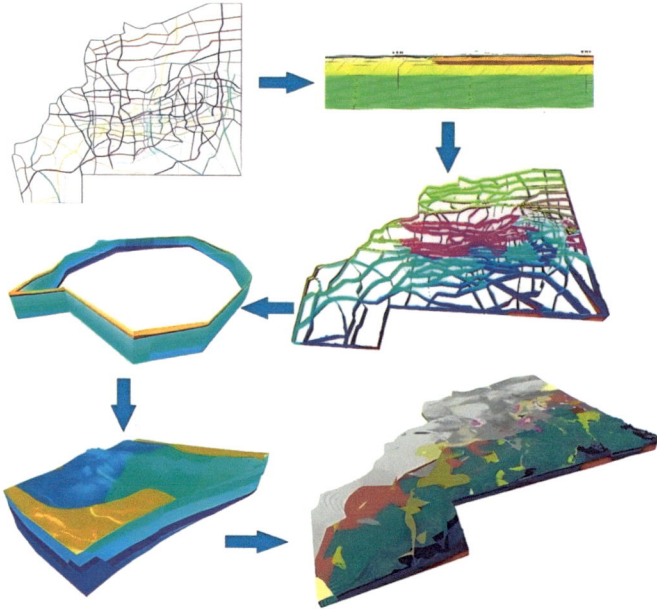

图 8.3-4 三维地质体建模流程

钻孔数据库是建立三维地质模型的主要数据来源，首先确定三维地质模型建设所需数据的类型、精度，对已有的钻孔数据、二维地质数据库进行甄别，选择质量好、可靠性高的数据作为建模依据，建模时主要根据钻孔中地层的分层情况来建立三维地质模型中各地层的分布范围、分布厚度等。由于钻孔来源不同，分布不均，有些地方钻孔密集，有些地方钻孔稀疏，这给如何选择钻孔来参与建模带来难度。在选择钻孔时，不仅要考虑钻孔的重要性，还要兼顾钻孔的分布情况。

数字高程数据库（DEM）控制三维地质模型地形起伏的地表约束条件。选取的数字高程数据库要求完全覆盖本次建模范围，比例尺最大、时效性最新。

高精度的区域地质图数据库是建立三维地质模型时约束地表地层分布范围、分析地层产状、分析地质构造的重要数据基础。在实际工作中，当钻孔揭露的地层与区域资料矛盾时，按地质人员的认识将钻孔信息与地质图进行对比分析、相互校正。

1）地表高程面构建

地表高程作为三维地质模型上表面控制着模型基本形态，本次工作采用 1∶10000 数字高程数据，当高程数据与钻孔地表数据不相符合时，采用钻孔数据予以修正，最终做出三维地表面作为建模上界约束条件，并在后续建模剖面创建时约束剖面形态。

2）布置建模交叉剖面线

三维地质模型基于交叉剖面数据构建。首先制定钻孔标准分层方案，钻孔标准化后入库；根据钻孔疏密及深度、地层产状等信息，选择剖面线位置；再以入库的钻孔为基础，利用系统的二维柱状图自动生成和剖面图自动生成功能，生成交叉剖面。地质剖面图是建立三维地质模型的基本框架，如何布置地质剖面线直接决定三维地质模型质量和准确度。剖面线布置遵守以下原则：

（1）剖面线要结合地层产状、区域构造类型布置，能控制整个建模区底层结构。工作区位于鲁中隆起区及北部山前倾斜平原，地层主要呈单斜产出，倾向北北西，倾角 5°～15°，区内构造比较复杂，中生代燕山期强烈活动形成走向北北西、北北东和近东西的 3 组主要断裂构造。北北西走向的断裂主要有：马山断裂、平安店断裂、石马断裂、千佛山断裂、文化桥断裂、东坞断裂等。北北东走向的断裂主要有孝里铺断裂、炒米店断裂、港沟断裂等。近东西走向的断裂主要为齐河广饶大断裂，是济阳凹陷区与鲁中隆起区的分界断裂。

（2）标准剖面线的布置需结合已有地质资料和地质专家经过讨论形成。

（3）剖面形态上，单条剖面线的形态，不要自相交，转折处尽量平缓，夹角越大越好，最好不要小于 90°；转折处夹角小于 90°的剖面可分割成两条剖面。尽量避免多条剖面交于一点，最多控制在 3 条以内，最好 2 条剖面交于一点，且只有一个交点。相交剖面必须交于钻孔位置处。

（4）根据建模需求，合理控制剖面密度。剖面分布密度主要受模型地层划分和建模区域地质复杂度的制约，剖面上地层划分越细、建模区域地质情况越复杂，则剖面布置需要越密集，过于稀疏的剖面会因为相邻剖面之间的地层对应性太差而难以建模。剖面分布越密，单个单元格的建模难度越低，模型越精确，但总的建模工作量会更大。所以剖面分布密度需要根据项目实际情况酌情考虑，平衡控制。

本次工作共生成 56 条剖面，利用标准化钻孔 9434 个，分为 A、B 两组，A 组主要沿地层走向分布，共计 25 条，B 组主要沿地层倾向分布，共计 31 条。自动生成的交叉剖面往往不能准确反映地质地层规律，需要地质人员综合各类地质资料进行修正，使其符合地质规律及对该地区的空间地质结构认识。

3）交叉剖面绘制

标准地质剖面和区域地质图是建立三维地质模型的"主体框架"。区域地质图数据库控制三维地质模型中地质体、地质构造在平面上的分布；地质剖面图控制三维地质模型中主要地质体、地质构造在垂向上的空间分布形态。因此，建立地质剖面图是构建三维地质模型工作中的重要环节。

基本的绘制流程是先用 MapGIS 提供的剖面图绘制功能，自动根据标准化后的钻孔和地层一致性处理后的地质图绘制出地质剖面，然后由地质人员根据地质专业知识手动修正剖面。为保证地质剖面图的准确性、合理性，在绘制地质剖面图时需考虑各种地质条件的约束。

（1）地表高程约束：在人工交互式地质剖面生成的软件平台中，利用数字高程数据库（1∶10000 DEM 数据）自动生成地质剖面图的地表线，约束剖面图的地表地形起伏。

（2）地层分区：利用区域地质图数据库中的地层区文件，约束剖面图中地表地层分界点位置。

（3）产状：利用区域地质图数据库中的产状点文件，约束剖面中基岩的产状。所有产状均换算成相应的视倾角。

（4）断层：利用区域地质图数据库中的断层线文件，约束剖面中地质构造形态，主要体现在剖面图中断层线的出露位置，断层的产状。

（5）标准化钻孔：标准化钻孔按走向投影的方式，将钻孔中心线和岩性分层线投影至剖面上。

通过运用最新的地表高程 DEM，在城市建设快速发展的进程中，保证了地质剖面图地形起伏的时效性；通过分析钻孔数据，挖掘钻孔分层中可利用的信息；同时在钻孔标准化、剖面附属性过程中严格注重与行业标准规范之间的衔接，及时运用行业内最新的地质成果数据，保证了标准地质剖面图的规范性、权威性。最终绘制的标准地质剖面图不论在区域地质背景上，还是在局部地层接触关系上都是经得起推敲的，是具有可利用价值的重要成果数据。

4）单元格建模

交叉剖面将建模区地层空间分割成大大小小的单元格，这些单元格是建立三维地质体的基本单元（图 8.3-5）。

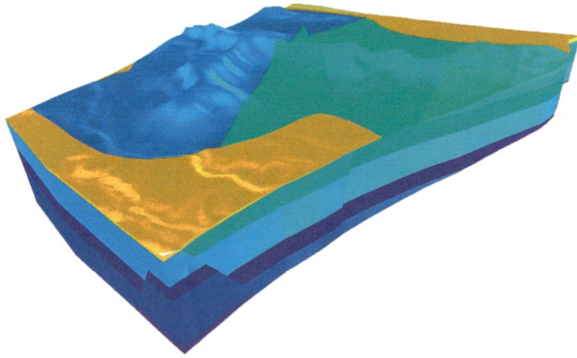

图 8.3-5　单元格地质块体

本次利用建模区域内多条交叉剖面将空间分割成 383 个单元格，专业技术人员在满足地质规律及认识的前提下，利用单元格内圈闭起来的地层顶、底面轮廓线建立起每个地层的顶、底曲面，建立起的地层面确定了该单元格内所有地质体的空间几何形态，最后由封闭的地层面及单元格剖面构建出一个单元格地质块体，全部单元格建立完成后将其合并为整个三维地质体模型，如图 8.3-6 所示。

图 8.3-6　济南城区三维可视化地质体模型

以建模单元格作为基本单元的"分区-拼接"的建模方法，便于分工合作完成大数据量复杂模型构建，也便于技术人员观察和操作。除剖面数据外，在单元格内的空白区域，利用钻孔、等值线等能够揭示地下地质体或地质构造的信息，可以大大增加建立模型的准确性。基于单元格的建模方法最为核心的建模工作为建立几何、拓扑一致的地质面，而这也是建模的难点所在。

2. 断层模型构建

济南地区断层众多，分布广泛，全区共计发育断层 46 余条，断层对地下岩溶发育及地下水的形成与富集起到控制作用，是济南市众多泉水的关键成因。因此，三维地质结构模型中断层的刻画十分重要。在建模过程中，根据二维断层线数据的倾向、倾角、断距等属性信息对单元格中存在的断层进行单独建模，以连续的曲面代表断层面。断层面的属性自动从数据库中读取，二维和三维属性相同，建模完成后，提取各单元格内断层面进行合并，形成全区断层模型，如图 8.3-7 所示。断层模型既可单独显示，也可嵌入地质模型中。

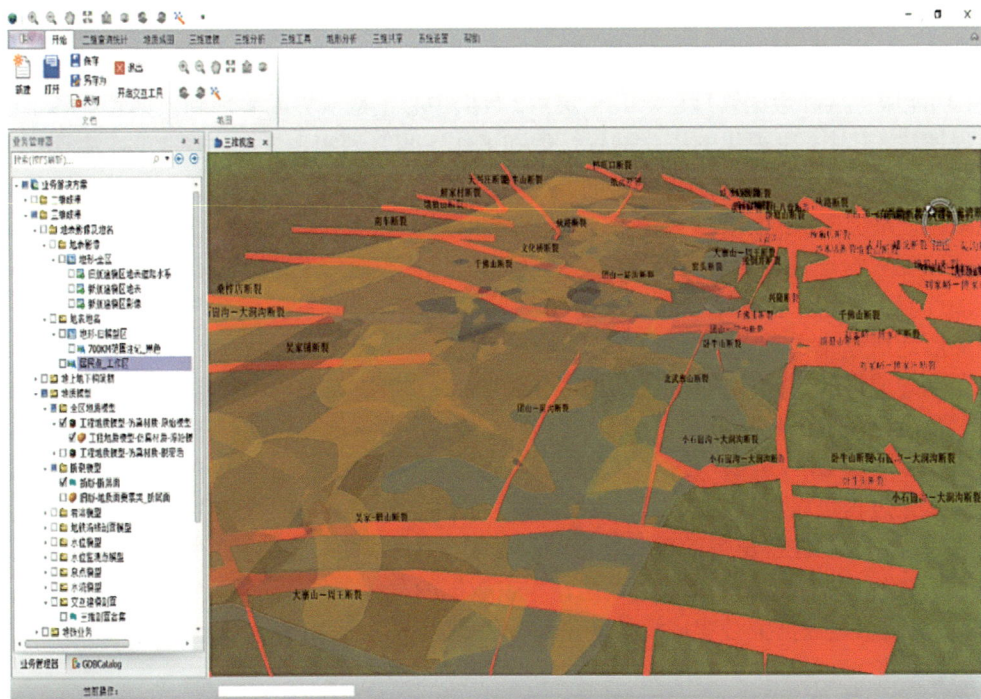

图 8.3-7　济南城区断层模型

3. 钻孔模型构建

根据数据库中标准化钻孔信息，在建模空间构建钻孔模型，可实现钻孔资料的三维一体化展示。钻孔的选取支持在系统界面交互式选取和导入矢量区文件选取的模式，完成钻孔选取后可根据需要设置孔径、地层颜色和花纹等相关建模参数，快速构建钻孔实体模型，如图 8.3-8 所示。

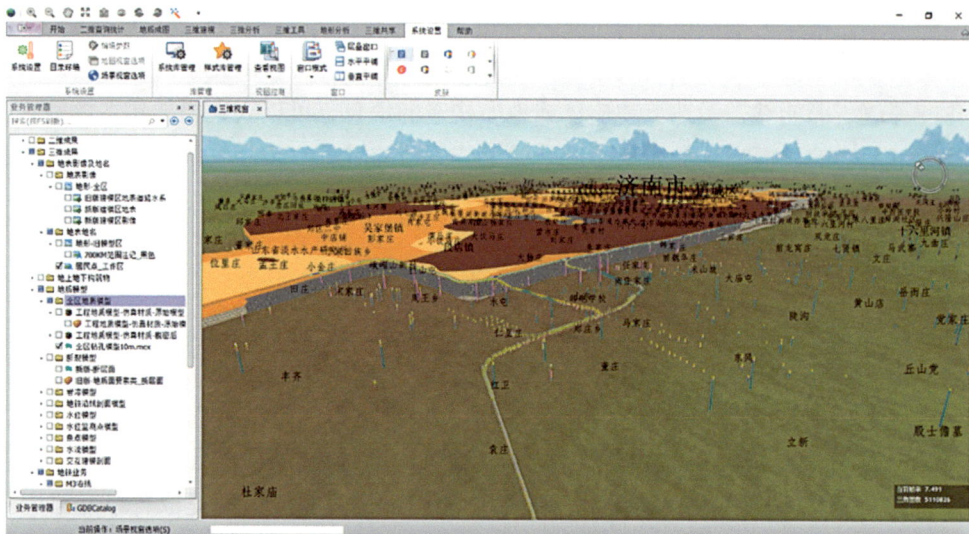

图 8.3-8　钻孔自动建模

8.3.4　搭建式开发

目前，无论是基于 B/S 还是 C/S 结构的应用程序，一般都可分为界面表现层、逻辑控制层、功能服务层和数据管理层等几个层次，数据中心正是从界面表现到数据管理各个层面上实现搭建。其中，可视化的搭建配置管理和工作空间管理实现界面表现，工作流管理实现功能逻辑和业务逻辑的控制，功能仓库管理提供的功能仓库系统实现 GIS 基础功能和扩展功能服务，系统提供的数据仓库系统实现对多源异构的空间数据和非空间数据的集成管理。

搭建配置管理是实现基于数据中心搭建 C/S 和 B/S 应用系统的集成开发环境。其中，集成设计器主要用来搭建适合多种 GIS 平台的基于 C/S 模式的应用系统，表单设计器主要用来灵活地搭建 Web 应用程序。

利用集成设计器设计的每个解决方案都拥有一个解决方案资源管理器，它包含初始化过程、系统菜单、工具条、弹出菜单、目录系统、界面角色等；通过属性编辑视窗中的关联场景、场景参数、URL、数据类型等属性配置好目录系统、系统菜单、工具条和弹出菜单；初始化过程可以直接从功能仓库中指定；属性编辑视窗中的数据类型属性是关联了配置的界面角色；属性视窗中的关联场景是配置了功能仓库中的功能插件；属性编辑视窗中 URL 属性遵循 URL 格式规范指定数据仓库中数据的存放位置，而不改变数据的存放格式。如图 8.3-9 所示是数据中心集成设计器搭建配置过程图。

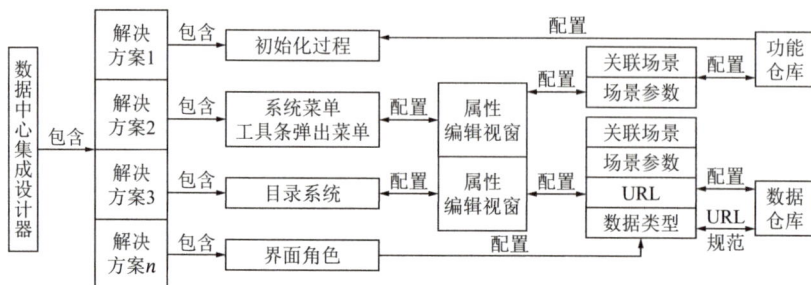

图 8.3-9　数据中心集成设计器搭建配置过程

8.4 主要功能

　　基于济南市轨道交通建设规划与线路建设，开展了四维地质环境可视化平台在轨道交通工程全生命周期的应用示范，提出了轨道交通领域四维地质平台应用的新思路，实现了四维平台在轨道交通建设全生命周期中的成功应用与推广。攻克了高渗透粉质黏土基坑渗漏、盾构穿越超高强度闪长岩、孤石群等难题，基于大数据分析，解决了地铁沿线建（构）筑物鉴定标准不统一的难题，对济南泉水保护、地下空间开发利用和智慧城市建设等具有重大意义。

8.4.1 规划阶段

　　规划阶段确定轨道交通线路适宜性及适宜埋置深度，划定泉水保护重点区域，设计线路避开泉水敏感地带。在济南轨道交通建设规划中，始终遵循"保泉优先"的原则，包括：（1）不阻挡岩溶水径流；（2）不形成新的岩溶水排泄点，导致泉水减量或断流；（3）减少工程排水，不降低泉水水位，致泉水停喷或减量；（4）以不产生底板工程突水泄流，袭夺泉流量等为评价标准，论证轨道交通线路的可行性。依托四维平台可实现自动剖切功能，掌握轨道交通沿线的地层结构、岩性、地质构造、岩溶发育特征以及水文地质条件等信息，建设了首个轨道交通多参数、分层监测的地质环境预警网，提供了地下水监测预警在地下轨道交通结构及施工对泉水的影响、适宜埋置深度等方面的论证，对轨道交通线路适宜性分析具有重要的指导作用。

8.4.2 勘察设计阶段

1. 对线路可能遇到的不良地质体预判

　　建立的三维地质模型及三维地下水模型，详细刻画了建模区地层分布情况，配合自动剖切功能，对施工过程中可能遇到的高渗透性黏土、溶洞、硬岩、孤石等不良地质体的分布区域进行预判，在设计阶段进行躲避，极大提高工程建设效率。针对高渗透性黏土，四维地质平台可分析并显示存在黏性土透水问题的分布区域（图 8.4-1），提前锁定该不良地质体的分布范围及赋存形式，有效指导勘察设计优化，避免产生高渗透性粉质黏土基坑突涌等工程问题。针对溶洞、高强度硬岩、孤石等问题，四维地质平台显示 4 号线沿线多处存在岩溶强发育区，以济南地铁 4 号线一期工程某区间为例，该区间段见洞隙率约为 65.8%，溶洞多为填充性，分布无明显规律。图 8.4-2 为四维地质平台溶洞存在范围和 4 号线详勘资料揭示的溶洞发育情况，由图可知无论是数量还是填充性均较为吻合。根据四维地质平台得知的岩溶重点发育段分布情况，进而在详勘中针对性地加密布置钻孔，因此可准确揭示溶洞的数量及填充情况，为设计单位对方案的进一步优化和调整提供详细准确的地勘依据。

图 8.4-1　高渗透性黏土分布范围

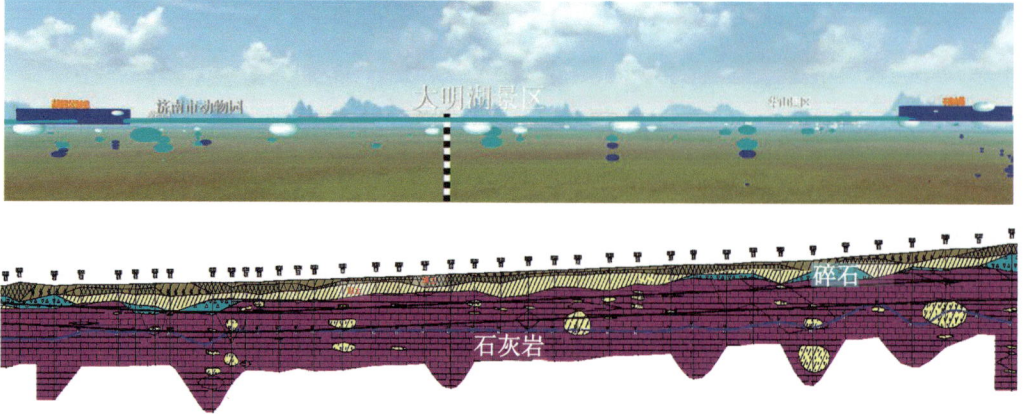

图 8.4-2　4 号线一期工程某区间溶洞分布情况

2. 优化线路走向及埋深，指导线路总体设计方案

基于四维平台实现了地下水变化过程的动态预演，将地下水流模拟预测模型和地质结构有机融合，划定泉水影响保护区域，实现工程建设对泉水影响智能分析，指导泉水保护重点区域采取"绕避，升抬"等措施，减小地铁建设对泉水的影响。

8.4.3　施工阶段

施工阶段，四维地质平台可指导施工工法及参数选择，保障济南轨道交通施工的安全性及高效性。

1. 辅助盾构机选型及调参

通过四维地质平台可以直观显示任意位置的地层信息，基于地层渗透系数、颗粒级别科学确定盾构机的选型，同时可实现盾构隧道施工模拟，根据沿线范围内的溶洞、硬岩、孤石等不良地质体分布范围及赋存情况进行盾构机掘进参数的调整，优化施工技术，提高施工效率（图 8.4-3）。

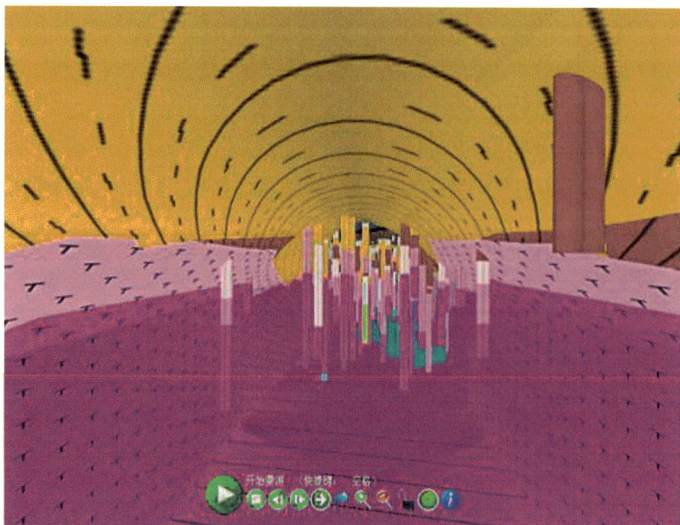

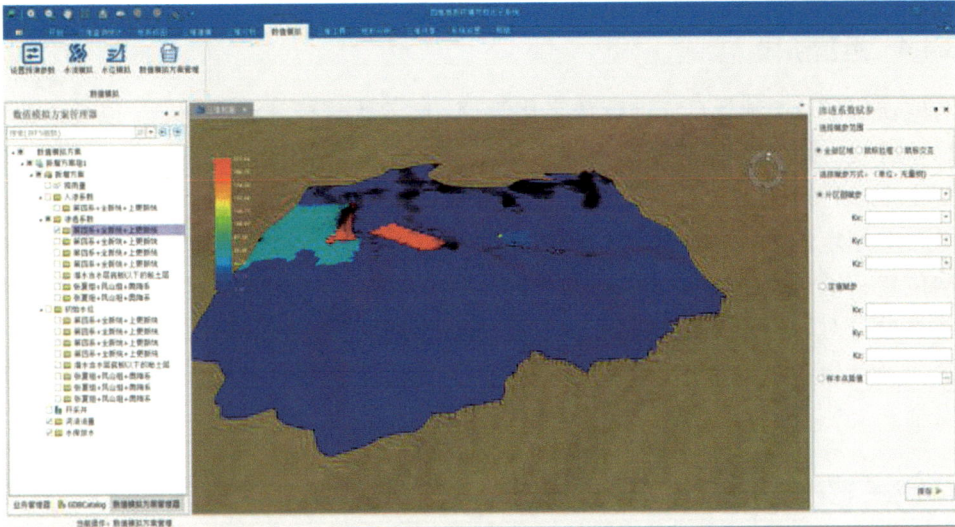

图 8.4-3 平台内模拟隧道开挖及辅助盾构机选型

2. 指导设计车站基坑降水回灌

四维地质系统平台通过对接 FEFLOW 软件，实现了对车站基坑降水回灌效果的模拟分析，优化降水、回灌井设计；实现了对车站降水施工的模拟，确保所有施工方案对深部岩溶水无影响。采用研发的抽灌一体化系统设备，实现了基坑降水回灌施工运行的简便化、高效化、节约化，回灌率高达 85% 以上，水质指标优良，施工运行安全可靠（图 8.4-4）。

图 8.4-4 地铁车站基坑降水成果应用

163

8.4.4 运营阶段

对地铁保护区（地保区）进行数字化管理：随着大规模建设和运营，以及沿线的高强度物业开发，城市轨道交通结构的安全问题已日益突出，地保区内勘察、施工等活动对其安全运行产生极大安全隐患。根据济南市轨道交通建设及运营实际情况，四维地质平台对划定的地保区范围进行了数字化及可视化设置，明确判别侵入地保区的工程结构位置；通过系统内桩基承载力计算等工程计算工具，结合周边地层参数信息，评估施工项目对轨道交通结构的影响，提供辅助决策；针对批复的地保区内的施工建设项目，平台预留了自动化监测系统接口，实时监测地铁结构状态，确保地铁建设及运营安全。

8.5 应用成果

8.5.1 地质建模结果

在各类数据的基础上，建立了济南城区 350m 深度范围内的三维立体可视化的地质地层模型，把岩溶地层的地下水与地层结构有机结合。将遥感影像应用于三维地质模型中，建立三维地质实景模型（图 8.5-1），更直观地表现地表自然环境、地形起伏、植被覆盖等。通过建立三维地质模型对该市地层的多源以及异常结构和多种参数的地层大数据信息进行统一管理和运用，从而为济南轨道交通建设和泉水保护的双赢提供了平台。

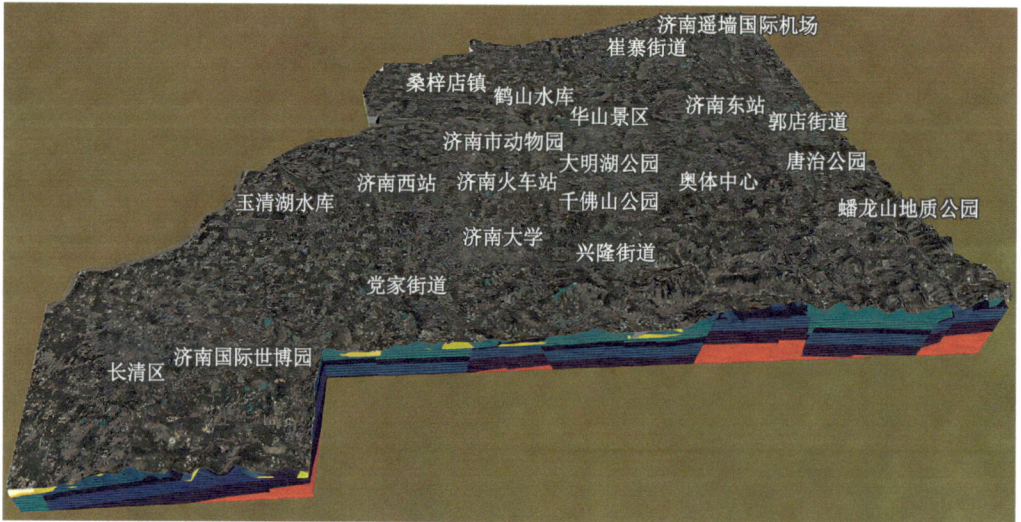

图 8.5-1 泉域三维地质实景模型

8.5.2 研究区侵入岩分布结果

根据三维地质模型生成侵入岩等厚图（图 8.5-2），可以看出中生代侵入岩体大部分被第四纪覆盖，岩体多呈岩瘤状产出，侵入体在地表平面上呈现椭圆形外观，主要侵入体的岩层布局特征是环形分布。外接触地带的地层产状全部外倾，整体特点是北边比较陡峭，南部趋缓，倾斜角比较陡峭，局部呈直立状，甚至有倒转，地层岩体走向为东南，岩体地层的宏观特征是北边和西北岩体比较厚实，东南方向薄，以此推测南部岩体属于强力就位。上地幔岩浆顺着地层结构比较薄弱的地带呈现热气球膨胀模式的向上侵入状，到达盖层之后，岩浆沿着地层之间的薄弱地方，从北向南入侵，多次涌动之后形成该市的岩体主体。

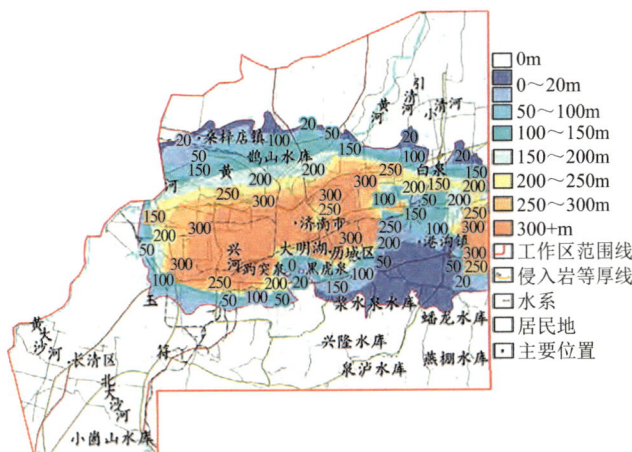

图 8.5-2　济南城区侵入岩等厚图

8.5.3　保泉核心区的划定

通过三维地质模型，研究断裂、岩溶发育、侵入岩分布等情况，辅助地质雷达探测、高分辨率浅层地震法勘探、陆地声呐法、波速测井、钻孔电视等物探验证手段，划定了保泉核心区。在济南市区四大泉群集中出露区，经十路以北，历山路以西，大明湖路以南，顺河高架以东，面积约 6.8km² 范围为保泉核心区。保泉核心区的依据主要考虑地下空间开发约 20m 深度，不对趵突泉群主径流带产生影响，并且要大于开发可能影响主径流带的范围。大明湖路以北基岩为侵入岩，不会影响主径流带。历山路以东和顺河高架以西，20m 开发等埋深线基本高于多年最高水位，且主径流带埋深较深。经十路是较敏感位置，多年最高水位基本低于轨道交通建设深度，局部通过海量勘察资料确保主径流带在开发深度以下（图 8.5-3）。

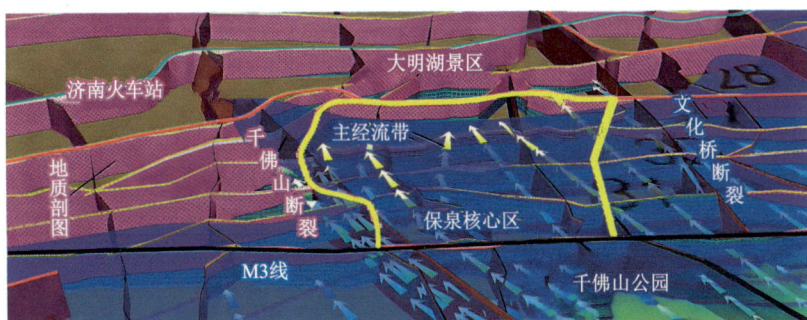

图 8.5-3　保泉核心区地铁修建位置

保泉核心区岩溶裂隙发育深度溶洞发育，连通性好。地铁线路所穿越的保泉核心区位于济南单斜构造前缘，受千佛山断裂和文化桥断裂的切割，市区的主要含水层是奥陶系下统冶里、亮甲组及寒武系上统凤山组，岩性以白云岩为主。范围为南起经十路，北到大明湖路，西自顺河高架，东至历山路圈围而成的领域，此领域包含该市的四大名泉群体。

该区域有许多泉眼，经过千佛山断裂带和文化桥断裂带构建而成，呈现"地垒"状，燕山期侵入岩沿岩层入侵，形成的地质结构比较复杂，在该区域里面建造地轨很可能会对原地质结构造成破坏或改变，毁坏泉眼水流的流经通道，对泉水的正常喷射造成影响。在薄弱的地层位置还有潜在污染岩溶水质的风险，所以地轨线的网域设计规划需要谨慎考虑此区域。

8.5.4　核心区地铁线路分析

地铁某线路沿经十路呈东西走向，位于趵突泉上游，是线路选址审查的重点。针对敏感区的具体线路划定，需要分析线路埋深和岩层关系、地层结构及水文地质条件、城市典型线路地轨交通架构、地轨交通适合掩埋的深度以及施工会对泉水的正常涌流造成的影响等问题。

位于保泉核心区的某线路地铁包括省体育中心站、泉城公园站、千佛山站、山大路南站，见图 8.5-4。省体育中心站至泉城公园站，距离最近的泉水大于 1000m，但位于四大泉群的正上游，且其位置最低，主要地层结构为第四系加灰岩，灰岩埋藏深度较浅。该段近十年最高水位埋深约 18m，基础底板埋深在 16m 以内适宜轨道交通建设。泉城公园站至千佛山站，距离最近的泉水大于 1000m，主要地层结构为第四系加灰岩，灰岩埋藏深度较浅。建议轨道交通顶板控制在近十年最高水位 2m，基础底板埋深在 16～23m 以内适宜轨道交通建设。千佛山站至山大路南站，距离最近的泉水大于 1000m，主要地层结构为第四系加灰岩，灰岩埋藏深度较浅，局部地下岩溶水位埋深较小，存在局部主径流带受北部完整灰岩阻挡沿裂隙上升的情况，尤其在山大路南站附近水位埋深仅 8～14m，但是勘察资料揭露主径流带在 40m 以深，该站附近建议基底埋深控制在 16m 以内，其他段 16～25m，适宜轨道交通建设，建筑物埋置至表层带岩溶水位以下时应加强导水措施建设和水质保护。

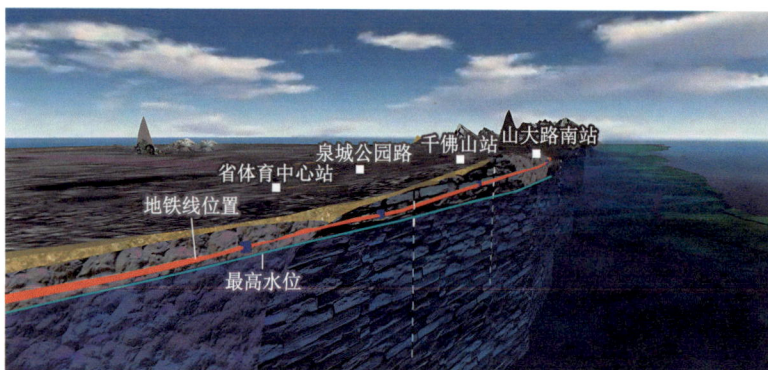

图 8.5-4　保泉核心区地铁站位置

通过对某线路地质剖面图（图 8.5-5）与地质数据进行分析，发现某线路穿越的千佛山断裂上覆第四系厚度 13～15m，潜水水位埋深 2～3m 左右，水位标高 46～47m，下伏火成岩，在埋深 45～50m 以下的千佛山断裂带灰岩层渗透系数为 69.54m/d；文化桥断裂地面高程 90m，在下覆第四系 5m 和 35m 的火成岩，上部未见地下水位，在标高−60～15m 的文化桥断裂带附近的灰岩层渗透系数为 62.0m/d。

根据两条断裂之间钻孔监测进行综合分析发现初见水位标高为 5～15m，可视为下部承压水的顶板，千佛山断裂和文化桥断裂之间承压水水位稳定标高 32.0m，含水层渗透系数为 0.62～1.61m/d。因此，不考虑浅层岩溶水径流的影响，此线路穿越该区域风险基本可控。

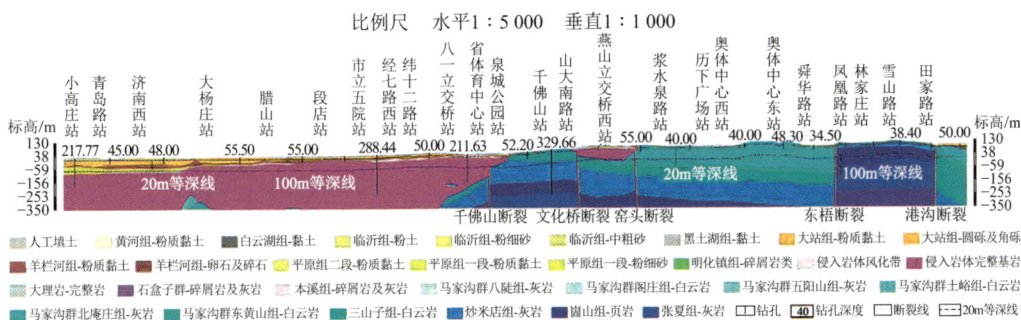

图 8.5-5　某线路地质剖面图

8.6　本章小结

本章聚焦轨道交通中四维地质环境信息平台建设与应用面临的关键技术难题与挑战，以地下水保护与轨道交通建设双赢为目标，系统开展可更新高精度四维地质环境耦合模型建模方法、地铁建设与泉水保护共融共生技术、四维地质环境可视化信息系统平台 3 方面研究工作，主要成果如下：

（1）通过 3 项核心技术创新，解决了轨道交通四维平台建设理论、方法、技术等一系列难题，形成了四维地质环境信息平台建设关键技术。

（2）突破了可更新高精度的四维地质环境耦合模型建模的关键技术难题，揭示了水文地质边界属性对跨突泉泉域地下水均衡的影响规律，创新了"半自动—交互—自动"三维地质建模方法，实现了水流与地质模型的多模型多平台深度融合，首次构建了近 2000km² 的可更新高精度四维地质环境耦合模型。

（3）突破了大数据归一化组织管理、BIM + GIS 融合分析、三维时空大数据高效共享等关键技术难题。基于数字孪生理论，建设了济南城区四维地质环境可视化信息系统平台，建立了济南四维地质环境数字化档案，实现了四维、多源地质环境大数据的应用与共享。

第 9 章

地下水环境监测预警

地下水环境监测对地铁工程建设过程极其重要，但是监测单位往往重点关注支护结构变形、支撑轴力及周边地表、建（构）筑物沉降等数据，从而忽略周边地下水位变化对整个工程建设的影响。同时，监测技术规范、行业规程及建设单位监测管理办法也往往对地下水位监测给出笼统的概念，忽视地下水位监测各个环节的具体细节；而具体细节常导致监测数据不能真实反映水位变化情况，以及造成监测工作管理混乱。为适应发展需要，及时准确掌握地铁建设过程中地下水位动态变化情况，合理持续利用地下水资源，建立地下水位监测预警系统。

目前地下水位监测采取人工测量方法：一是工作效率低，劳动强度大。每次进行大规模调查时，都会耗费大量的人力、物力。二是主要依赖操作人员的测量经验，测量准确度较低。三是人工测量使用的测量仪器落后，测量过程中经常会出现导线扯断、导线缠绕扬水管、未预留测孔的水井无法测量等情况，影响地下水位监测记录的准确性和及时性。因此不能及时掌握所有水源井地下水位动态变化情况，对于某些突发性的地下水位异常不能起到很好的预警作用，导致连续或过度开采。

9.1 地下水环境监测概述

9.1.1 地下水环境的特点

地下水环境是指地表以下水体所处的环境。地下水是大气降水通过渗透、入渗等过程进入地下形成的水体，它存在于岩石或土壤的毛细管隙中。地下水环境是一个复杂而重要的生态系统，对于人类和自然界的可持续发展具有重要影响。地下水环境特点如下：

一是隐藏性。地下水位于地下深处，在地表上并不显露，因此具有一定的隐藏性。这使得对地下水的监测和评估相对困难，需要借助地下水井、钻探等技术手段进行研究。二是水文地质复杂性。地下水环境受到地质构造、岩石类型和地下水层结构的影响，形成了复杂的水文地质条件。地下水的分布、补给和流动具有一定的复杂性，需要进行综合地质调查和水文地质分析。三是缓冲性和稳定性。地下水具有一定的缓冲作用，可以调节降水和干旱期的地表径流和水文循环。同时，地下水相对稳定，不会受到气候变化和季节波动的直接影响，能够保持较为恒定的水量供应。四是水质优良性。通常情况下，地下水的水质相对较好，因为地下层中的土壤和岩石能够过滤和吸附一些污染物质。相比之下，地下水比地表水更加清洁，适合作为饮用水和其他生活用水的供应来源；此外，地下水相对稳定和优良，但它也具有一定的脆弱性。由于地下水的流动速度相对较慢，如果受到污染源的影响，清理和恢复地下水环境将变得十分困难。因此，对地下水环境的保护是非常重要的。

9.1.2 地下水环境监测难点

地下水环境监测面临诸多挑战。一是地下水具有隐蔽性和不可见性。由于地下水位于地下深处，无法直接观测，其动态变化和污染状况难以直观掌握。监测设备必须通过井筒或其他方式深入地下水层，这增加了监测的技术难度和操作复杂性。二是地下水采样存在较大困难。与地表水相比，地下水采样点通常位于较深位置，采样过程易受地质构造、水力梯度及井体结构等因素干扰，可能导致样品代表性不足。此外，采样前还需进行洗井作业，这不仅增加了采样难度，也带来了更多不确定性。同时，采样过程中还需严格控制人为污染和样品交叉污染的风险。三是监测数据的解读和评估具有较高专业要求。地下水环境监测涉及水位、水质、水量等多维度数据，对这些数据的准确分析和评估需要综合运用地质学、水文学、环境科学等多学科知识，对专业技术能力要求较高。四是监测成本较为昂贵。特别是在监测范围广、频率高的情况下，监测成本将进一步增加，这对监测单位和管理机构提出了更高的要求。

9.2　地下水环境监测方法

9.2.1　水位监测方法

地下水环境的水位监测技术能够测量和记录地下水位的变化情况，用以了解地下水系统的水文动态和变化趋势，该环节需要运用以下技术开展作业：

（1）水位计。水位计是一种常用的地下水位监测仪器，通过测量水压的变化来间接确定地下水位的高度。它通常由一个封闭的管道和一个测量装置组成，可以将地下水位转换为相应的水压读数。

（2）压力传感器。压力传感器是一种使用压力传感器元件来测量地下水位的设备，可以直接测量地下水的压力变化，并将其转化为相应的水位读数。压力传感器一般采用应变片、电容或压阻等传感元件，配合数据采集系统进行数据记录和分析；此外还有潜水脑盖，潜水脑盖是一种安装在井孔内部，以测量井孔水位的设备。它包括一个浮子或浸泡式传感器，可以直接测量井底或井眼处的地下水位。潜水脑盖通常与数据记录仪或自动检测系统配合使用，以实现长期、连续的水位监测。这些地下水位监测技术可以根据具体需要灵活选择和组合使用。例如，对于需要实时监测和远程数据传输的情况，可以采用无线传感器网络；对于长期稳定的水位监测，可以选择潜水脑盖或机械式水位计。

9.2.2　水质监测方法

地下水环境的水质监测技术用于评估地下水中各种物质的浓度和组成，以确定地下水的水质状况和污染程度，常见的地下水水质监测技术主要有以下几种：一是现场测试仪器。现场测试仪器是一种便携式的水质监测设备，可以直接在野外或实地进行水质参数的快速测试。这些仪器通常具有多参数测量功能，如 pH 值、溶解氧、电导率、温度、氨氮和硝酸盐等，可以提供即时的水质检测结果。二是实验室分析方法。实验室分析方法通过采集地下水样品并运回实验室进行分析，可以得到更详细和准确的水质数据。常用的实验室分析方法包括色谱法、质谱法、光谱法（如紫外-可见光谱和荧光光谱）、原子吸收光谱和离子选择电极等。这些方法可以测定不同物质的浓度，包括有机物、无机盐类和重金属等。三是微生物监测技术。微生物监测技术用于评估地下水中微生物数量和种类的变化，以判断水体是否受到微生物污染。常见的微生物监测方法包括培养法、分子生物学技术（如聚合酶链式反应 PCR 和测序技术）和生物传感器等；此外还有饮用水指标分析，即根据国家和地区相关的饮用水标准，对地下水样品进行一系列指标的测试，以评估地下水是否符合饮用水标准要求。常见的饮用水指标包括总大肠菌群、总氮、总磷、挥发性有机物、重金属等。选择适合的地下水水质监测技术需要考虑监测目的、监测频率、监测区域和预算等因素。

结合多种水质监测技术可以获得更全面、准确的地下水水质信息，为地下水资源的管理和保护提供有效依据。

9.3 济南轨道交通地下水位监测平台

在水文地质动态长效监测网络数据基础上，融合计算机网络技术、大数据挖掘技术、智能分析技术、GIS 地理信息技术、无线网络技术、传感技术、自动控制技术、物联网技术等联合组成集散式控制自动监控系统平台——地下水位监测平台（图 9.3-1）。

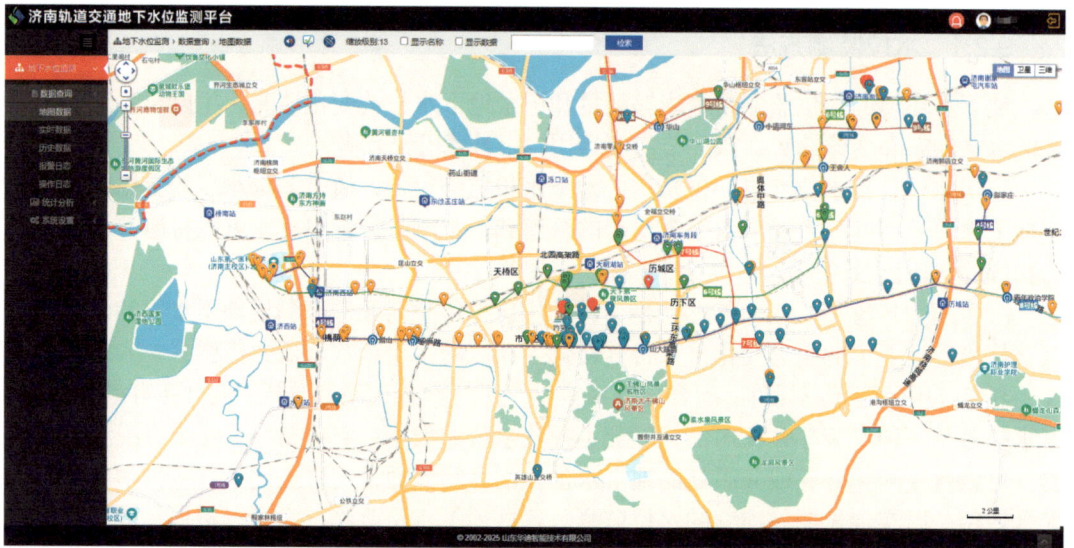

图 9.3-1　济南轨道交通地下水位监测平台

9.3.1　地下水位监测平台系统架构

地下水位监测平台软件采用分布式系统架构，由数据采集层、数据处理层、数据存储层、数据分析层和应用展示层 5 个独立组件构成。依托各组件的特定功能和职责，综合协作，共同实现地下水实时数据远程监测采集、数据处理和分析、数据可视化以及用户交互。

（1）数据采集层

数据采集层负责从传感器网络中实时获取地下水位的原始数据。这些传感器可以是水位传感器、温度传感器等，通过有线或无线方式将数据传输到数据采集设备。数据采集设备可以是专用的数据采集器或具有数据采集功能的网关设备，它们将接收到的数据进行初步处理和转换，然后传输到下一层。

（2）数据处理层

数据处理层负责对接收到的原始数据进行进一步的处理和分析。这包括数据清洗（去除噪声和异常值）、数据转换（将数据转换为统一的格式和标准）、数据聚合（将多个传感器的数据进行整合）等。经过数据预处理，数据质量显著提升，有效降低了噪声和异常值的干扰，为后续的数据分析与可视化工作奠定了坚实的质量基础。

（3）数据存储层

数据存储层负责将处理后的数据存储到数据库中。通常使用关系型数据库或非关系型数据库来存储数据，并根据需要设计合理的索引和查询优化策略，以提高数据的检索速度和效率。同时，还需要考虑数据的备份和恢复机制，确保数据的安全性和可靠性。

（4）数据分析层

数据分析层利用数据分析工具和算法对存储的数据进行深入分析和挖掘，包括对地下水位的变化趋势进行预测和建模、对异常数据进行检测和报警、对多源数据进行综合分析和比较等。分析结果可以为决策者提供科学依据，帮助他们更好地了解地下水位的状况并采取相应措施。

（5）应用展示层

应用展示层是用户与地下水位监测平台软件交互的接口。它提供了直观、友好的用户界面，使用户能够方便地查看实时监测数据、历史数据、分析报告等。同时，应用展示层还支持用户进行自定义设置和配置，以满足不同用户的需求和偏好。

9.3.2　地下水位监测平台功能

1. 数据采集

（1）水位监测：监测地下水位的变化情况，包括水位的高低、波动情况等，帮助判断地下水资源的利用情况和地下水补给与排泄的平衡状态。

（2）水温监测：监测地下水的温度变化情况，了解地下水的热力特性，对于地下水资源的开发和利用具有重要意义。

（3）水质监测：监测地下水的水质参数，包括 pH 值、溶解氧、电导率、浊度、重金属含量等。地下水质的监测可以评估地下水的污染状况，及时发现地下水污染问题，保护地下水资源。

2. 数据可视化

利用图形、图表等视觉元素，将地下水位数据中的趋势、关联性直观地呈现出来，以便更高效地理解和分析数据。

3. 数据分析与处理

地下水监测数据庞大且复杂，需要利用数据挖掘算法对数据进行分析和处理，以提供有价值的信息。

（1）报表分析

①水位月报：查询各监测点水位高程数据，可选择起始时间查询任意日期数据，水位最大值和最小值显示不同颜色，可将查询数据导出为 Excel 表格。

②埋深月报：查询各监测点水位埋深数据，可选择起始时间查询任意日期数据，水位埋深最大值和最小值显示不同颜色，可将查询数据导出为 Excel。

（2）曲线分析

可设置查询各监测点水位、埋深、温度、水质等采集数据历史趋势曲线、综合历史趋势曲线（图 9.3-2）。

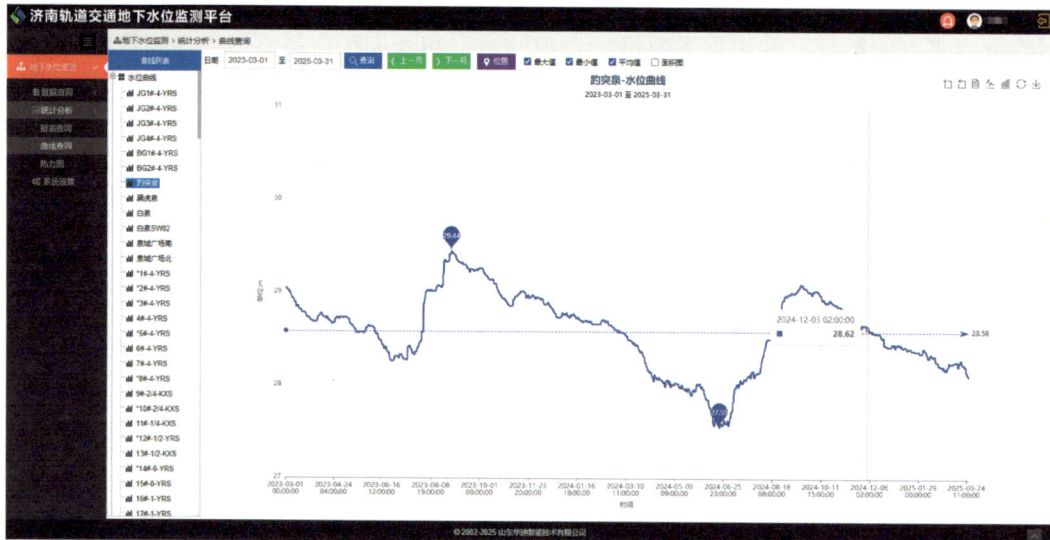

图 9.3-2 历史趋势曲线

4. 智能报警

支持异常数据的实时监测和预警功能。利用异常检测算法对监测数据进行分析，发现异常数据，弹出报警框并伴有语音播报。例如，水位超期采集、水位不变、水位变幅越限、电量过低、设备异常等自动报警（图 9.3-3）。

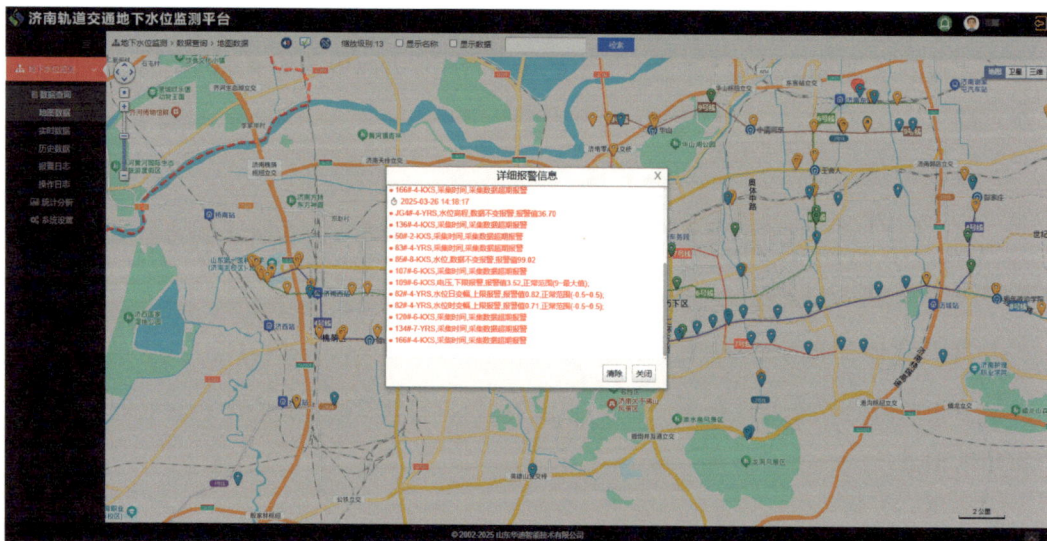

图 9.3-3 报警提示

9.3.3 地下水位监测平台优势

（1）模块化设计：采用模块化设计，使得系统具有良好的可扩展性和可维护性。各层之间通过标准接口进行通信，方便后续的升级和扩展。

（2）实时性：通过优化数据采集、传输和处理流程，确保数据的实时性和准确性。用户可以及时获取最新的地下水位信息。

（3）安全性：技术架构注重数据的安全性和隐私保护。采用加密技术、访问控制等措施，确保数据在传输和存储过程中的安全性。

（4）灵活性：技术架构支持多种数据源和传感器的接入，可以根据不同的监测需求进行灵活配置和调整。

（5）可扩展性：系统具有可扩展性，实现对各分布点的系统数据库管理功能。

9.4　应用案例分析

9.4.1　唐冶站

永久监测井 79 号位于唐冶站北出入口附近，井深 40m。根据地下水位监测平台数据分析可知，整体上监测井 79 号的地下水水位整体呈现丰枯变化的规律性特征，与区域地下水流场变化特征一致，期间存在一定波动，主要受降雨的影响（图 9.4-1）。

分时段来看，监测开始至 2023 年 9 月进入丰水期，79 号井受大气降水影响，地下水位呈现波动上升趋势，2023 年 9 月之后，水位呈现下降趋势，2023 年 11 月后水位趋于平缓，总体起伏不大，直至 2024 年 6 月丰水期来临。水位年变幅 1.64～2.78m，与地下水流场变化趋势一致，该站点主体结构于 2023 年已封顶，施工期间基坑未见地下水，该井水位波动不受站点工程建设影响。

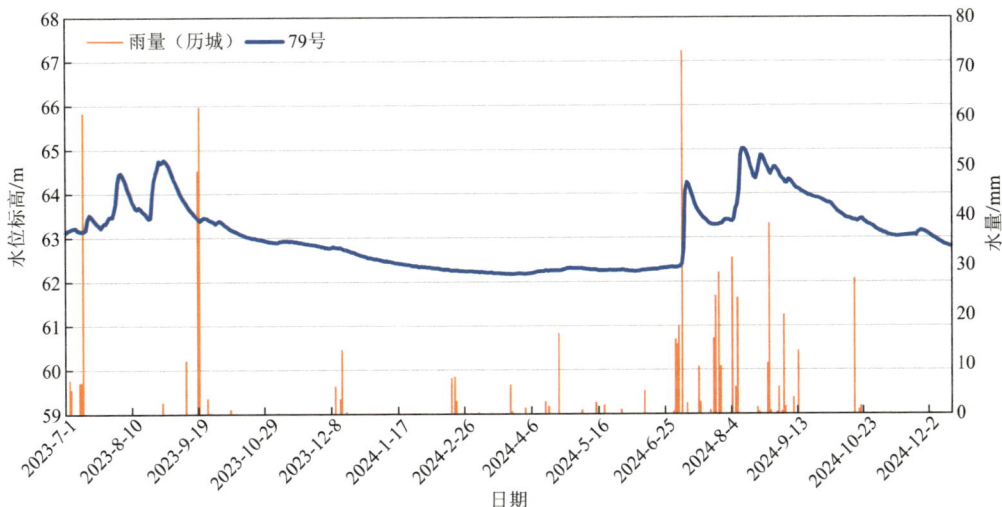

图 9.4-1　唐冶站永久监测井 79 号地下水水位变化曲线图

9.4.2　舜华路站

永久监测井 83 号位于舜华路站北出入口附近，井深 40.6m。根据地下水位监测平台数据分析，地下水水位整体呈现丰枯变化的规律性特征，与区域地下水流场变化特征一致，水位最大变幅在 17.18m 左右，期间存在一定波动，主要受降雨的影响（图 9.4-2）。

分时段来看，7～9 月初处于丰水期，监测井水位呈现上升趋势，水位最大值出现在 2023

年 8 月 31 日，为 89.59m；9 月之后水位逐渐下降至次年 5 月趋于平缓，水位降至最低，其中 2024 年 6 月 21 日水位最低，为 67.17m，监测井的水位呈现自然变化状态，与地下水流场变化趋势一致。

结合市中降水信息的数据来看，舜华路站地下水水位主要随着降水量的变化而变化，在舜华路站基坑开挖到主体结构封顶阶段未发现地下水水位波动异常。

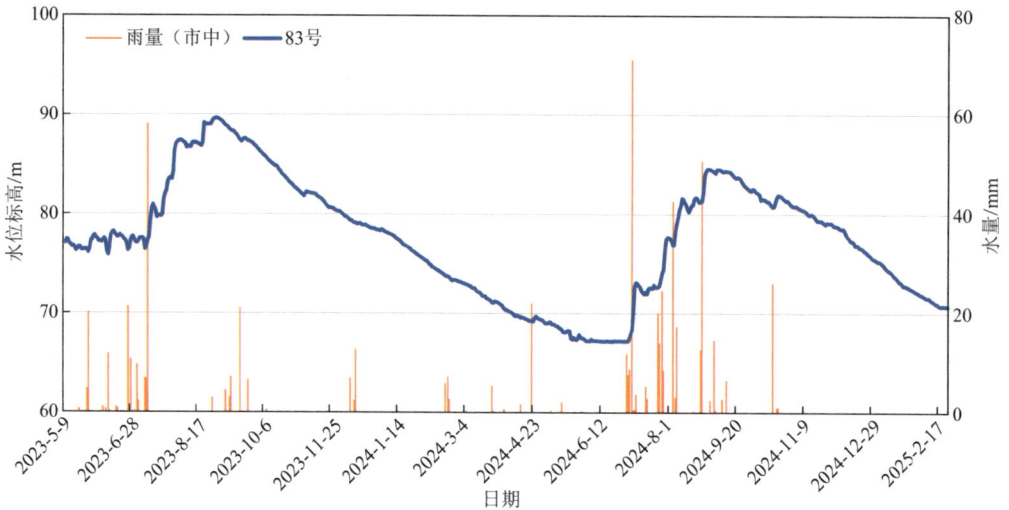

图 9.4-2　舜华路站永久监测井 83 号地下水水位变化曲线图

9.4.3　千佛山站

永久监测井 71 号位于千佛山站中部南侧，距离车站主体结构约 10m，孔深约 45m；4 号井位于车站东北角，距离车站主体结构约 15m，孔深约 50m；BG2 号井位于车站北侧，A 出入口东侧，北跨整个经十路，距车站主体结构约 70m，孔深约 50m（图 9.4-3）。

2023 年 3 月至 2024 年 11 月，对上述 3 个监测井的水位进行了长期观测，如图 9.4-4 所示，水位呈现随季节变化的规律，丰水期水位高，高于车站结构底板，枯水期水位低，水位整体分布情况为车站东侧高于西侧（同期 4 号较 71 号最大差 11.92m）、东侧高于北侧（同期 4 号较 BG2 号最大差 13.94m）。

图 9.4-3　千佛山站监测井示意图

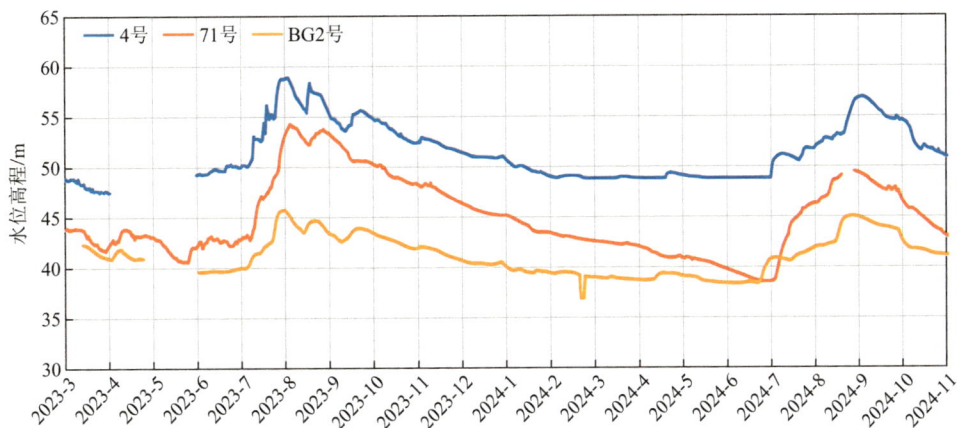

图 9.4-4 千佛山站永久监测井位置及水位变化图

千佛山站地势东高西低，南高北低，含水层主要赋存于下伏奥陶纪白云质碳酸盐岩裂隙岩溶中，含水层主要为中风化及溶蚀破碎白云岩，岩溶裂隙发育且不均匀，其富水性差别明显，受季节性降水和附近泄洪沟渗漏补给影响较大。在灰岩分布区岩溶发育不均匀且可能存在通道，岩溶水位受地势影响变化较大，在设计时应充分考虑区域水位差变化较大情况，在规划前期，尽可能提前布设长期水位监测井，获取 1～2 个水文年的水文监测数据供设计使用。

9.5 本章小结

结合城市轨道线路特点有针对性地布置水文地质监测井，融合监测井与地下水自动检测设备，构建了城市级水文地质多参数动态长效监测网络，为极端水文条件下的地下水保护方案提供数据支撑。目前已布置水文监测井 200 余眼，每眼监测井搭载自动监测设备，24h 实时监测，每小时读取 1 组监测数据，每 12h 上传平台 1 次。

利用自测数据进行分析，车站南北侧水位变化趋势基本一致，水位埋深变幅在正常范围内，个别车站水位受施工及降雨影响，现阶段工点施工未对水位产生持续影响。

参 考 文 献

[1] 徐军祥, 李常锁, 邢立亭, 等. 济南泉水及其保护[M]. 北京: 地质出版社, 2020.

[2] 刘莉莉, 宋苏林, 崔春梅, 等. 济南泉水的成因及保泉对策研究[J]. 山东水利, 2013(5): 17-18.

[3] 张保祥, 孙学东, 刘青勇. 济南泉群断流的成因与对策探析[J]. 地下水, 2003(1): 6-8+23.

[4] 邢立亭. 济南泉域岩溶地下水开发布局研究[J]. 人民黄河, 2007(2): 46-47.

[5] 韩建江, 隋海波, 刘同喆, 等. 济南市名泉保护总体规划水文地质专项区划报告[R]. 2015.

[6] 王保林. 历史时期河湖泉水与济南城市发展关系研究[D]. 西安: 陕西师范大学, 2009.

[7] 魏建国, 张爱军, 蔡建波. 核心竞争力视域下济南市泉水保护机制研究[J]. 山东农业工程学院学报, 2017, 34(11): 87-92.

[8] 济南市城乡水务局, 济南市规划局. 济南市名泉保护总体规划[Z]. 2019.

[9] 徐军祥, 邢立亭, 佟光玉, 等. 济南泉域地下水环境演化与保护[J]. 水文地质工程地质, 2004(6): 69-73.

[10] 王志国, 王东海, 高焰, 等. 济南泉域地下水补给区保护分级及核心保护区承载力分析[J]. 重庆环境科学, 2002(6): 14-17.

[11] 侯新文, 邢立亭, 孙蓓蓓, 等. 济南市岩溶水系统分级及市区与东西郊的水力联系[J]. 济南大学学报(自然科学版), 2014, 28(4): 300-305.

[12] 张文娟. 济南泉域回灌补源问题研究[D]. 济南: 山东大学, 2006.

[13] 丁冠涛, 李常锁, 魏善明, 等. 玉符河外源回灌对岩溶地下水影响研究[J]. 中国岩溶, 2023, 42(5): 907-916.

[14] 邹连文, 商广宇, 张明泉, 等. 济南泉水来源区域探讨[J]. 中国水利, 2008(7): 22-24.

[15] 万利勤. 济南泉域岩溶地下水的示踪研究[D]. 北京: 中国地质大学(北京), 2008.

[16] 刘莉. 济南泉域岩溶水水化学特征及其指示作用研究[D]. 济南: 济南大学, 2010.

[17] 徐衍兰, 高宗军, 李佳佳. PHREEQC 在济南泉水来源判别中的应用与效果[J]. 地下水, 2015, 37(1): 4-5.

[18] 韩连山, 汪玉静, 韩昱. 千佛山与趵突泉泉水形成关系研究[J]. 山东国土资源, 2015, 31(12): 27-32.

[19] 齐欢, 秦品瑞, 丁冠涛. 基于 GMS 的济南市人工补源影响研究[J]. 灌溉排水学报, 2018, 37(1): 98-105.

[20] 周娟. 济南岩溶大泉排泄区渗流场特征研究[D]. 济南: 济南大学, 2016.

[21] 邢立亭, 李常锁, 周娟, 等. 济南泉域岩溶径流通道特征 [J]. 科学技术与工程, 2017, 17 (17): 57-65.

[22] 邢立亭, 周娟, 宋广增, 等. 济南四大泉群泉水补给来源混合比探讨[J]. 地学前缘, 2018, 25(3): 260-272.

[23] 孟庆晗, 王鑫, 邢立亭, 等. 济南四大泉群补给来源差异性研究[J]. 水文地质工程地质, 2020, 47(1): 37-45.

[24] 李常锁, 高帅, 殷延伟, 等. 济南四大泉群附近补给路径及补给比例研究[J]. 中国岩溶, 2023, 42 (5): 875-886.

[25] 李常锁. 趵突泉泉域岩溶水流路径识别与水化学形成机制研究[D]. 北京: 中国地质大学, 2023.

[26] 胡宽瑢, 曹玉清. 碳酸盐岩地区水质和化学动力学模型研究[J]. 水文地质工程地质, 1993, 20(3): 8-14.

[27] Sullivan T, Gao Y, Reimann T. Nitrate transport in a karst aquifer: numerical model development and source evaluation[J]. Journal of Hydrology, 2019, 573: 432-448.

[28] Wang J, Jin M, Jia B, et al. Hydrochemical characteristics and geothermometry applications of thermal groundwater in northern Jinan, Shandong, China[J]. Geothermics, 2015, 57: 185-195.

[29] Ledesma-Ruiz R, Pastén-Zapata E, Parra R, et al. Investigation of the geochemical evolution of groundwater under agricultural land: a case study in northeastern Mexico[J]. Journal of Hydrology, 2015, 521: 410-423.

[30] 李巧. 准噶尔盆地平原区地下水水质时空演化研究[D]. 乌鲁木齐: 新疆农业大学, 2014.

[31] 魏善明, 丁冠涛, 袁国霞, 等. 山东省东汶河沂南地区地下水水化学特征及形成机理[J]. 地质学报, 2021, 95(6): 1973-1983.

[32] Liu H, Yang J, Ye M, et al. Using t-distributed Stochastic NeighborEmbedding (t-SNE) for cluster analysis and spatial zone delineation of groundwater geochemistry data[J]. Journal of Hydrology, 2021, 597: 126146.

[33] Eskandari E, Mohammadzadeh H, Nassery H, et al. Delineation of isotopic and hydrochemical evolution of karstic aquifers with different cluster-based (HCA, KM, FCM and GKM) methods[J]. Journal of Hydrology, 2022, 609: 127706.

[34] Grandjean G, Gourry J C. GPR data processing for 3-D fracture mapping in a marble quarry[J]. Journal of Applied Geophysics, 1996, 36(1): 19-30.

[35] 毛邦燕, 许模, 唐万春, 等. 地铁建设中地下水与环境岩土体相互作用研究[J]. 人民长江, 2009, 40(16): 49-52.

[36] 刘瑜. 陕北侏罗系煤层开采导水裂缝带动态演化规律研究及应用[D]. 徐州: 中国矿业大学, 2018.

[37] 贺怀振, 魏永耀, 黄敬军. 基于模糊综合评判模型的徐州地铁沿线岩溶塌陷稳定性评价[J]. 中国地质灾害与防治学报, 2017, 28(3): 66-72.

[38] 董亚楠. 济南泉域岩溶含水介质空隙结构的水力特性研究[D]. 济南: 济南大学, 2020.

[39] 宿庆伟. 人类活动对济南某小区周边水文地质条件的影响分析[J]. 山东国土资源, 2020, 36(7): 59-63.

[40] Martel R. Characterization of urban karst aquifer systems using GPR[J]. Groundwater, 2018, 56(3): 375-385.

[41] Zajícová V, Chuman T. Utilization of ground-penetrating radar for soil moisture and salinity determination: A review[J]. Remote Sensing, 2019, 11(17), 20-48.

[42] Mahmoud G, Thamer A. Visualization of Near-Surface Fractures and Cavities in Limestone Using 3-D GPR and Resistivity Tomography[J]. Journal of Environmental and Engineering Geophysics, 2022, 27(1): 25-38.

[43] 周东, 刘毛毛, 刘宗辉, 等. 基于探地雷达属性分析的隧道内溶洞三维可视化研究[J]. 岩土工程学报, 2023, 45(2): 310-317+442.

[44] Daily W, Ramirez A, LaBrecque D J. Monitoring underground steam injection using electrical resistance tomography[J]. Water Resources Research, 1992, 28(4): 903-912.

[45] Travelletti J, Sailhac P, Malet J P, et al. Time-lapse ERT for the characterization of hydrological processes in clay-shale landslides[J]. Geophysical Prospecting, 2012, 60(5): 1012-1025.

[46] Wallin E, Berggren M, Grabs T. Erosion of the tertiary clay core in a till dam embankment[J]. Engineering Geology, 2013, 162: 19-28.

[47] Hermans T, Nguyen F, Robert T, et al. Geophysical evidence of temperature-dependent biogeochemical

processes in an unconfined sandy aquifer[J]. Hydrology and Earth System Sciences, 2012, 16(9): 3539-3552.

[48] Acworth R I, Darcy C J. Measurement of hysteresis in the soil moisture characteristic using a multistep outflow technique[J]. Water Resources Research, 2013, 49(12): 7587-7595.

[49] Cardenas M B, Markowski M S. Effects of Variable Hydraulic Conductivity on Head Responses to Barometric and Tidal Forcing in Leaky Confined Aquifers[J]. Water Resources Research, 2011, 47(11): W11530.

[50] Meyerhoff S B, Maxwell R M. Quantifying the effects of subsurface heterogeneity and source size on streambed seepage[J]. Water Resources Research, 2012, 48(10): W10511.

[51] Meyerhoff S B, Maxwell R M. Quantifying the effects of subsurface heterogeneity and source size on streambed seepage[J]. Water Resources Research, 2014, 50(4): 3467-3486.

[52] 成璐, 许模, 毛邦燕. 成都地铁 2 号线地下水壅高的数值模拟[J]. 地质灾害与环境保护, 2008(1): 93-96.

[53] Singha K, Gorelick S M. Saline tracer visualized with three-dimensional electrical resistivity tomography: Field-scale spatial moment analysis[J]. Water Resources Research, 2007, 43(5): W05430.

[54] Slater L, Lesmes D, Van Dam R L. A comparison of electrical imaging methods in monitoring a tracer test at the Ploemeur fractured rock site[J]. Journal of Applied Geophysics, 1997, 37(1): 1-20.

[55] Ward A S, Gooseff M N, Singha K. Imaging hyporheic zone solute transport using electrical resistivity imaging[J]. Water Resources Research, 2010, 46(10): W10523.

[56] Ward A S, Gooseff M N, Singha K. Characterizing hyporheic transport processes and residence times using electrical resistivity imaging[J]. Hydrological Processes, 2012, 26(4): 503-510.

[57] Ward A S, Gooseff M N, Singha K. Imaging hyporheic zone solute transport using electrical resistivity imaging[J]. Water Resources Research, 2010, 46(10): W10523.

[58] Ward A S, Gooseff M N, Singha K. Characterizing hyporheic transport processes and residence times using electrical resistivity imaging[J]. Hydrological Processes, 2012, 26(4): 503-510.

[59] Roy A, Apparao A. Depth of investigation in direct current methods[J]. Geophysics, 1971, 36(5): 943-959.

[60] Perri M T, Slater L D, Ntarlagiannis D. Monitoring saline tracer movement with time-lapse surface and cross-borehole ERT in fractured rock[J]. Journal of Applied Geophysics, 2012, 79: 1-14.

[61] Daily W, Ramirez A. Electrical resistance tomography during in-situ trichloroethylene remediation at the Savannah River Site[J]. Journal of Applied Geophysics, 2000, 43(2-4): 249-261.

[62] Slater L, Binley A, Daily W, Johnson R. Cross-hole electrical imaging of a controlled saline tracer injection[J]. Journal of Applied Geophysics, 2000, 44(2-3): 85-102.

[63] Goes B J M, Meekes J A C. Anomalous groundwater rise in the Omusati region, north-central Namibia[J]. Journal of Hydrology, 2004, 293(1-4): 331-341.